21世纪高等学校物联网专业规划教材

物联网系统
应用技术及项目开发案例

◎ 孙建梅 刘丹 樊晓勇 周大勇 编著

清华大学出版社
北京

内容简介

本书循序渐进地介绍了典型物联网项目开发的整个过程，理论与实践相结合，侧重于典型物联网系统各个阶段的开发过程，是作者多年的物联网专业一线教学经验的总结和积累。

本书从物联网的基础知识讲起，让读者了解物联网的基本概念、相关技术、基本的开发方法；然后以一个典型的物联网系统为例，讲述系统的架构、需求、设计到实现，让读者能够清晰地了解物联网系统开发的整个流程。

本书可作为高等院校应用型本科专业物联网系统开发、物联网工程实训项目开发等课程的教材，也可作为一般工程技术人员开发物联网相关项目的参考用书。

图书在版编目(CIP)数据

物联网系统应用技术及项目开发案例/孙建梅等编著. —北京：清华大学出版社，2018(2023.8重印)
(21世纪高等学校物联网专业规划教材)
ISBN 978-7-302-50685-0

Ⅰ. ①物… Ⅱ. ①孙… Ⅲ. ①互联网络—应用—高等学校—教材 ②智能技术—应用—高等学校—教材 Ⅳ. ①TP393.4 ②TP18

中国版本图书馆CIP数据核字(2018)第195522号

策划编辑：魏江江
责任编辑：王冰飞
封面设计：刘　键
责任校对：胡伟民
责任印制：曹婉颖

出版发行：清华大学出版社
网　　址：http://www.tup.com.cn，http://www.wqbook.com
地　　址：北京清华大学学研大厦A座　　**邮　　编**：100084
社 总 机：010-83470000　　**邮　　购**：010-62786544
投稿与读者服务：010-62776969，c-service@tup.tsinghua.edu.cn
质量反馈：010-62772015，zhiliang@tup.tsinghua.edu.cn
课件下载：http://www.tup.com.cn，010-83470236
印 装 者：三河市少明印务有限公司
经　　销：全国新华书店
开　　本：185mm×260mm　　**印　　张**：16.5　　**字　　数**：415千字
版　　次：2018年10月第1版　　**印　　次**：2023年8月第8次印刷
印　　数：6501～7000
定　　价：49.00元

产品编号：080223-01

前言
FOREWORD

近年来，物联网发展迅猛，已经成为中国软件产业新的市场增长点。全球物联网支出呈现积极增长态势，各行业对物联网的应用不断加深。市场对物联网人才的需求也随之急速增长，而相关人才的培养无疑在高校占很大的比重，如何循序渐进地引导学生学习物联网系统的开发和应用，作为体现教学内容和教学方式的教材载体，其重要性不言而喻。

本书从物联网的基础知识讲起，让读者了解物联网的基本概念、相关技术、基本的开发方法；再以一个典型的物联网系统为例，讲述系统的架构、需求、设计到实现，让读者能够清晰地了解物联网系统开发的整个流程。

本书第1～4章介绍物联网相关的基础知识。

第1章介绍物联网的基本概念、组成、特点、应用及发展前景，让读者能够了解物联网的起源及发展，对物联网有个基本的认识。

第2章介绍物联网相关技术：RFID技术、传感器技术、ZigBee短距离无线通信技术及ARM微处理器，可使读者掌握物联网系统中常用技术的特点和应用。

第3章介绍基于Linux物联网网关系统的构建，主要包括基于硬件平台的介绍、交叉编译环境的搭建、Linux下GCC编辑器的使用、Make工具的使用、Linux下多线程编程、串口编程、嵌入式数据库SQLite的应用。

第4章介绍基于Android的物联网网关的接口应用，包括宿主机Android环境的搭建、ADB调试工具的使用、平台板载LED的应用。

本书第5～8章以一个典型的物联网系统——智能教室管理系统作为案例贯穿，从系统的需求、设计到实现，为读者清晰展示物联网系统开发的全过程。

第5章对智能教室管理系统进行体系结构的分析、需求功能的确定，完成了数据库的设计和各个子系统之间通信接口的设计。

第6章介绍智能教室管理系统的Web服务器子系统的环境配置、数据库的搭建过程及Web服务器提供给客户端的接口实现。

第7章介绍智能教室管理系统的网关子系统的主要功能的实现，如基于Android的串口的操作、多线程的应用、Volley框架的使用、ZigBee数据的获取及解析等。

第8章介绍智能教室管理系统的移动终端子系统的主要功能的实现，如移动终端对Web服务器数据库的访问、远程控制执行设备、利用高德地图API实现定位及利用Echarts

实现对传感器信息的图表显示等。

本书的特点有：

- 以一个典型的物联网系统作为案例贯穿；
- 理论与实践相结合；
- 大量的案例代码供读者参考学习；
- 基于主流的软硬件平台。

本书由大连科技学院教师孙建梅编写第3、5、6、7章，大连东软信息学院教师刘丹编写第1、2章，大连科技学院教师樊晓勇编写第4章，大连交通大学教师周大勇编写第8章，全书由孙建梅统稿。

本书定位于作为高等院校应用型本科专业的物联网系统开发、物联网工程实训项目开发等课程的教材，也可作为一般工程技术人员开发物联网相关项目的参考书。

由于物联网发展迅速，涉及的技术领域很多，加之作者能力、水平有限，书中难免存在疏漏和不妥之处，恳请广大读者批评指正。

本书在编写过程中得到了清华大学出版社的大力支持，在此表示诚挚的谢意。

编　者

2018年5月

目录

CONTENTS

第1章 CHAPTER 1 物联网系统概述

任何一项重大科学技术发展的背后，都必然有其深厚的社会发展与技术发展背景。本章在分析物联网发展的社会与技术背景的基础上，对物联网的基本概念、定义与技术特征，以及物联网应用及发展前景进行系统的介绍，帮助读者初步建立物联网的认识，激发读者进一步学习物联网技术的兴趣。

1.1 物联网的概念

从2009年下半年开始，有一个新名词横空出世，刮起了一股新的风暴。美国总统奥巴马叫它“智慧地球”；国务院总理温家宝称它为“感知中国”；著名调查机构说它是信息技术的第三次浪潮，将成为下一个兆亿的通信产业；媒体说它比互联网产业大了将近30倍；领军企业说它将会彻底改变现今企业的经营方式。它就是ITU(国际电信联盟)定义的“物联网”。

由于物联网的内涵一直在不断地发展和完善，并且学术界和工业界视角各异，所以至今都没有给出一个公认的统一定义。下面给出几个典型的物联网概念。

定义1：把所有物品通过射频识别(Radio Frequency Identification，RFID)和条码等信息传感设备与互联网连接起来，实现智能化识别和管理。

这个概念最早是1999年由麻省理工学院的Auto-ID研究中心提出的，也是国内外普遍认为最早的物联网定义。该定义认为物联网等于RFID技术和互联网的结合应用。利用RFID技术，通过计算机互联网实现物品的自动识别和信息的互联与共享。

定义2：物联网主要解决物品到物品(Thing to Thing，T2T)、人到物品(Human to Thing，H2T)、人到人(Human to Human，H2H)之间的互连。其中，H2T是指人利用通用装置与物品之间的连接；H2H是指人与人之间不依赖于个人计算机而进行的互连。物联网是连接物品的网络，可以解释成为人到人(Man to Man)、人到机器(Man to Machine)、机器到机器(Machine to Machine)。本质上，人与机器、机器与机器的交互，大部分是为了实现人与人之间的信息交互。

这是国际电信联盟(ITU)在《ITU互联网报告2005：物联网》报告中的定义，同时该报告指出，信息世界和通信技术已经有了新的维度：任何人、任何物体，都能够在任何时间、任何地点以多种多样的形式连接起来，从而创建出一个新的动态的网络——物联网。无所不在的“物联网”通信时代即将来临，世界上所有的物体，从轮胎到牙刷、从房屋到纸巾，都可以通过互联网主动进行数据交换。

2010年，国务院总理温家宝在十一届人大三次会议上所作政府工作报告中也指出了物联网的另一种定义。

定义3：物联网是指通过信息传感设备，按照约定的协议，把任何物品与互联网连接起来，进行信息交换和通信，以实现智能化识别、定位、跟踪、监控和管理的一种网络。它是在互联网基础上延伸和扩展的网络。

尽管关于物联网的定义有多种形式，但人们对物联网的概念有一定的共识：

(1) 物联网的核心和基础仍然是互联网，是在互联网基础上进行延伸，是扩展的网络。

(2) 用户端延伸和扩展到了任何物体与物体之间，进行信息交换和通信。

(3) 规模性。只有具备规模，才能使网络的智能化发挥作用。

(4) 流动性。必须保证物体在运动状态下能随时实现对话。

(5) 安全性。涉及国家安全、商业机密和个人隐私，需要自主知识产权核心技术。

因此，结合几种形式的定义，给出物联网的定义：物联网是通过射频识别(RFID)、红外感应器、全球定位系统、激光扫描器等信息传感设备，按约定的协议，把任何物体与互联网相连接，进行信息交换和通信，以实现对物体的智能化识别、定位、跟踪、监控和管理的一种网络。

1.2 物联网的发展概况

物联网的发展概况如下：

(1) 1999年，在美国召开的移动计算和网络国际会议上提出“传感网是21世纪人类面临的又一个发展机遇”，在此会议上MIT Auto-ID中心的Ashton教授在研究RFID时首先提出“物联网”(Internet of Things)的概念，提出了结合物品编码、RFID和互联网技术的解决方案。当时基于互联网、RFID技术和EPC标准，在互联网的基础上，利用射频识别技术、无线数据通信技术等，构造了一个可实现全球物品信息实时共享的实物互联网。

(2) 2005年11月，在突尼斯举行的信息社会世界峰会(WSIS)上，国际电信联盟发布《ITU互联网报告2005：物联网》，引用了“物联网”的概念，指出“物联网”通信时代即将来临。物联网的定义和范围已经发生了变化，覆盖范围有了较大的拓展，不再只是指基于RFID技术的物联网。

(3) 2008年，各国政府为了促进科技发展，寻找新的经济增长点，将目光放在了物联网上。在中国，同年11月在北京大学举行的第二届中国移动政务研讨会“知识社会与创新2.0”中提出移动技术、物联网技术的发展代表着新一代信息技术的形成，并带动了经济社会形态、创新形态的变革，推动了面向知识社会的以用户体验为核心的下一代创新形态的形成，创新与发展更加关注用户、注重以人为本。

(4) 2009年初，IBM首次提出“智慧地球”这一概念，即把感应器嵌入和装备到全球各个角落的电网、公路等各种物体中，并借助“云计算”整合，形成“物联网”，建议政府投资新一代的智慧型基础设施。

同年，美国将新能源和物联网列为振兴经济的两大重点。美国总统奥巴马将 IBM“智慧地球”概念上升至美国的国家战略；同年 8 月，国务院总理温家宝视察中科院嘉兴无线传感器工程中心无锡研发分中心，中心完成了对物联网核心技术的突破；同年 10 月，全国的传感技术科学家以及移动、联通、电信、华为、中兴、大唐、联想等其他行业的大企业代表齐聚无锡，宣布成立中国传感(物联)网技术产业联盟。

(5) 2010 年初，工信部宣布将牵头成立一个全国推进物联网的领导协调小组，以加快物联网产业化进程。同年 3 月，海南、广东、武汉等省市相继开展物联网应用的研究与实践，海南省计划将物联网应用与该省国际旅游业相结合；广东省以整合物联网零散应用形式推进物联网商用。

中国工程院副院长、院士邬贺铨表示，中国物联网产业正进入“百花齐放”和“应用启动”阶段。更为重要的是，温家宝总理在《2010 年政府工作报告》中明确地提出“今年要大力培育战略性新兴产业；要大力发展新能源、新材料、节能环保、生物医药、信息网络和高端制造产业；积极推进电信网、广播电视网和互联网的三网融合取得实质性进展，加快物联网的研发应用；加大对战略性新兴产业的投入和政策支持。”如此，表明物联网已经被提升为国家战略，中国开启物联网元年。

图 1-1 列出了物联网发展历程的关键点。

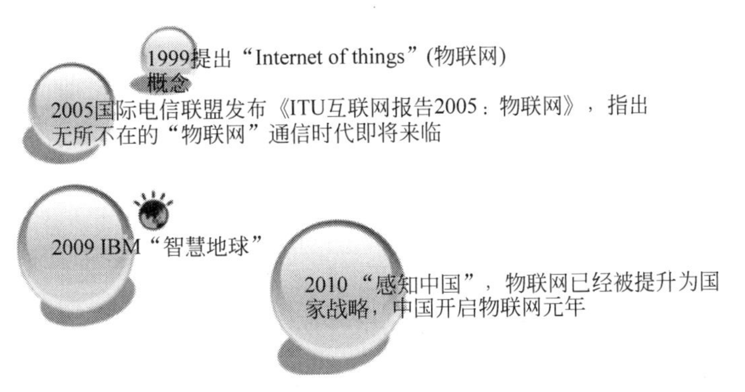

图 1-1　物联网的主要发展历程

1.3　物联网的体系架构

物联网的价值在于让物体也拥有“智慧”，从而实现人与物、物与物之间的沟通，物联网的特征在于感知、互联和智能的叠加。因此，物联网由 3 个部分组成：感知部分，即以二维码、RFID、传感器为主，实现对“物”的识别；传输网络，即通过现有的互联网、广电网络、通信网络等实现数据的传输；智能处理，即利用云计算、数据挖掘、中间件等技术实现对物品的自动控制与智能管理等。

因此，物联网的体系架构可以分为三层：感知层、网络层和应用层，如图 1-2 所示。感知层对物理世界感知、识别并控制。网络层实现信息的传递。应用层在对信息计算和处理的基础上实现在各行业的应用。三层的关系可以这样理解：感知层相当于人体的皮肤和五官；网络层相当于人体的神经中枢和大脑；应用层相当于人的社会分工。在各层之间，信息不是单向传递的，也有交互、控制等，所传递的信息多种多样，这其中关键是物品的信息，包括在特定应用系统范围内能唯一标识物品的识别码和物品的静态与动态信息。下面对这三层的功能分别进行介绍。

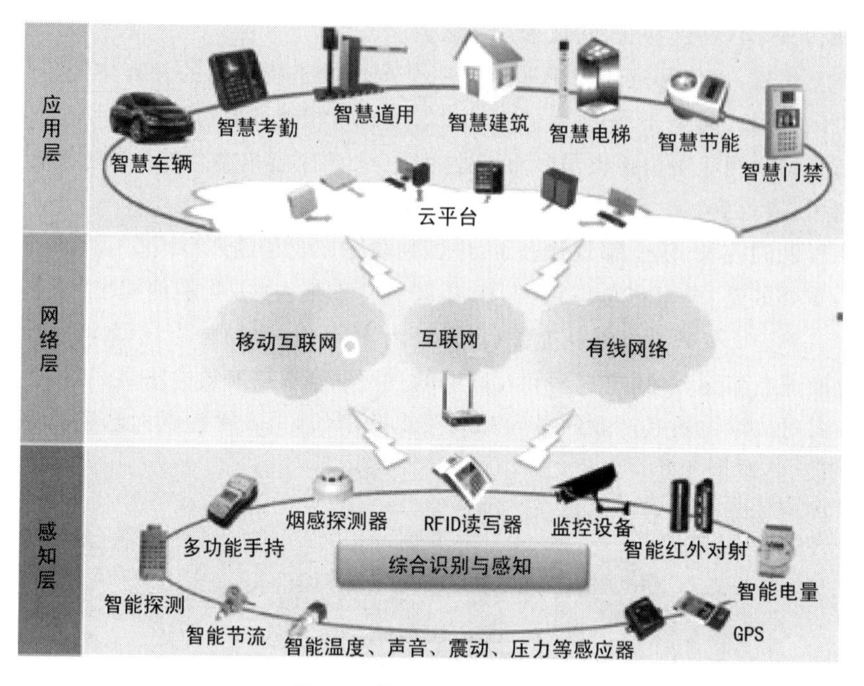

图 1-2 物联网的体系架构

1.3.1 感知层

物联网与传统网络的主要区别在于，物联网在传统网络的基础上，从原有网络用户终端向“下”延伸和扩展，扩大通信的对象范围，即通信不仅仅局限于人与人之间的通信，还扩展到人与现实世界的各种物体之间的通信。这里的“物”并不是自然物品，而是要满足一定的条件才能够被纳入物联网的范围，例如有相应的信息接收器和发送器、数据传输通路、数据处理芯片、操作系统、存储空间等，遵循物联网的通信协议，在物联网中有可被识别的标识。

物联网感知层解决的就是人类世界和物理世界的数据获取问题，包括各类物理量、标识、音频、视频数据。感知层处于三层架构的最底层，是物联网发展和应用的基础，具有物联网全面感知的核心能力。作为物联网的最基本一层，感知层具有十分重要的作用。

感知层是物联网的数据和物理实体基础。没有感知，就没有物联数据的采集，也就没有了网络上物体特征数据的信息。因此，感知层是物联网中的先行技术，只有感知层的技术达到了要求，整个物联网才能正常运行。感知层的定义范围非常广泛，涉及的产品技术也非常多，如二维码、传感器、电子标签、嵌入式系统、红外扫描技术、激光扫描技术等。

感知层是物联网的皮肤和五官——识别物体，采集信息。在感知层中，通过感知识别技术，让物品“开口说话、发布信息”是融合物理世界和信息世界的重要一环，是物联网区别于其他网络的最独特的部分。物联网的“触手”是位于感知识别层的大量信息生成设备，既包括采用自动生成方式的 RFID、传感器、定位系统等，也包括采用人工生成方式的各种智能设备，例如智能手机、PDA、多媒体播放器、上网本、笔记本电脑等。感知层的具体说明如下：

（1）包括二维码标签和识读器、RFID 标签和读写器、摄像头、GPS、传感器和 M2M 终端和传感器网关等。

（2）要解决的重点问题是感知和识别物体，采集和捕获信息。

（3）要突破的方向是具备更敏感、更全面的感知能力，解决低功耗、小型化和低成本的问题。

1.3.2　网络层

物联网网络层是在现有网络的基础上建立起来的，它与目前主流的移动通信网、国际互联网、企业内部网、各类专网等网络一样，主要承担着数据传输的功能，特别是当三网融合后，有线电视网也能承担数据传输的功能。

在物联网中，要求网络层能够把感知层感知到的数据无障碍、高可靠性、高安全性地进行传送，它解决的是感知层所获得的数据在一定范围内，尤其是远距离的传输问题。同时，物联网网络层将承担更大的数据量和面临更高的服务质量要求，尚不能满足物联网的需求，这就意味着物联网需要对现有网络进行融合和扩展，利用新技术以实现更加广泛和高效的互联功能。

网络层将感知层获取的信息进行传递和处理，类似于人体结构中的神经中枢和大脑。网络层在物联网三层模型中连接感知层和应用层，具有强大的纽带作用，可以高效、稳定、及时、安全地传输上下层的数据，是物联网最重要的基础设施之一。网络层的具体说明如下：

（1）各种通信网络与互联网形成的融合网络，被普遍认为是最成熟的部分。

（2）包括物联网管理中心、信息中心、通过搭建基于云计算的物联网平台对海量信息进行智能处理的部分。

（3）不但要具备网络运营的能力，还要提升信息运营的能力，如对样本库和算法库的部署等。

（4）网络层是物联网成为普遍服务的基础设施，有待突破的方向是向下与感知层的结合，向上与应用层的结合。

1.3.3　应用层

应用层是物联网发展的驱动力和目的。应用层的主要功能是把感知和传输来的信息进行分析和处理，做出正确的控制和决策，实现智能化的管理、应用和服务。这一层解决的是信息处理和人机交互的问题。

具体来讲，应用层将网络层传输来的数据通过各类信息系统进行处理，并通过各种设备与人进行交互。这一层也可按形态直观地划分为两个子层：一个是应用程序层；另一个是终端设备层。应用程序层进行数据处理，完成跨行业、跨应用、跨系统之间的信息协同、共享、互通的功能，包括电力、医疗、银行、交通、环保、物流、工业、农业、城市管理、家居生活等，可用于政府、企业、社会组织、家庭、个人等，这正是物联网作为深度信息化网络的重要体现。而终端设备层主要是提供人机界面，物联网虽然是“物物相连的网”，但最终是要以人为本的，需要人的操作与控制，不过这里的人机界面已远远超出现在人与计算机交互的概念，而是泛指与应用程序相连的各种设备与人的反馈。

物联网的应用可分为监控型(物流监控、污染监控)、查询型(智能检索、远程抄表)、控制性(智能交通、智能家居、路灯控制)和扫描型(手机钱包、高速公路不停车收费)等。

目前，软件开发、智能控制技术发展迅速，应用层技术将会为用户提供丰富多彩的物联网应用。同时，各种行业和家庭应用的开发将会推动物联网的普及，也给整个物联网产业链带来利润。

应用层是物联网与行业专业技术的深度融合，与行业需求结合，实现行业智能化，这类似于人的社会分工，最终构成人类社会。应用层的具体说明如下：

(1) 将物联网技术与行业专业技术相结合，实现广泛智能化应用的解决方案集。

(2) 物联网通过应用层最终实现信息技术与行业的深度融合，对国民经济和社会发展具有广泛影响。

(3) 关键问题在于信息的社会化共享，以及信息安全的保障。

1.4 物联网的主要特点

物联网有 3 个基本要素，即信息的全面感知、信息的可靠传送以及信息的智能处理。任何一个基本要素在处理过程中出现问题，将导致网络终端不能收集到准确可靠的信息，从而不能实现物物通信。

1. 信息的全面感知

物联网上部署了海量的多种类型传感器，每个传感器都是一个信息源，不同类别的传感器所捕获的信息内容和信息格式不同。传感器获得的数据具有实时性，按一定的频率周期性地采集环境信息，不断更新数据。物联网通信中的一个首要环节是对数据的时效性采集。这就要求将传感器或 RFID 等采集设备，嵌入到需要关注和采集信息的地点、物体以及系统中，通过相应的技术和方法，实时高效地采集物体中信息的变化，并将所获取的信息进行处理和整合。

2. 信息的可靠传送

物联网技术的基础和核心仍然是互联网，通过各种有线和无线网络与互联网的融合，将物体的信息实时而准确地传递出去。在物联网上的传感器定时采集的信息需要通过网络传输,对采集到的数据进行安全加密,并采用有效的路由协议、通信协议和网络安全协议,以保证数据的高可靠性及准确性,在传输过程中,为了保障数据的正确性和及时性,必须适应各种异构网络和协议。

3. 信息的智能处理

从传感器获得的海量信息中分析、加工和处理出有意义的数据,以适应不同用户的不同需求,从而发现新的应用领域和应用模式。从采集、传输到接收的整个过程中,都需要对信息进行处理。物联网的本身也具有智能处理能力,能够对物体实施智能化控制。物联网将传感器和智能处理相结合,利用模式识别等各种智能技术,将信息通过网络通信层发送到终端,并在对信息的处理过程中,借助"云计算"等新的处理系统,对数据进行处理,以及做出相应的辅助决策,扩充其应用领域。

1.5　物联网的应用

物联网的应用涉及国民经济和人类社会生活的方方面面,因此"物联网"被称为继计算机和互联网之后的第三次信息技术革命。信息时代,物联网无处不在。物联网的应用领域主要有以下几个方面。

1. 城市管理

1) 智能交通(公路、桥梁、公交、停车场等)

物联网技术可以自动检测并报告公路、桥梁的"健康状况",还可以避免过载的车辆经过桥梁,也能够根据光线强度对路灯进行自动开关控制。

在交通控制方面,可以通过检测设备,在道路拥堵或特殊情况时,系统自动调配红绿灯,并可以向车主预告拥堵路段、推荐最佳行驶路线。

在公交方面,物联网技术构建的智能公交系统通过综合运用网络通信、GIS 地理信息、GPS 定位及电子控制等手段,集智能运营调度、电子站牌发布、IC 卡收费、BRT(Bus Rapid Transit,快速公交系统)管理等于一体。通过该系统可以详细掌握每辆公交车每天的运行状况。另外,在公交候车站台上,可以通过定位系统准确显示下一趟公交车需要等候的时间,还可以通过公交查询系统查询最佳的公交换乘方案。

停车难的问题在现代城市中已经引发社会各界的普遍关注。通过应用物联网技术可以帮助人们更好地找到车位。智能化的停车场通过采用超声波传感器、摄像感应、地感性传感器、太阳能供电等技术,第一时间感应到车辆停入,然后立即反馈到公共停车智能管理平台,显示当前的停车位数量;同时将周边地段的停车场信息整合在一起,作为市民的停车向导,这样能够大大缩短找车位的时间。如图 1-3 所示为物联网在智能交通中的应用。

2) 智能建筑(绿色照明、安全检测等)

通过感应技术,建筑物内的照明灯能自动调节亮度,实现节能环保,建筑物的运作状况也能通过物联网及时发送给管理者。同时,建筑物与 GPS 实时相连接,在电子地图上准确、

图 1-3　物联网在智能交通中的应用

及时反映出建筑物的空间地理位置、安全状况、人流量等信息。如图 1-4 所示为物联网在智能建筑中的应用。

图 1-4　物联网在智能建筑中的应用

3）文物保护和数字博物馆

数字博物馆采用物联网技术，通过对文物保存环境的温度、湿度、光照、降尘和有害气体等进行长期监测和控制，建立长期的藏品环境参数数据库，研究文物藏品与环境影响因素之间的关系，创造最佳的文物保存环境，实现对文物蜕变损坏的有效控制。

4）数字图书馆和数字档案馆

使用 RFID 设备的图书馆/档案馆，从文献的采访、分编、加工到流通、典藏和读者证卡，RFID 标签和阅读器已经完全取代了原有的条码、磁条等传统设备。将 RFID 技术与图书馆数字化系统相结合，实现架位标识、文献定位导航、智能分拣等。

应用物联网技术的自助图书馆，借书和还书都是自助的。借书时只要把身份证或借书卡插进读卡器里，再把要借的书在扫描装置上放一下就可以了。还书过程更简单，只要把书投进还书口，传送设备就自动把书送到书库。同样通过扫描装置，工作人员也能迅速知道书的类别和位置以进行分拣。

2. 农业

1）畜牧溯源

给放养的每一只牲畜都贴上一个二维码，这个二维码会一直保持到超市出售的肉品上，消费者可通过手机阅读二维码，知道牲畜的成长历史，确保食品安全。我国已有10亿存栏动物贴上了这种二维码。

2）无线葡萄园

2002年，英特尔公司率先在俄勒冈建立了世界上第一个无线葡萄园。传感器节点被分布在葡萄园的每个角落，每隔一分钟检测一次土壤温度、湿度或该区域有害物的数量，以确保葡萄可以健康生长。研究人员发现，葡萄园气候的细微变化可极大地影响葡萄酒的质量。通过长年的数据记录以及相关分析，便能精确地掌握葡萄酒的质地与葡萄生长过程中的日照、温度、湿度的确切关系。这是一个典型的精准农业、智能耕种的实例。如图1-5所示为物联网在无线葡萄园中的应用。

图 1-5　物联网在无线葡萄园中的应用

3. 数字家庭

如果简单地将家庭里的消费电子产品连接起来，那么只是一个多功能遥控器控制所有终端，仅仅实现了电视与计算机、手机的连接，这不是发展数字家庭产业的初衷。只有在连接家庭设备的同时，通过物联网与外部的服务连接起来，才能真正实现服务与设备互动。有了物联网，就可以在办公室指挥家里电器的操作运行，在下班回家的途中，家里的饭菜已经煮熟，洗澡的热水已经烧好，个性化电视节目将会准点播放，家庭设施能够自动报修，冰箱里的食物能够自动补货。

4. 现代物流管理

通过在物流商品中植入传感芯片，供应链上的生产制造、包装、装卸、运输、配送、出售、服务等每一个环节都能无误地被感知和掌握。这些感知信息与后台的数据库无缝结合，构成强大的物流信息。

5. 食品安全控制

食品安全是国计民生的重中之重。通过标签识别和物联网技术，可以随时随地对食品生产过程进行实时监控，对食品质量进行联动跟踪，对食品安全事故进行有效预防，极大地提高食品安全的管理水平。

6. 数字医疗

以 RFID 为代表的自动识别技术可以帮助医院实现对病人不间断地监控、会诊和共享医疗记录，以及对医疗器械的追踪等。

人身上可以安装不同的传感器，对人的健康参数进行监控，并且实时传送到相关的医疗保健中心。如果有异常，保健中心通过手机，提醒用户去医院检查身体。

7. 防入侵系统

通过成千上万个覆盖地面、栅栏的低空探测的传感节点，防止入侵者的翻越、偷渡、恐怖袭击等攻击性入侵。上海机场和上海世界博览会已成功采用了该技术。

此外，在定位导航、商品零售、水下无线传感器领域，物联网技术都有广泛的应用。

1.6 物联网的发展前景

随着物联网技术的不断发展和市场规模的不断扩大，其已经成为全球各国的技术及产业创新的重要战略。

我国就物联网发展制定了多项国家政策及规划，推进物联网产业体系不断完善。《物联网“十二五”发展规划》《关于推进物联网有序健康发展的指导意见》《关于物联网发展的十个专项行动计划》以及近期颁发的《中国制造 2025》等多项政策不断出台，并指出“掌握物联网关键核心技术，基本形成安全可控、具有国际竞争力的物联网产业体系，成为推动经济社会智能化和可持续发展的重要力量。”在物联网发展热潮以及相关政策的推动下，我国物联网产业将持续保持高速增长态势，虽然增长率近年略有下降，但仍保持在 23%以上的增长速度，预计到 2020 年，我国物联网产业规模将超过 15 000 亿元。

随着物联网关键技术的不断发展和产业链的不断成熟，物联网的应用将呈现多样化、泛在化的趋势。首先，物联网发展将以行业用户的需求为主要推动力，以需求创造应用，通过应用推动需求，从而促进标准的制定、行业的发展。放眼未来几年，物联网时代的通信主体由人扩展到物，随着物理世界中的物体逐步成为通信对象，必将产生大量的、各式各样的物联网终端，使得物体具有通信能力，实现人与物、物与物之间的通信。全球物联网终端将会更为广泛应用于各产业，其中以工业、交通、能源及安防等产业最具成长潜力。其次，随着物联网产业的不断发展，物联网应用将逐步从行业应用向个人应用、家庭应用拓展，物联网将会使我们的生活变得“聪明”和“善解人意”。通过芯片自动读取信息，并通过互联网进行传递，物品会自动获取信息并进行传递，使得信息的“处理—获取—传递”整个过程有机地联系在一起，对人类生产力又是一次重大的解放。另外，随着技术的进步，低功耗和小体积的传感器将大量出现，而且其感知能力更加全面，为物联网的规模化发展提供基础。而且随着手机日趋智能、接口更加丰富，手机传感器种类和数量将更加快速增长、应用也日趋多样；未来手机不仅可以控制自身传感器，还可以通过接入传感器网络，控制网络内的传感器，获取一定区域内的数据，应用场景会更加丰富。

美国权威咨询机构 FORRESTER 预测，到 2020 年，世界上物物互联的业务，跟人与人通信的业务相比，将达到 30∶1，因此"物联网"被称为下一个万亿级的通信业务。

习题 1

一、选择题(请从 4 个选项中选择 1 个正确答案)

1. 针对下一代信息浪潮提出了"智慧地球"战略的是(　　)。

A. IBM　　B. NEC　　C. NASA　　D. EDTD

2. 2009 年，温家宝总理提出了(　　)的发展战略。

A. 智慧中国　　B. 和谐社会　　C. 感动中国　　D. 感知中国

3. 物联网的全球发展形势可能提前推动人类进入"智能时代"，也称(　　)。

A. 计算时代　　B. 信息时代　　C. 互联时代　　D. 物联时代

4. 射频识别技术属于物联网产业链的(　　)环节。

A. 标识　　B. 感知　　C. 处理　　D. 信息传送

5. 物联网在国际电信联盟中写成(　　)。

A. Network Everything　　B. Internet of Things

C. Internet of Everything　　D. Network of Things

6. 通过无线网络与互联网的融合，将物体的信息实时准确地传递给用户，指的是(　　)。

A. 可靠传递　　B. 全面感知　　C. 智能处理　　D. 互联网

7. 利用 RFID 、传感器、二维码等随时随地获取物体的信息，指的是(　　)。

A. 可靠传递　　B. 全面感知　　C. 智能处理　　D. 互联网

8. RFID 属于物联网的(　　)。

A. 感知层　　B. 网络层　　C. 业务层　　D. 应用层

9. 以下关于物联网关键技术的描述中错误的是(　　)。

A. 自动感知技术与嵌入式技术　　B. 网络路由与分组技术

C. 智能数据处理技术与控制技术　　D. 定位技术与信息安全技术

10. 预测到 2020 年，物与物互联的通信量和人与人的通信量相比将达到(　　)。

A. 10∶1　　B. 20∶1　　C. 30∶1　　D. 50∶1

二、简答题

1. 简述物联网的体系架构及各层次的功能。

2. 简述物联网的主要特点。

第2章 CHAPTER 2 物联网相关技术

物联网系统在技术架构方面分为三层：感知层、网络层和应用层。本章主要介绍物联网各层所包含的关键技术。

2.1 RFID 技术

2.1.1 RFID 概述

随着人类社会步入信息时代，人们所获取和处理的信息量不断加大。传统的信息采集输入是通过手工录入的，不仅劳动强度大，而且数据误码率高。以计算机和通信技术为基础的自动识别技术，可以对信息自动识别，并可以工作在各种环境下，使得人类得以对大量数据信息进行及时、准确的处理。自动识别技术是物联网体系的重要组成部分，可以对每个物品进行标识和识别，并可以将数据实时更新，是构造全球物品信息实时共享的重要组成部分，是物联网的基石，属于物联网感知层的部分。

RFID，即射频识别，是一种非接触式的自动识别技术，通过射频信号自动识别目标对象并获取相关数据；是一项易于操控、简单实用且特别适合用于自动化控制的灵活性的应用技术，识别工作无须人工干预，它既支持只读工作模式，也支持读写工作模式，且无须接触或瞄准。它可自由工作在各种恶劣环境下：短距离射频产品不怕油渍、灰尘污染等恶劣的环境，可以替代条码，例如用在工厂的流水线上跟踪物体；长距离射频产品多用于交通上，识别距离可达几十米，如自动收费或识别车辆身份等。它所具备的独特优越性是其他识别技术无法比拟的，主要体现以下几个方面：

(1) 读取方便快捷。数据的读取无须光源，甚至可以透过外包装来进行。有效识别距离更长，采用自带电池的主动标签时，有效识别距离可超过 30m。

(2) 识别速度快。标签一进入磁场，阅读器就可以即时读取其中的信息，而且能够同时处理多个标签，实现批量识别。

(3) 数据容量大。数据容量较大的二维条形码，最多也只能存储 2725 个数字；若包含字母，存储量则会更少；RFID 标签则可以根据用户的需要扩充到数十 KB。

(4) 使用寿命长，应用范围广。其无线电通信方式，使其可以应用于粉尘、油污等高污染环境和放射性环境，而且其封闭式包装使得其寿命大大超过印刷的条形码。

(5) 标签数据可动态更改。利用编程器可以向电子标签中写入数据，从而赋予 RFID 标签交互式便携数据文件的功能，而且写入时间比打印条形码更短。

(6) 更好的安全性。RFID 电子标签不仅可以嵌入或附着在不同形状、类型的产品上，而且可以为标签数据的读写设置密码保护，从而具有更高的安全性。

(7) 动态实时通信。标签以 50～100 次/秒的频率与阅读器进行通信，所以只要 RFID 标签所附着的物体出现在解读器的有效识别范围内，就可以对其位置进行动态的追踪和监控。

由于雷达技术的改进和应用，RFID 技术在 20 世纪 40 年代产生，最初单纯用于军事领域，这奠定了 RFID 技术的基础。1948 年，Harry Stockman 发表的论文《用能量反射的方法进行通信》，是 RFID 理论发展的里程碑。20 世纪 50 年代，RFID 技术主要用于实验室研究。1961 年—1980 年，RFID 变成了现实。无线理论以及其他电子技术的发展，为 RFID 技术的商业化奠定了基础。在应用方面，欧洲在 20 世纪 60 年代出现了商品电子监视器，这是 RFID 技术的第一个商业应用系统。20 世纪 70 年代是 RFID 的发展期，由于微电子技术的发展，科技人员开发了基于集成电路芯片的 RFID 系统，并且有了可写的内存，读取速度更快，识别范围更远，降低了 RFID 的成本，减小了 RFID 设备的体积。各种机构都开始致力于 RFID 技术的开发，出现了一系列的研究成果。20 世纪 80 年代，RFID 技术以及产品进入商业应用阶段，西方发达国家在不同的领域安装和使用了 RFID 系统。挪威使用了 RFID 电子收费系统；纽约港务局使用了 RFID 汽车管理系统；美国铁路使用了 RFID 系统识别车辆；欧洲用 RFID 电子标签跟踪野生动物对其进行研究。20 世纪 90 年代是 RFID 技术的推广期，很多发达国家配置了大量的 RFID 电子收费系统，并将 RFID 用于安全和控制系统，使 RFID 的应用日益繁荣。

随着 RFID 应用的扩大，为了保证不同 RFID 设备和系统的相互兼容，人们开始认识到建立统一的技术标准的重要性。EPCglobal(全球电子产品协会)就应运而生了。它由 UCC(北美统一码协会)和 EAN(欧洲商品编码协会)共同发起组建，是专门负责制定 RFID 技术标准的机构。到了 20 世纪末、21 世纪初，RFID 技术进入了普及期。这个时期 RFID 产品种类更加丰富，一些国家的零售商和政府机构都开始推荐 RFID 技术。

2.1.2 RFID 系统构成

最基本的 RFID 系统由以下三部分组成。

(1) 标签(tag)：由耦合元件及芯片组成，每个标签具有唯一的电子编码，附着在物体上，标识目标对象。

(2) 阅读器(reader)：读/写标签信息的设备，可设计为手持式或固定式。

(3) 天线(antenna)：在标签和读取器之间传递射频信号。

1. 电子标签简介

电子标签由耦合元件及芯片组成，每个标签具有唯一的电子编码，附着在物体上标识目标对象；每个标签都有一个全球唯一的 ID 号码——UID，UID 是在制作芯片时放在 ROM

中的，无法修改。用户数据区(DATA)是供用户存放数据的，可以进行读写、覆盖、增加的操作。通常电子标签的芯片体积很小，厚度一般不超过0.35mm，可以印制在纸张、塑料、木材、玻璃、纺织品等包装材料上，也可以直接制作在商品标签上，通过自动贴标签机进行自动贴标签。总的来说，电子标签具有以下特点：

(1) 具有一定的存储容量，可以存储被识别物品的相关信息。

(2) 在一定工作环境及技术条件下，电子标签存储的数据能够被读出或写入。

(3) 维持对识别物品的识别及相关信息的完整。

(4) 可编程，并且在编程以后，永久性数据不能再修改。

(5) 具有确定的使用期限，使用期限内不需要维修。

(6) 数据信息编码后，及时传输给读写器。

(7) 对于有源标签，通过读写器能够显示电池的工作状况。

电子标签与读写器之间通过电磁波进行通信，与其他通信系统一样，电子标签可以看成一个特殊的收发信机。电子标签通常可以分为标签芯片和标签天线两部分。标签芯片的功能是对标签接收的信号进行解调、解码等各种处理，并对电子标签需要返回的信号进行编码、调制等各种处理。标签天线的功能是收集读写器发射到空间的电磁波和将芯片本身发射的能量以电磁波的方式发射出去。

通常标签的技术参数主要有标签的能量需求、标签的传输速率、标签的读写速度、标签的工作频率、标签的容量以及标签的封装形式等。

2. 读写器简介

读写器(reader and writer)又称为阅读器(reader)，是读取和写入电子标签内存信息的设备。RFID系统中，读写器通过天线与电子标签进行通信，实现对电子标签数据的读出和写入。同时，读写器在应用软件的控制下，与计算机网络进行通信，以实现读写器的信息交换，完成特定的应用任务。

根据使用环境和应用场合的要求，不同读写器需要不同的技术参数。常用的读写器技术参数有工作频率、输出功率、输出接口、读写器形式、工作方式等。

1) 读写器分类和选择

按通信方式分类，RFID读写器可以分为读写器优先和标签优先两类。读写器优先(Reader Talks First，RTF)是指读写器首先向标签发送射频能量和命令，标签只有在被激活且收到完整的读写器命令后，才对读写器发送的命令做出响应，返回相应的数据信息。标签优先(Tag Talks First，TTF)是指对于无源标签系统，读写器只发送等幅的、不带信息的射频能量。标签被激活后，反向散射标签数据信息。

按传送方向分类，RFID读写器可以分为全双工和半双工两类。全双工方式是指RFID系统工作时，允许标签和读写器在同一时刻双向传送信息。半双工方式是指RFID系统工作时，在同一时刻仅允许读写器向标签传送命令或信息，或者是标签向读写器返回信息。

按应用模式分类，RFID读写器可以分为固定式读写器、便携式读写器、一体式读写器和模块式读写器。固定式读写器是指天线、读写器和主控机分离，读写器和天线可分别固定安装，主控机一般在其他地方安装或安置，读写器可有多个天线接口和多种I/O接口。便携式读写器是指读写器、天线和主控机集成在一起，读写器只有一个天线接口，读写器与主控机的接口与厂家设计有关。一体式读写器是指天线和读写器集成在一个机壳内，固定安装，主控机一般在其他地方安装或安置，一体式读写器与主控机可有多种接口。模块式读写器是指读写器一般作为系统设备集成的一个单元，读写器与主控机的接口与应用有关。如图 2-1 给出了一些读写器的图片。

图 2-1　读写器

2）读写器的基本组成

读写器可将主机的读写命令传到电子标签，再对从主机发往电子标签的数据加密，将电子标签返回的数据解密后送到主机。读写器将要发送的信号经编码后加载在特定频率的载波信号上经天线向外发送，进入读写器工作区域的电子标签接收此脉冲信号，然后电子标签内芯片中的有关电路对此信号进行解调、解码、解密，然后对命令请求、密码、权限等进行判断。若为读取命令，控制逻辑电路则从存储器中读取有关信息，经加密、编码后通过电子标签内的天线发送给读写器，读写器对接收到的信号进行解调、解码、解密后送至计算机处理；若是修改信息的写入命令，相关控制逻辑提升工作电压，对电子标签中的内容进行改写。

各种读写器虽然在耦合方式、通信流程、数据传输方法，特别是频率范围等方面有着根本的差别，但是在功能原理以及由此决定的构造设计上是十分类似的，如图 2-2 所示。

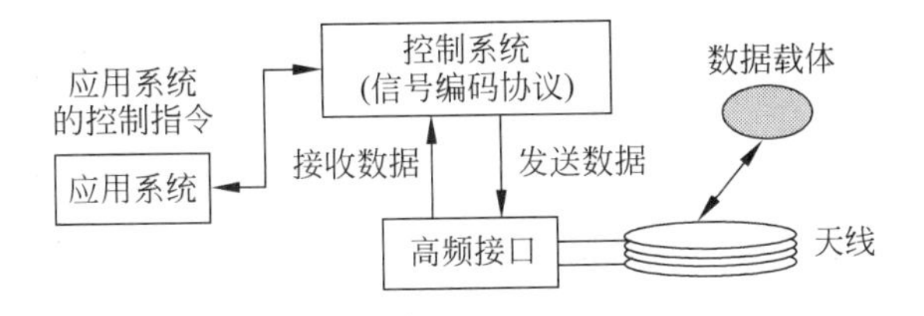

图 2-2　读写器的简单结构框图

读写器一般由天线、射频模块和读写模块构成。

天线是发射和接收射频载波信号的设备。在确定的工作频率和带宽条件下，天线发射由射频模块产生的射频载波，并接收从电子标签发射或反射回来的射频载波。

射频模块由射频振荡器、射频处理器、射频接收器以及前置放大器组成。射频模块可发射和接收射频载波。射频模块主要有两个功能：一是将读写器预发往射频标签的命令调制（装载）到射频信号上，经发射天线发送出去；二是对射频标签返回到读写器的回波信号进行解调处理，并将处理后的回波基带信息送控制处理模块。

读写模块一般由放大器、解码及纠错电路、微处理器、时钟电源、标准接口以及电源组成，它可以接收射频模块传输的信号，解码后获得电子标签内的信息，或将要写入电子标签的信息编码后传递给射频模块，完成写电子标签的操作。还可以通过标准接口将电子标签内容和其他的信息传给计算机。

3. 天线的简介

在RFID系统中，读写器与标签之间的通信是以无线方式完成的，因此，读写器和标签都必须具有自己的天线，以接收和发送电磁波，从而完成数据的传输。

RFID系统所用的天线类型主要有偶极子天线、微带贴片天线、线圈天线等。偶极子天线辐射能力强，制造工艺简单，成本低，具有全向方向性，常用于远距离RFID系统。微带贴片天线的方向图是定向的，但工艺较复杂，成本较高。线圈天线用于电感耦合方式的RFID系统中，适用于近距离系统中。

影响RFID天线应用性能的参数主要有天线类型、尺寸结构、材料特性、成本价格、工作频率、频带宽度、极化方向、方向性、增益、波瓣宽度、阻抗问题和环境影响等，RFID天线的应用需要对上述参数加以权衡。

2.1.3 RFID基本工作原理

RFID系统在实际应用中，电子标签附着在待识别物体的表面，电子标签中保存着约定格式的电子数据。阅读器可无接触地读取并识别电子标签中所保存的电子数据，从而达到自动识别物体的目的。阅读器通过天线发送出一定频率的射频信号，当标签进入磁场时产生感应电流从而获得能量，发送出自身编码等信息，被读取器读取并解码后送至计算机主机进行相关处理，如图2-3所示。

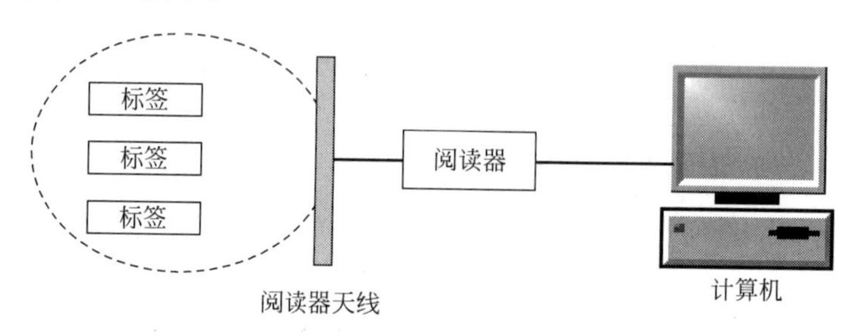

图2-3 RFID系统工作原理

发生在阅读器和电子标签之间的射频信号的耦合类型有两种。

(1) 电感耦合：即所谓的变压器模型，通过空间高频交变磁场实现耦合，依据的是电磁感应定律，如图2-4所示。

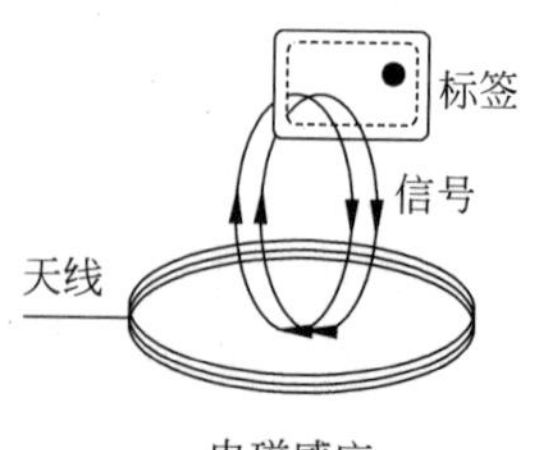

图2-4 电感耦合

电磁感应方式一般适合于高、低频工作的近距离射频识别系统，识别距离一般较近，如门禁、一卡通等系统。

低频系统：300kHz以下，典型频率为125kHz、134kHz，适用于较近距离的场合。

高频系统：30MHz以下，典型频率为13.56MHz，适用于稍远距离的场合。

(2) 电磁反向散射耦合：即所谓的雷达原理模型，发射出去的电磁波碰到目标后反射，同时携带回目标信息，依据的是电磁波的空间传播规律，如图2-5所示。

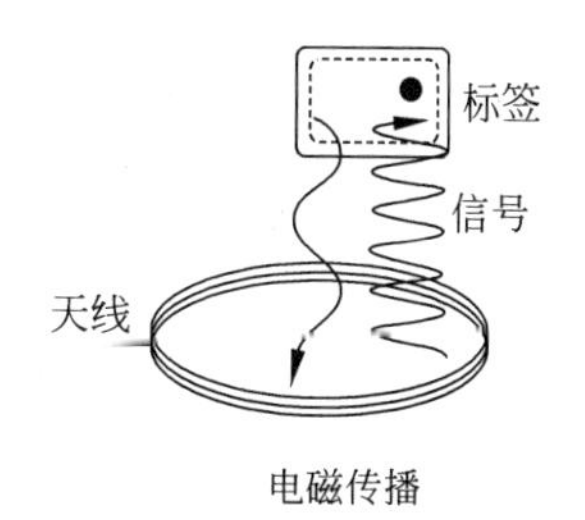

图2-5 电磁反向散射耦合

电磁反向散射耦合方式一般适合于超高频、微波工作的远距离射频识别系统，识别距离较远，如物流、车辆管理等。

超高频系统：300MHz～1GHz，典型频率为860MHz、915MHz，适用于较远距离的场合。

微波系统：1GHz以上，典型频率为2.45GHz、5.8GHz，适用于更远距离的场合。

2.1.4 RFID技术分类

现实中，人们看到的是RFID产品，用到的却是RFID技术提供给RFID产品的功能。RFID产品是RFID技术有形的外表；RFID技术是RFID产品无形的内里。RFID产品承载着RFID技术，RFID技术的不断发展促进着RFID产品的不断更新。RFID产品的分类与RFID技术的分类密切相关。在此，首先以RFID系统的概念为依托，着重讨论RFID技术的分类。

RFID系统可以具有很多不同的分类方式。一般来说，主要按照如图2-6所示的方式进行分类。

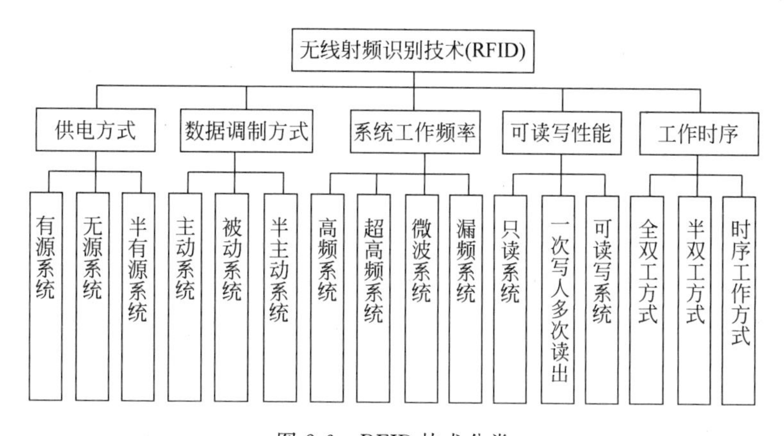

图2-6 RFID技术分类

1. 根据标签的工作频率分类

从应用概念来说，电子标签的工作频率也就是射频识别系统的工作频率，是其最重要的特点之一。电子标签的工作频率不仅决定着射频识别系统的工作原理(电感耦合还是电磁耦合)、识别距离，还决定着电子标签及读写器实现的难易程度和设备的成本。工作在不同频段或频点上的电子标签具有不同的特点。射频识别应用占据的频段或频点在国际上有公认的划分，即位于ISM波段。典型的工作频率有125kHz、133kHz、13.56MHz、27.12MHz、

433MHz、902～928MHz、2.45GHz、5.8GHz 等。

1）低频段电子标签

低频段电子标签简称为低频标签，其工作频率范围为 30～300kHz。典型工作频率有 125kHz、133kHz（也有接近的其他频率的，如 TI 公司使用 134.2kHz）。低频标签一般为无源式电子标签，其工作能量通过电感耦合方式从读写器耦合线圈的辐射近场中获得。低频标签与读写器之间传送数据时，低频标签需位于读写器天线辐射的近场区内。低频标签的阅读距离一般情况下小于 1m。

低频标签的典型应用有动物识别、容器识别、工具识别、电子门锁防盗（带有内置应答器的汽车钥匙）等。与低频标签相关的国际标准有 ISO11784/11785（用于动物识别）、ISO18000-2（125～135kHz）。低频标签有多种外观形式，应用于动物识别的低频标签外观有项圈式、耳牌式、注射式、药丸式等。

低频标签的主要优势体现在：标签芯片一般采用普通的 CMOS 工艺，具有省电、廉价的特点，工作频率不受无线电频率管制约束，可以穿透水、有机组织、木材等，非常适合近距离、低速度、数据量要求较少的识别应用等。低频标签的劣势主要体现在：标签存储数据量较小，只适用于低速、近距离的识别应用。

2）中高频段电子标签

中高频段电子标签的工作频率一般为 3～30MHz，典型工作频率为 13.56MHz。该频段的电子标签，一方面从射频识别应用角度来看，因其工作原理与低频标签完全相同，即采用电感耦合方式工作，所以宜将其归为低频标签类中；另一方面，根据无线电频率的一般划分，其工作频段又称为高频，所以也常常将其称为高频标签。

高频标签一般也采用无源方式，其工作原理同低频标签一样，也是通过电感（磁）耦合方式从读写器耦合线圈的辐射近场中获得。标签与读写器进行数据交换时，标签必须位于读写器天线辐射的近场区内。中高频标签的阅读距离一般情况下也小于 1m（最大读取距离为 1.5m）。

由于高频标签可方便地做成卡状，典型应用包括电子车票、电子身份证等，相关的国际标准有 ISO14443、ISO15693、ISO18000-3（13.56MHz）等。

3）超高频与微波标签

超高频与微波频段的电子标签简称为微波电子标签，其典型工作频率为 433.92MHz、862（902）～928MHz、2.45GHz、5.8GHz。微波电子标签可分为有源式电子标签与无源式电子标签两类。工作时，电子标签位于读写器天线辐射场的远区场内，标签与读写器之间的耦合方式为电磁耦合方式。读写器天线辐射场为无源式电子标签提供射频能量，将有源式电子标签唤醒。相应的射频识别系统阅读距离一般大于 1m，典型情况为 4～7m，最大可达 10m 以上。读写器天线一般均为定向天线，只有在读写器天线定向波束范围内的电子标签才可被读写。

由于阅读距离的增加，应用中有可能在阅读区域中同时出现多个电子标签，从而有了多标签同时读取的需求，这种需求进而发展成为一种潮流。目前，先进的射频识别系统均将多标签识读问题作为系统的一个重要特征。

以目前技术水平来说，无源微波电子标签比较成功的产品相对集中在 902～928MHz 工作频段上。2.45GHz 和 5.8GHz 射频识别系统多以半有源微波电子标签产品面世。半有源式电子标签一般采用纽扣电池供电，具有较远的阅读距离。

微波电子标签的典型特点主要集中在是否无源、无线读写距离、是否支持多标签读写、是否适合高速识别应用、读写器的发射功率容限，电子标签及读写器的价格等方面。对于可无线写的电子标签而言，通常情况下，写入距离要小于识读距离，其原因在于写入要求更大的能量。

微波电子标签的数据存储容量一般限定在 2Kb 以内，再大的存储容量似乎没有太大的意义。从技术及应用的角度来说，微波电子标签并不适合作为大量数据的载体，其主要功能在于标识物品并完成无接触的识别过程。典型的数据容量指标有 1Kb、128b、64b 等。

微波电子标签的典型应用包括移动车辆识别、仓储物流应用等，相关的国际标准有 ISO10374、ISO18000-4（2.45GHz）、－5（5.8GHz）、－6（860～930MHz）、－7（433.92MHz）、ANSINCITS256-1999 等。

2. 根据标签的供电形式分类

在实际应用中，必须给电子标签供电它才能工作，尽管它的电能消耗是非常低的。按照标签获取电能的方式不同，常把标签分为有源式电子标签、无源式电子标签和半有源式电子标签。

1）有源式电子标签

有源式电子标签通过标签自带的内部电池进行供电，它的电能充足，工作可靠性高，信号传送的距离远。另外，有源式标签可以通过设计电池的不同寿命对标签的使用时间或使用次数进行限制，它可以用在需要限制数据传输量或者使用数据有限制的地方。有源式标签的缺点主要是价格高，体积大，标签的使用寿命受到限制，而且随着标签内电池电力的消耗，数据传输的距离会越来越小，影响系统的正常工作。

2）无源式电子标签

无源式电子标签的内部不带电池，需靠外界提供能量才能正常工作。无源式电子标签典型的产生电能的装置是天线与线圈，当标签进入系统的工作区域，天线接收到特定的电磁波，线圈就会产生感应电流，再经过整流并给电容充电，电容电压经过稳压后可作为工作电压。无源式电子标签具有永久的使用期，常常用在标签信息需要每天读写或频繁读写的场合，而且无源式电子标签支持长时间的数据传输和永久性的数据存储。无源式电子标签的缺点主要是数据传输的距离要比有源式电子标签短。因为无源式电子标签依靠外部的电磁感应供电，电能比较弱，数据传输的距离和信号强度就受到限制，所以需要敏感性比较高的信号接收器才能可靠识读。但它的价格、体积、易用性决定了它是电子标签的主流。

3）半有源式电子标签

半有源式电子标签内的电池仅对标签内要求供电维持数据的电路供电，或者为标签芯片工作所需的电压提供辅助支持，为本身耗电很少的标签电路供电。标签未进入工作状态前，一直处于休眠状态，相当于无源式电子标签，标签内部电池能量消耗很少，因而电池可维持几年，甚至长达 10 年有效。当标签进入读写器的读取区域，受到读写器发出的射频信号激励而进入工作状态时，标签与读写器之间信息交换的能量支持以读写器供应的射频能量为主（反射调制方式），标签内部电池的作用主要在于弥补标签所处位置的射频场强不足，标签内部电池的能量并不转换为射频能量。

3. 根据标签的可读性分类

根据使用的存储器类型，可以将标签分为只读（Read Only，RO）标签、可读可写（Read and Write，RW）标签和一次写入多次读出（Write Once Read Many，WORM）标签。

1）只读标签

只读标签内部只有只读存储器（Read Only Memory，ROM）。ROM中存储标签的标识信息。这些信息可以在标签制造过程中由制造商写入ROM中，电子标签在出厂时，即已将完整的标签信息写入标签。这种情况下，应用过程中，电子标签一般具有只读功能。也可以在标签开始使用时由使用者根据特定的应用目的写入特殊的编码信息。

只读标签信息的写入，大部分情况下是在电子标签芯片的生产过程中将标签信息写入芯片，使得每一个电子标签拥有一个唯一的标识（UID）。应用中，再建立标签唯一UID与待识别物品的标识信息之间的对应关系（如车牌号）。只读标签信息的写入也有在应用之前，由专用的初始化设备将完整的标签信息写入。

只读标签一般容量较小，可以作为标识标签。对于标识标签来说，一个数字或者多个数字、字母、字符串存储在标签中，这个储存内容是进入信息管理系统中数据库的钥匙（key）。标识标签中存储的只是标识号码，用于对特定的标识项目，如人、物、地点进行标识，关于被标识项目的详细、特定的信息，只能在与系统相连接的数据库中进行查找。

一般电子标签的ROM区存放厂商代码和无重复的序列码。每个厂商的代码是固定和不同的，每个厂商的每个产品的序列码也肯定是不同的。所以每个电子标签都有唯一码，这个唯一码又存放在ROM中，所以标签没有可仿制性，是防伪的基础点。

2）可读可写标签

可读可写标签内部的存储器，除了ROM、缓冲存储器之外，还有非活动可编程记忆存储器。这种存储器一般是EEPROM（电可擦除可编程只读存储器），它除了存储数据功能外，还具有在适当的条件下允许多次对原有数据进行擦除以及重新写入数据的功能。可读可写标签还可能有随机存取器（Random Access Memory，RAM），用于存储标签反应和数据传输过程中临时产生的数据。

可读写标签一般存储的数据量比较大，这种标签一般都是用户可编程的，标签中除了存储标识码外，还存储大量的被标识项目其他的相关信息，如生产信息、防伪校验码等。在实际应用中，关于被标识项目的所有信息都是存储在标签中的，读标签就可以得到关于被标识目标的大部分信息，而不必连接到数据库进行信息读取。另外，在读标签的过程中，可以根据特定的应用目的控制数据的读出，实现在不同情况下读出的数据部分不同。

3）一次写入多次读出标签

应用中，还广泛存在着一次写入多次读出（WORM）的电子标签。这种WORM概念既有接触式改写的电子标签存在，也有无接触式改写的电子标签存在。这类WORM标签一般大量用在一次性使用的场合，如航空行李标签、特殊身份证件标签等。

RW卡一般比WORM卡和RO卡价格高得多，如电话卡、信用卡等；WORM卡是用户可以一次性写入的卡，写入后数据不能改变，比RW卡便宜；RO卡存有一个唯一的ID号码，不能修改，具有较高的安全性。

4. 根据标签的工作方式分类

根据标签的工作方式，可将 RFID 分为被动式电子标签、主动式电子标签和半主动式电子标签。一般来讲，无源系统为被动式电子标签，有源系统为主动式电子标签。

1）主动式电子标签

一般来说，主动式 RFID 系统为有源系统，即主动式电子标签用自身的射频能量主动地发送数据给读写器，在有障碍物的情况下，只需穿透障碍物一次。由于主动式电子标签自带电池供电，它的电能充足，工作可靠性高，信号传输距离远。它的主要缺点是标签的使用寿命受到限制，而且随着标签内部电池能量的耗尽，数据传输距离越来越短，从而影响系统的正常工作。

2）被动式电子标签

被动式电子标签必须利用读写器的载波来调制自身的信号，标签产生电能的装置是天线和线圈。标签进入 RFID 系统工作区后，天线接收特定的电磁波，线圈产生感应电流供给标签工作，在有障碍物的情况下，读写器的能量必须来回穿过障碍物两次。这类系统一般用于门禁或交通系统中，因为读写器可以确保只激活一定范围内的电子标签。

3）半主动式电子标签

在半主动式 RFID 系统中，电子标签本身带有电池，但是标签并不通过自身能量主动发送数据给读写器，电池只负责对标签内部电路供电。标签需要被读写器的能量激活，然后才通过反向散射调制方式传送自身数据。

5. 根据通信工作时序分类

射频识别系统的基本工作方式有 3 种：全双工工作方式、半双工工作方式以及时序工作方式。

1）全双工和半双工工作方式

全双工表示电子标签与阅读器之间可以在同一时刻相互传送信息，类似于手机通信；半双工表示电子标签与读写器之间可以双向传送信息，但在同一时刻只能向一个方向传送信息，类似于以前的对讲机通信。在全双工和半双工的方式中，从阅读器到电子标签的能量供给是连续的，与传输的方向无关。

在全双工和半双工系统中，电子标签的响应是在读写器发出电磁场或电磁波的情况下发送出去的。因为与阅读器本身的信号相比，电子标签的信号在接收天线上是非常弱的，所以必须使用合适的传输方式，以便把电子标签的信号与阅读器的信号区别开来。在实践中，人们对从电子标签到阅读器的数据传输一般采用负载反射调制技术，将电子标签数据加载到反射回波上，尤其是针对无源电子标签。

2）时序工作方式

在时序工作方式中，阅读器辐射出的电磁场短时间周期性地断开，这些间隔被电子标签识别出来，并被用于从电子标签到阅读器的数据传输。其实，这是一种典型的雷达工作方式。这种方式的缺点是：在阅读器发送间隔时，电子标签的能量供应中断，这就必须通过装入足够大的辅助电容器或辅助电池进行能量补充。

2.1.5 RFID技术标准

目前,RFID还未形成统一的全球化标准,市场上仍然是多种标准并存的局面。但随着全球物流行业RFID大规模应用的开始,RFID标准的统一已经得到业界的广泛认同。RFID系统主要由数据采集和后台数据库网络应用系统两大部分组成。目前已经发布或是正在制定中的标准主要是与数据采集相关的,其中包括电子标签与读写器之间的空中接口、读写器与计算机之间的数据交换协议、RFID标签与读写器的性能和一致性测试规范,以及RFID标签的数据内容编码标准等。后台数据库网络应用系统目前并没有形成正式的国际标准,只有少数产业联盟制定了一些规范,现阶段还在不断演变中。

RFID是从20世纪80年代开始逐渐走向成熟的一项自动识别技术。近年来由于集成电路的快速发展,RFID标签的价格持续降低,因而在各个领域的应用发展十分迅速。为了更好地推动这一新兴产业的发展,国际标准化组织(ISO)、以美国为首的EPCglobal、日本UID等标准化组织纷纷制定RFID相关标准,并在全球积极推广这些标准。以下简要介绍3个标准体系。

1. ISO制定的RFID标准体系

RFID标准化工作最早可以追溯到20世纪90年代。1995年国际标准化组织ISO/IEC联合技术委员会JTCl设立了子委员会SC31,负责RFID标准化研究工作。SC31子委员会由来自各个国家的代表组成,如英国的BSI IST34委员、欧洲的CENTC225成员。他们既是各大公司内部咨询者,也是不同公司利益的代表者。因此在ISO标准化制定过程中,有企业、区域标准化组织和国家3个层次的利益代表者。SC31子委员会将RFID标准分为4个方面:数据标准(如编码标准ISO/IEC 15691、数据协议ISO/IEC 15692、ISO/IEC 15693,解决了应用程序、标签和空中接口多样性的要求,提供了一套通用的通信机制)、空中接口标准(ISO/IEC 18000系列)、测试标准(性能测试ISO /IEC 18047和一致性测试标准ISO/IEC 18046)和实时定位(RTLS)(ISO/IEC 24730系列应用接口与空中接口通信标准)方面的标准。

这些标准涉及RFID标签、空中接口、测试标准、读写器与到应用程序之间的数据协议,它们考虑的是所有应用领域的共性要求。

ISO对于RFID的应用标准由应用相关的子委员会制定。例如,RFID在物流供应链领域中的应用方面的标准由ISO TC 122/104联合工作组负责制定,包括ISO 17358应用要求、ISO 17363货运集装箱、ISO 17364装载单元、ISO 17365运输单元、ISO 17366产品包装、ISO 17367产品标签;RFID在动物追踪方面的标准由ISO TC 23/SC19负责制定,包括ISO 11784/11785动物RFID畜牧业的应用。

从ISO制定的RFID标准内容来说,RFID应用标准是在RFID编码、空中接口协议、读写器协议等基础标准之上,针对不同使用对象,确定了使用条件、标签尺寸、标签粘贴位置、数据内容格式、使用频段等方面特定应用要求的具体规范,同时也包括数据的完整性、人工识别等其他一些要求。通用标准提供了一个基本框架,应用标准是对它的补充和具体规定。这一标准制定思想,既保证了RFID技术具有互通与互操作性,又兼顾了应用领域的特点,能够很好地满足应用领域的具体要求。

2. EPCglobal 制定的 RFID 标准体系

与 ISO 通用性 RFID 标准相比，EPCglobal 标准体系面向物流供应链领域，可以看作一个应用标准。EPCglobal 的目标是解决供应链的透明性和追踪性，透明性和追踪性是指供应链各环节中所有合作伙伴都能够了解单件物品的相关信息，如位置、生产日期等信息。为此，EPCglobal 制定了 EPC 编码标准，它可以实现对所有物品提供单件唯一标识，也制定了空中接口协议，读写器协议，这些协议与 ISO 标准体系类似。在空中接口协议方面，目前 EPCglobal 的策略尽量与 ISO 兼容，如 C1Gen2 UHF RFID 标准递交 ISO 将成为 ISO 180006C 标准。但 EPCglobal 空中接口协议有它的局限范围，仅仅关注 860～930MHz。

除了信息采集以外，EPCglobal 非常强调供应链各方之间的信息共享，为此制定了信息共享的物联网相关标准，包括 EPC 中间件规范、对象名解析服务（Object Naming Service，ONS）、物理标记语言（Physical Markup Language，PML）。这样，从信息的发布、信息资源的组织管理、信息服务的发现以及大量访问之间的协调等方面都做出了规定。“物联网”的信息量和信息访问规模大大超过普通的因特网。“物联网”系列标准是根据自身的特点参照因特网标准制定的。“物联网”是基于因特网的，与因特网具有良好的兼容性。

物联网标准是 EPCglobal 所特有的，ISO 仅仅考虑自动身份识别与数据采集的相关标准，数据采集以后如何处理、共享并没有作规定。物联网是未来的一个目标，对当前应用系统建设来说具有指导意义。

3. 日本 UID 制定的 RFID 标准体系

日本 UID 制定 RFID 相关标准的思路类似于 EPCglobal，目标也是构建一个完整的标准体系，即从编码体系、空中接口协议到泛在网络体系结构，但是每一个部分的具体内容存在差异。

为了制定具有自主知识产权的 RFID 标准，在编码方面制定了 ucode 编码体系，它能够兼容日本已有的编码体系，同时也能兼容国际其他的编码体系；在空中接口方面积极参与 ISO 的标准制定工作，也尽量考虑与 ISO 相关标准兼容；在信息共享方面主要依赖于日本的泛在网络，它可以独立于因特网实现信息的共享。泛在网络与 EPCglobal 的物联网还是有区别的：EPC 采用业务链的方式，面向企业，面向产品信息的流动，比较强调与互联网的结合；UID 采用扁平式信息采集分析方式，强调信息的获取与分析，比较强调前端的微型化与集成。

2.1.6 RFID 技术在物联网中的应用

前几年，RFID 在中国还是个陌生的名词，但随着 RFID 技术的发展和不断成熟，世界知名厂家的 RFID 产品纷纷进入中国市场，并占领很大的份额，使中国的企业看到了一个广泛的市场和一个效益巨大的产业。加之 RFID 自身的科技性能也决定了它可以预见的广泛应用，于是这两年国内的 RFID 市场进入急速升温。在中国一个有世界上最大的 RFID 应用项目，那就是中国第二代身份证项目，这个项目让 13 亿中国人零距离地接触到 RFID；另外

2008年奥运会的1000多万张门票里，每一张门票都内置一枚RFID电子芯片，可以有效识别持票人的信息。

RFID应用的领域相当广泛，下面列举了几个领域的应用。

(1) 物流：物流过程中的货物追踪、信息自动采集、仓储应用、港口应用、快递等。

(2) 零售：商品的销售数据实时统计、补货、防盗等。

(3) 制造业：生产数据的实时监控、质量追踪、自动化生产等。

(4) 服装业：自动化生产、仓储管理、品牌管理、单品管理、渠道管理等。

(5) 医疗：医疗器械管理、病人身份识别、婴儿防盗等。

(6) 身份识别：电子护照、身份证、学生证等各种电子证件。

(7) 防伪：烟、酒、药品等物品的防伪、票证的防伪等。

(8) 资产管理：各类资产(贵重的或数量大相似性高的或危险品等)的管理。

(9) 交通：高速不停车、出租车管理、公交枢纽管理、铁路机车识别等。

(10) 食品：水果、蔬菜、生鲜、食品等保鲜度管理。

(11) 动物识别：驯养动物、畜牧牲口、宠物识别等。

(12) 图书馆：书店、图书馆、出版社等管理。

(13) 汽车：制造、防盗、定位、车钥匙等。

(14) 航空：制造、机票、行李包裹追踪等。

(15) 军事：弹药、枪支、物资、人员、卡车等识别与追踪等。

下面针对几个成功应用的领域，简单介绍一下应用的解决方案。

1. RFID在交通中的应用

智能交通是将先进的传感器技术、通信技术、数据处理技术、网络技术、自动控制技术、信息发布技术等有机地运用于整个交通运输管理体系而建立起的一种实时的、准确的、高效的交通运输综合管理和控制系统。智能交通通过改善交通运输基础设施，提高交通信息服务水平，来改善交通运作环境，提高交通服务质量，进而提高人民生活水平。

由于RFID系统具有车路通信、自动识别、点定位、远距离检测及可视化等功能，因此在移动车辆的自动识别与管理系统方面有着广阔的应用市场，成为智能交通的重要应用技术之一。其应用领域包括智能停车场管理、车辆智能交通管理、车辆调度管理、港口码头车辆管理、车辆智能称重管理、智能公交管理、非法车辆稽查管理、海关车辆通关管理、机动车尾气排放控制管理等。其中一些应用案例列举如下：

(1) 公交一卡通系统。例如香港的八达通、深圳的深圳通、广州的羊城通。其中，香港的八达通可以搭乘香港所有的公共汽车、地铁、火车、轻轨列车、轮渡、小型巴士等交通工具。

(2) 不停车收费系统。例如美国的E-Zpass、香港的Autotoll、广东的粤通卡等。其中，美国佛罗里达高速公路利用电子收费的标签进行车辆旅程时间计算以及行驶速度计算；香港的Autotoll系统从1992年起，在香港的十多条主要公路干线以及隧道上进行不停车收费，每天为香港20多万带有RFID不停车收费卡的用户提供服务；广东省在2004年就已经开通了150条高速公路不停车收费车道。

(3) 车辆调度系统。例如国家铁路局目前已经对所管辖的55万辆机车车辆以及车厢加上RFID标签，实现对车辆或车厢的追踪，以及车辆运行过程中的路况报警提示。

(4) 公交系统。例如上海市公共汽车到、离站信息管理，在安装在站台的显示屏幕上显示即将到达与即将启程的公交车名称、位置及时间。杭州市对其快速公交一号线路上 31 个灯控路口安装了 RFID 设备，当公共汽车驶近路口 200 米的地方，RFID 设备就能读到公共汽车的信息。根据需要，在信号控制设备的配合下，适当调节红绿灯的时间，以实现公交优先通行。

2. RFID 在物流中的应用

在物流系统运作时，企业必须实时、精确地了解和掌握整个物流环节上的商流、物流、信息流和资金流这四者的流向和变化，使这四种流以及各个环节、各个流程都协调一致、相互配合，才能发挥其最大经济效益和社会效益。然而，由于实际物体的移动过程中，各个环节都是处于运动和松散的状态，信息和方向常常随实际活动在空间和时间上移动和变化，结果影响了信息的可获性和共享性。而 RFID 技术正是有效解决物流管理上各项业务运作数据的输入/输出、业务过程的控制与跟踪，以及减少出错率等难题的一种新技术。

RFID 技术对物流的零售、仓储、运输、销售、配送等环节全程“可视、可控”的要求，在物流管理领域具有很大的优势。

(1) 零售环节。RFID 可以改进零售商的库存管理，实现适时补货，有效跟踪运输与库存，提高效率，减少出错。同时，智能标签能够对某些具有时效性商品的有效期限进行监控；商店能利用 RFID 系统在付款台实现自动扫描和计费，取代人工收款方式。在未来的数年中，RFID 标签将大量用于供应链终端的销售环节，特别是在超市中，RFID 标签免除了跟踪过程中的人工干预，并能够生成准确的业务数据，因而具有巨大的吸引力。

(2) 存储环节。在仓库中，射频技术最广泛地使用在存取货物与库存盘点中，用来实现自动化存货和自动化取货等操作。在整个仓库管理中，通过将供应链计划系统制定的收货计划、取货计划、装运计划等与射频识别技术相结合，能够高效地完成业务操作，如指定堆放区域、上架、取货与补货等。这样，既增强了作业的准确性和快捷性，又提高了服务质量，降低了成本。RFID 技术的另一个好处是在库存盘点时降低了人力成本。RFID 可以使商品的登记自动化，盘点时不需要人工的检查或扫描条码，更加快速准确，并且减少了损耗。RFID 可提供库存情况的准确信息，从而实现快速供货并最大限度地减少存储成本。

(3) 运输环节。在运输管理中，对在途运输的货物和车辆贴上 RFID 标签，例如将标签贴在集装箱和装备上，通过射频识别来完成设备跟踪控制。RFID 接收转发装置通常安装在运输线的一些检查点上，以及仓库、车站、码头、机场等关键地点。接收装置收到 RFID 标签信息后，连同接收地的位置信息一起上传至通信卫星，再由卫星传送给运输调度中心，送入数据库中。

(4) 配送/分销环节。在配送环节，采用射频技术能大大加快配送的速度和提高拣选与分发过程的效率与准确率，并能减少人工、降低配送成本。到达中央配送中心的所有商品都贴有 RFID 标签，在进入中央配送中心时，托盘通过一个门阅读器，读取托盘上所有货箱上的标签内容。系统将这些信息与发货记录进行核对，以检测出可能的错误，然后将 RFID 标签更新为最新的商品存放地点和状态。这样就确保了精确的库存控制，甚至可确切了解目前有多少货箱处于转运途中、转运的始发地和目的地，以及预期的到达时间等信息。

RFID技术使得合理的产品库存控制和智能物流技术成为可能。借助电子标签，可以实现商品对原料、半成品、成品、运输、仓储、配送、上架、最终销售甚至退货处理等环节的实时监控。

下面介绍几个RFID应用的成功案例：

作为全球营业额最大的零售企业，沃尔玛连续多年蝉联世界五百强的榜首，它的成功与其以RFID技术为基础的高效供应链系统不无关系。早在2005年，沃尔玛就要求他的前100位供应商采用RFID技术，同时在公司总部建立起庞大的数据中心，用于接收通信卫星和主干网络传送的零售数据，包括沃尔玛集团所经营的所有店铺的商品信息，物流、配送中心货车货箱信息等；只要是与零售经营有关的数据，沃尔玛的供应链系统就能做到实时监控。RFID标签的引入使沃尔玛的供应链效率进一步提升：之前核查一遍货架上的商品需要全部零售店面的工作人员耗费数小时，而现在只需30分钟就能完成。不仅如此，RFID技术还有效地减少了供应链管理的人工成本，让信息流、物流、资金流更为紧凑有效，增加了效益；同时，仓库的能见度极大提高，让供应商、管理人员对存货和到货的比例一目了然。美国伯克利大学为沃尔玛所做的一个量化关系试验表明，通过使用RFID，货物短缺减少16%，这表明销售额增加了16%；而利用RFID条码的货物的补货率比没有标签的货物补货率快3倍。可以说，RFID供应链整体核心能力的竞争已经成为现代市场竞争的主流，供应链与供应链之间的竞争关乎着零售企业的命运。

索尼公司在欧洲拥有10个物流中心，其中的荷兰TIRUBURU物流中心以及西班牙巴塞罗那物流中心由索尼供应部(SSSE)直接负责运营管理，其他则委托给3PL。索尼公司在荷兰物流中心的供应链系统中引进了RFID系统。供应部高级经理肖恩·菲尔德先生曾说："因为节省了人工费，减少了索赔，投入RFID系统的成本大约一年后可收回。"尤其是在实现了货物跟踪后，索赔大约减少了80%，效果的确非常显著。

上海联华便利配送中心使用了无线条码数据终端系统，这是一个典型的RFID与条码结合的物流系统模型。联华便利配送中心解决方案采用WMS(仓库管理系统)实现整个配送中心的全计算机控制和管理，以无线数据终端并依靠条码自动识别技术，在各个物流环节以条码为载体进行实时物流操作，以自动化流水线来输送，以数字拣选系统(DPS)来拣选。配送中心进货后，立即由WMS进行登记处理，生成入库指示单，同时发出是否能入库的指示。工作人员用手持终端对该托盘的条码进行记录。在货品传输时，根据输送带侧面安装的条码阅读器对托盘条码进行确认，计算机立即对托盘货物的保管和输送目的地发出指示。货物在下平台前，由入库输送带侧面设置的条码阅读器将托盘条码输入计算机，系统根据该托盘情况，对照货位情况，发出入库指示。整个系统以条码为主线贯穿物流全过程，达到了非常高效可靠的程度。5500数据终端，作为既可以读取RFID信息又可以扫描条码的新一代数据终端，它在整个物流运作过程中起到不可或缺的作用。其中，可以反复使用的托盘和笼车上贴有RFID标签，以实现大量商品的快速进出库管理；而商品上有条形码，可以满足销售的需要。

3. RFID在公共安全中的应用

公共安全涉及范围极广。食品安全、财产安全、生产安全、交通管理等各个方面都涉及公共安全，因此可以说，公共安全问题无处不在，而利用RFID来保障相应领域的安全也将无处不在。所谓公共安全，包括“人员”“物品”和“财富”3个组成部分。

(1) 人员安全包括血液及制品、医药及医疗、食品安全、交通与车辆、生产安全、自然灾害和恐怖活动以及战争灾害救助、疫情管理和控制、危险和易燃品的管理、居住区域门禁保安。人员安全表现为因交通事故、各类灾害、事故、药物、食品中毒和暴力袭击而丧生、致残、伤病等。

(2) 物品安全包括工厂、仓库、商店、家庭和个人拥有的有形设备、资产和商品防盗，公共设施如博物馆、图书馆、学校、医院的设施防盗以及家居的各类私有物品因火灾等灾害、事故、盗窃、抢劫等暴力造成的丢失、损害、破残等。

(3) 财富安全包括银行、企事业单位、家庭和个人的非物品形式存在的钱币或有价证券(股票、房地产证)等财产因事故、盗窃、抢劫、诈骗、高智商犯罪等造成的失窃等。

下面介绍几个 RFID 应用的成功案例：

要想堵住食品安全漏洞，在信息化日益发展、渗透各个行业的今天，在食品安全管理和监控体系中利用先进的信息化手段已成为必然的趋势。IT 技术已能够为食品安全“保驾护航”，而 3G 移动互联网的到来，加上 RFID 的助力，让消费者可以随时随地查验食品的安全，甚至连农产者、生产者的“尊容”也能随时随地看见。在日本，随时随地能“看得见”所吃食品的“全部尊容”，在东京大井町层一家知名食品超市，能在生鲜食品销售区找到这种“能看见面容的食品”。随便抓起一袋番茄，发现包装袋标签的左上角有一个十位数的 ID 号码，下方几行字写道“福岛县耶麻郡猪苗代地区，石田宣崇的番茄”；标签的右下角有一个正方形的三维 QR 码，只要掏出一部智能手机，打开读码器对准 QR 码，手机屏幕上就会出现一行链接信息，按下确认键，就可以看到石田宣崇夫妇在自己家蔬菜大棚里的合影；下方的文字介绍包括所栽培的番茄的品种、简要栽培方法、商品特征等信息，还有用番茄为原料的推荐菜品的烹调方法。在这家食品超市，我们常见的蔬菜和水果，如青椒、菠菜、茄子、黄瓜、山药、红薯、梨等都至少有一个品牌配有这种提供生产者详细信息的标签。

作为首次在中国举办的世界博览会，2010 年上海世博会在发售的每张门票上都植入了 RFID 电子芯片，这是继 2008 年北京奥运会后我国最大规模的 RFID 门票应用项目。从门票预售到上海世博会结束历时近两年，观众长时间持有门票，对于高面额门票的安全性、可靠性都提出了极高的要求。门票采用了 RFID 技术后，入园闸口的自动识别设备能够迅速读取门票信息，同时自动鉴别真伪。

Northland 是奥地利一家专门经营户外服装设备的公司，2010 年初，这家公司在它的格拉茨的商店中采用了 RFID 存货解决方案，证明 RFID 在效率和透明性方面胜过传统的方法。商店中约有 1300 种户外产品有 RFID 标签，如外衣、裤子、毛衣、背包、热水瓶等。一个标签中有存货管理用和防盗用的两种信息。Northland 公司 RFID 项目负责人 OttoUrl 解释说：“使用这个解决方案比使用两个分开的系统便宜得多。盗窃可在收银员的监视器上马上显示出来，同时在大门上有声光报警。这种 RFID 防盗装置不仅能告知产品被窃，而且能告知什么产品被盗，何时被盗。这种信息使我们能特别注意易被盗的产品种类和时间段。”

汽车防盗是RFID较新的应用领域。目前已经开发出了足够小的、能够封装到汽车钥匙中的、含有特定码字的射频卡，并出现了很多这方面的专利。它需要在汽车上装有读写器，当钥匙插入点火器中时，读写器能够辨别钥匙的身份。如果读写器接收不到射频卡发送来的特定信号，汽车的引擎将不会发动。用这种电子验证的方法，汽车的中央计算机就能防止短路点火。

生产安全的核心是人的安全。煤矿、金属矿等采矿场所迫切需要利用相应的矿井人员跟踪定位设备，全天候对煤矿入井人员进行实时自动跟踪和考勤，随时掌握每个员工在井下的位置及活动轨迹、全矿井下人员的位置分布情况。

2.2 传感器技术

2.2.1 传感器概述

"没有传感器就没有现代科学技术"，在现实生活中以传感器为核心的检测系统就像人体的神经和感官一样，负责源源不断地向人类提供宏观与微观世界的各种信息，成为人们扩展自身感觉器官的有力工具。在现代生活中，传感器的应用已渗透到了各个领域，其中包括工业生产、农业生产、医学诊断、生物工程、文物保护等领域。可以说，从苍茫的太空到浩瀚的大海，以至各种复杂的工程系统，几乎每一个现代化工程项目都离不开各种各样传感器的使用。由此可见，传感器技术在发展经济、推动社会进步等方面起着重要作用。

对于物联网技术而言，传感器属于物联网的神经末梢，它是人类全面感知自然的最核心元件，各类传感器的大规模部署和应用是构成物联网不可缺少的基本条件。对应不同的应用可以提供不同的传感器，覆盖范围包括智能工业、智能安保、智能家居、智能运输、智能医疗等领域。

传感器被定义为"能够感受规定的被测量并按照一定规律转换成可用输出信号的器件或装置"。从概念中可以看出传感器是一种检测装置，它既能感受到被测量的信息，又能将检测到的相关信息按一定规律变换成为电信号或其他形式的信息传送出去。

2.2.2 传感器组成

传感器主要由敏感元件和转换元件两大部分组成，为了把采集到的信号转换为电量输出，还配有基本转换电路和辅助电源两部分，具体组成如图2-7所示。

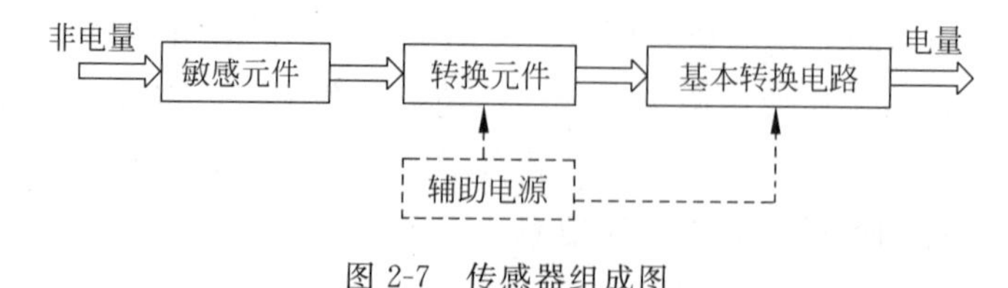

图2-7 传感器组成图

敏感元件是用于直接感受被测量的，它的输出是与被测量成确定关系的某一物理量。

敏感元件的输出就是转换元件的输入，转换元件负责把输入转换成电路参数。

上述转换元件输出的电路参数接入基本转换电路，通过它可转换成电量输出。基本转换电路并不是每个传感器必需的部分。一个最简单的传感器可以仅由一个敏感元件组成，这个敏感元件同时也可以负责完成转换元件的功能，也就是说，它在感受被测量时直接输出电量，例如热电偶。还有些传感器由敏感元件和转换元件两部分组成，但是没有转换电路，如压电式加速度传感器。也有些传感器，转换元件不止一个，要经过若干次转换，才能最后输出相关信息。但是因为不少传感器转换元件的输出要在通过转换电路后才能输出电信号，从而决定了转换电路是传感器的组成环节之一。

2.2.3　传感器分类

传感器的类型多种多样，在应用的过程中，按照不同的分类原则，传感器可以被分为不同的类型。

(1) 按工作原理分类，可以将传感器分为物理型传感器、化学型传感器、生物型传感器等。

(2) 按构成原理分类，可以将传感器分为结构型传感器与物性型传感器两类。

其中，结构型传感器是利用物理学中场的定律构成的，这包括动力场的运动定律、电磁场的电磁定律等。因为物理学中的定律一般是以方程式给出的，对于传感器来说，这些方程式就是许多传感器在工作时的数学模型。这类传感器的特点是传感器的工作原理是以传感器中元件相对位置变化引起场的变化为基础，而不是以材料特性的变化为基础。

而物性型传感器则是利用物质定律构成的，如虎克定律、欧姆定律等。物质定律是表示物质某种客观性质的法则。这种法则大多数是以物质本身的常数形式给定的。这些常数的大小决定了传感器的主要性能。因此，物性型传感器的性能随各种材料的不同而不同。例如光电管，它利用了物质法则中的光电效应。显然，它的特性就与涂覆在电极上的各种材料有着密切的关系。又如所有半导体传感器，以及所有利用各种环境变化而引起金属、半导体、陶瓷、合金等性能变化的传感器，都属于物性型传感器。

(3) 按能量转换情况分类，可以将传感器分为能量控制型传感器和能量转换型传感器两类。

能量控制型传感器在信息变化过程中，将从被测量对象中获取的信息能量用于调制或控制外部激励源，使外部激励源的部分能量载运信息而形成输出信号，这类传感器必须由外部提供激励源。例如电阻、电感、电容等电路参量传感器都属于这一类传感器，基于应变电阻效应、磁阻效应、热阻效应、光电效应、霍尔效应等的传感器也属于这一类传感器。

能量转换型传感器又称有源型传感器或发生器型传感器，将从被测对象获取的信息能量直接转换成输出信号能量，主要由能量变换元件构成，它不需要外电源。例如基于压电效应、热电效应、光电动势效应等的传感器都属于这一类传感器。

(4) 按物理原理分类，可以将传感器分为 10 种类型。

① 电参量式传感器：电阻式传感器、电感式传感器、电容式传感器等。

② 磁电式传感器：磁电感应式传感器、霍尔式传感器、磁栅式传感器等。

③ 压电式传感器：声波传感器、超声波传感器。

④ 光电式传感器：一般光电式传感器、光栅式传感器、激光式传感器、光电码盘式传感器、光导纤维式传感器、红外式传感器、摄像式传感器等。

⑤ 气电式传感器：电位器式传感器、应变式传感器。

⑥ 热电式传感器：热电偶传感器、热电阻传感器。

⑦ 波式传感器：超声波式传感器、微波式传感器等。

⑧ 射线式传感器：热辐射式传感器、γ 射线式传感器。

⑨ 半导体式传感器：霍耳器件传感器、热敏电阻传感器。

⑩ 其他原理的传感器：差动变压器传感器、振弦式传感器等。

有些传感器的工作原理是两种以上原理的复合形式，例如不少半导体式传感器，也可看成电参量式传感器。

(5) 按用途分类，可以将传感器分为位移传感器、压力传感器、振动传感器、温度传感器。

(6) 按输出信号分类，可以将传感器分为模拟信号传感器和数字信号传感器。

(7) 按是否使用电源分类，可以将传感器分成为有源传感器和无源传感器。

(8) 按转换过程是否可逆分类，可以将传感器分为单向传感器和双向传感器。

2.2.4 典型传感器原理简介

经过前面章节的介绍，已经可以简单地了解传感器，所有的传感器都是感受力、温度、湿度、光、声等非电学物理量，并将它们按照一定规律转换为电压、电流等物理量的器件。

下面对几种典型的传感器进行简单的介绍。

1. 电阻式传感器

电阻式传感器主要用于将位移、力、压力、加速度、扭矩等非电物理量转换为相应电阻值变化的传感器。电阻式传感器与相应的测量电路组成的测量仪表是冶金、电力、交通、石化、商业、生物医学和国防等部门进行自动称重、过程检测和实现生产过程自动化不可缺少的工具之一。

一般来说电阻式传感器由电位器式传感器和应变片式传感器两种形式。

1) 电位器式传感器

电位器式传感器由电阻元件及电刷(活动触点)两个基本部分组成。电刷相对于电阻元件的运动可以是直线运动、转动和螺旋运动，因而可以将直线位移或角位移转换为与其成一定函数关系的电阻或电压输出。图 2-8 为电位器式传感器中的变阻式传感器示意图。

电位器式传感器结构简单，尺寸小，重量轻，精度较高，性能相对稳定，受环境因素影响小；可实现输出输入任意函数关系，输出信号较大，一般不用放大就可以使用，但因为存在滑动触头与线圈等之间的摩擦，输入能量要求较大，且磨损会降低寿命和可靠性，也会降低测量精度。

电位器式传感器在日常生活中应用广泛：比较常见的有玩具机器人，图 2-9 为具有电位器式传感器的机器狗。

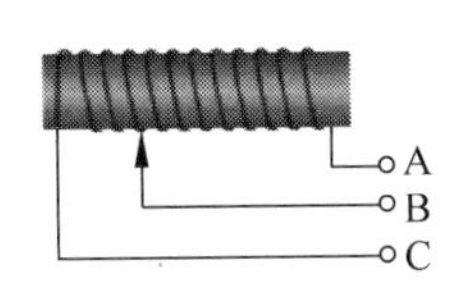

图 2-8　变阻式传感器

图 2-9　具有电位器式传感器的机器狗

2）应变片式传感器

应变片式传感器的工作原理是将电阻应变片粘贴到各种弹性敏感元件上，使物理量的变化变为应变片的应力、应变变化，从而变成电阻值的变化。按应变片的材料不同分类，可将这类传感器分为两种：金属电阻应变片式传感器和半导体应变片式传感器。

金属电阻应变片式传感器是利用金属丝的电阻应变效应来实现对被测量的信息进行测量。金属丝的电阻值随着金属丝的几何尺寸变化而发生相应的变化。图 2-10 是金属导线受力变形的情况。

半导体应变片式传感器是将应变片粘贴于某些弹性物体上，并将其接到测量转换电路，这样就构成测量各种物理量的专用应变式传感器。这种传感器应用十分广泛，如图 2-11 所示，日常生活中常见的超市中的打印秤就是一个很好的例子。

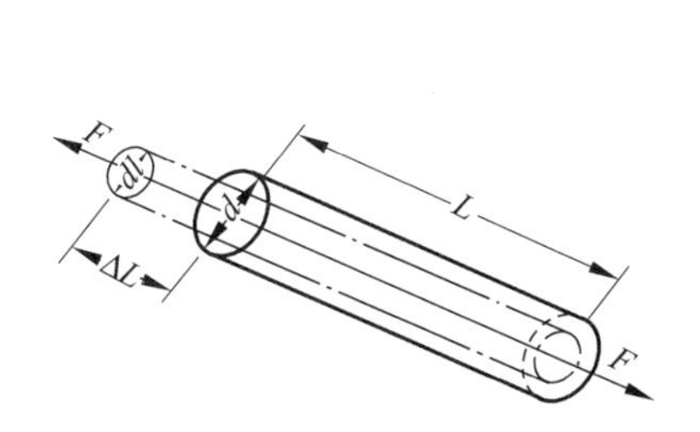

图 2-10　金属导线受力变形图

图 2-11　超市打印秤

2. 电容式传感器

电容式传感器是将被测的机械量，例如位移、压力等，转换为电容量变化的传感器。电容式传感器不但广泛用于位移、振动、角度、加速度等各种机械量的精密测量，而且还将逐步地扩大到压力、差压、液位、物位或成分含量等方面的测量。

不同类型的电容式传感器都具有以下特点。

（1）温度稳定性好。

传感器的电容值一般与电极材料无关，仅取决于电极的几何尺寸，因为空气等介质损耗很小，因此只要从强度、温度系数等机械特性考虑，合理选择材料和几何尺寸即可。

（2）结构简单，适应性强。

电容式传感器结构简单，易于制造；能在高低温、强辐射及强磁场等各种恶劣的环境条件下工作，适应能力强，尤其可以承受很大的温度变化；在高压力、高冲击、过载等多种情况下都能正常工作，能测超高压和低压差，也能对带磁工件进行测量；此外电容式传感器可以做得体积很小，以便适应某些特殊要求的测量。

(3) 动态响应好。

电容式传感器的极板间的静电引力很小，因此需要的作用能量也就极小，由于它的可动部分可以做得很小很薄，即质量很轻，因此它的固有频率很高，动态响应时间短，能在几MHz的频率下工作，特别适合动态测量。又由于其介质损耗小，可以用较高频率供电，因此系统工作频率高。它可用于测量高速变化的参数，如测量振动、瞬时压力等。

(4) 可以实现非接触测量，具有平均效应。

当被测件不允许采用直接接触测量的情况下，电容传感器也可以完成测量任务。当采用非接触测量时，电容式传感器具有平均效应，可以减小工件表面粗糙度等对测量的各种影响。

20世纪70年代末以来，随着集成电路技术的发展，出现了与微型测量仪表封装在一起的电容式传感器。这种新型的传感器能使分布电容的影响大大减小，使其固有的缺点得到克服，使得电容式传感器的应用更为广泛。

指纹识别就是目前最常用的电容式传感器的应用，也被称为第二代指纹识别系统。它的特点是体积小、成本低、成像精度高，而且耗电量很小，因此非常适合在各种消费类电子产品中使用。

图2-12为指纹经过处理后的成像图：指纹识别所需电容式传感器包含一个大约有数万个金属导体的阵列，其外面是一层绝缘的表面，当用户的手指放在上面时，金属导体阵列/绝缘物/皮肤就构成了相应的小电容器阵列。它们的电容值随着脊(近的)和沟(远的)与金属导体之间的距离不同而变化。

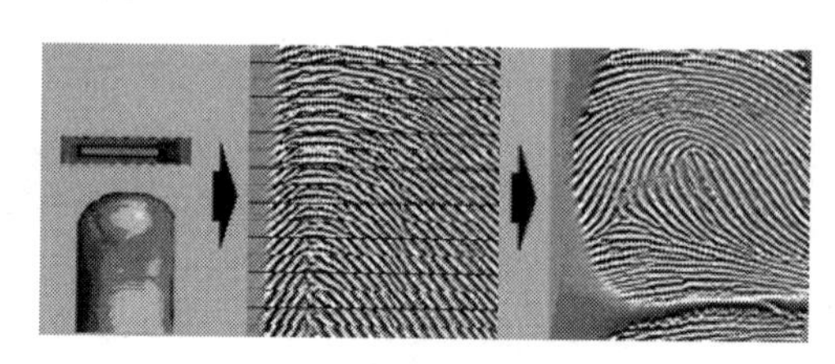

图2-12 指纹处理成像图

3. 电感式传感器

电感式传感器是利用电磁感应把被测的物理量如位移、压力、流量、振动等转换成线圈的自感系数和互感系数的变化，再由电路转换成电压或电流的变化量输出，以实现非电量到电量的转换。

电感式传感器的特点是结构简单、可靠、测量力小、分辨力高、重复性好，在几十μm到数百mm的位移范围内比较稳定，输出特性的线性度较好。但由于存在交流零位信号，所以不宜用于高频动态测量。

4. 压电式传感器

压电式传感器的原理是以某些电介质的压电效应为基础，在外力作用下，在电介质的表面上产生相应电荷，从而实现非电量测量。

压电式传感器的主要元件是力敏感元件，所以它能测量最终能变换为力的那些物理量，如力、压力、加速度等。压电式传感器具有响应频带宽、灵敏度高、信噪比大、结构简单、工作可靠、重量轻等特点。近年来，由于电子技术的飞速发展，随着与之配套的二次仪表以及低噪声、小电容、高绝缘电阻电缆的出现，使压电式传感器的使用变得更为方便。因此，压电式传感器在工程力学、生物医学、石油勘探、声波测井、电声学等许多技术相关领域中获得了广泛的应用。

图 2-13　压电式加速度传感器

压电式传感器的应用十分广泛，包括压力传感器、流量计、自来水管测漏检修。图 2-13 为压电式加速度传感器。在现代生产生活中，压电式加速度传感器被应用在许许多多的方面，如笔记本电脑中的硬盘抗摔保护；数码相机和摄像机中用来检测拍摄时的手部振动，并根据这些振动，自动调节相机的聚焦；还被应用在汽车安全气囊、防抱死系统、牵引控制系统等安全性能方面。

5. 热电式传感器

热电式传感器是将温度变化转换为电量变化的装置。它是利用某些材料或元件的性能随温度变化的特性来进行测量的。例如将温度变化转换为电阻、热电动势、热膨胀、导磁率等方面的变化，再通过适当的测量电路达到检测温度的目的。其中，把温度变化转换为电势的热电式传感器称为热电偶传感器；而把温度变化转换为电阻值的热电式传感器称为热电阻传感器。

热电偶传感器是目前温度测量中使用最普遍的传感元件之一。它具有结构简单、测量范围宽、准确度高、热惯性小、输出信号为电信号便于远传或信号转换等优点。它被用来测量流体的温度、固体以及固体壁面的温度，还被用来测量快速及动态温度。

热电阻传感器主要是利用电阻值随温度变化而变化这一特性来测量温度及与温度有关的各种参数。在温度检测精度要求较高的场合，这种传感器比较适用。目前应用较为广泛的热电阻材料为铂、铜、镍等，它们都具有电阻温度系数大、线性好、性能稳定、使用温度范围宽、加工容易等特点。

热敏电阻在仪器仪表中得到了广泛的应用，热敏电阻也可作为电子线路元件用于仪表线路温度补偿和温差电偶冷端温度补偿等，例如用作各种温度计、温度差计、温度补偿、温度报警、温度继电器、湿度计、分子量测定、水分计、热计、红外探测器的温度补偿等方面。

6. 数字式传感器

数字式传感器是一种新型传感器，它将被测参量转换为数字量输出。它是测量技术、微电子技术和计算技术的综合产物，目前已成为传感器技术的发展方向之一。数字式传感器包括光栅式传感器和码盘式传感器。从广义上说，所有模拟式传感器的输出都可经过数字化而得到数字量输出，这种传感器可以称为数字系统或广义数字式传感器。数字式传感器的主要优点是测量精度高、分辨率高、输出信号抗干扰能力强、可直接输入计算机处理等。

1）码盘式传感器

码盘式传感器是用光电方法将被测角位移转换为以数字代码形式表示的电信号的转换部件。图 2-14 为码盘式传感器的码盘。

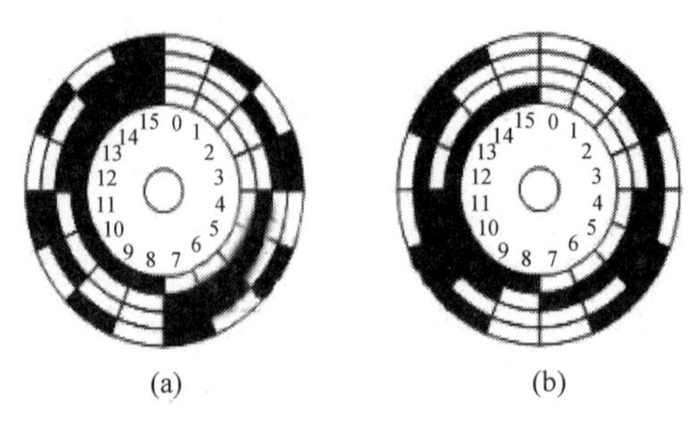

图 2-14　码盘图

码盘式传感器具有分辨能力强、测量精度高和工作可靠等优点，是测量轴转角位置的一种最常用的位移传感器。这里的码盘分为绝对式编码器和增量编码器两种，前者能直接给出与角位置相对应的数字码；后者则利用计算系统将旋转码盘产生的脉冲增量针对某个基准数进行加减以求得角位移。

2）光栅传感器

光栅传感器由光源、透镜、光栅副和光电接收元件组成。图 2-15 为实际应用中的光栅传感器。

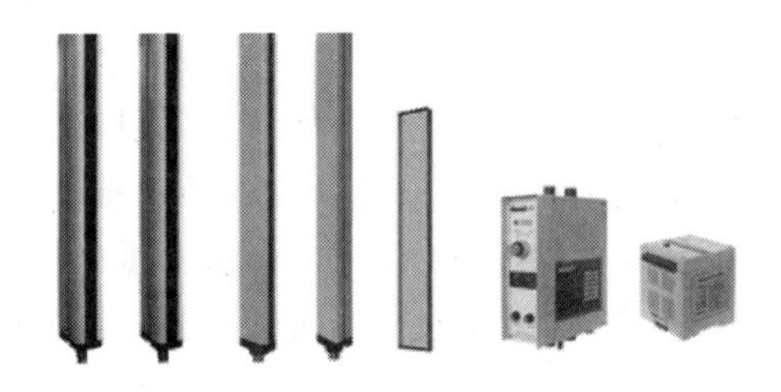

图 2-15　光栅传感器

这种传感器是采用光栅叠栅条纹原理测量位移的传感器。光栅是在一块长条形的光学玻璃上密集等间距平行的刻线。由光栅形成的叠栅条纹具有光学放大作用和误差平均效应，因而能提高测量精度。传感器由主光栅、指示光栅、光电元件和测量系统 4 个部分组成。主光栅相对于指示光栅移动时，便形成大致按正弦规律分布的明暗相间的叠栅条纹。这些条纹以光栅的相对运动速度移动，并直接照射到光电元件上，在它们的输出端得到一串电脉冲，通过放大、整形、辨向和计数系统产生数字信号输出，直接显示被测的位移量。这种传感器的主要优点是量程大和精度高，目前在航天器及船舶中得到较好应用。

7. 霍尔传感器

霍尔传感器是基于霍尔效应的一种传感器。1879 年美国物理学家霍尔首先在金属材料中发现了霍尔效应，但由于金属材料的霍尔效应太弱而没有得到应用。随着半导体技术的发展，开始用半导体材料制成霍尔元件，由于它的霍尔效应显著而得到应用和发展。霍尔传感器被广泛用于电磁、压力、加速度、振动等方面的测量。

在半导体薄片两端通以控制电流,并在薄片的垂直方向施加一定磁感应强度的匀强磁场,则在垂直于电流和磁场的方向上将产生电势差为相应值的霍尔电压。

根据霍尔效应,人们用半导体材料制成的相应元件叫作霍尔元件。它具有对磁场敏感、结构简单、体积小、频率响应宽、输出电压变化大和使用寿命长等优点,因此,在测量、自动化、计算机和信息技术等领域得到广泛应用。图 2-16 为霍尔转速传感器在汽车防抱死装置(ABS)中的应用。

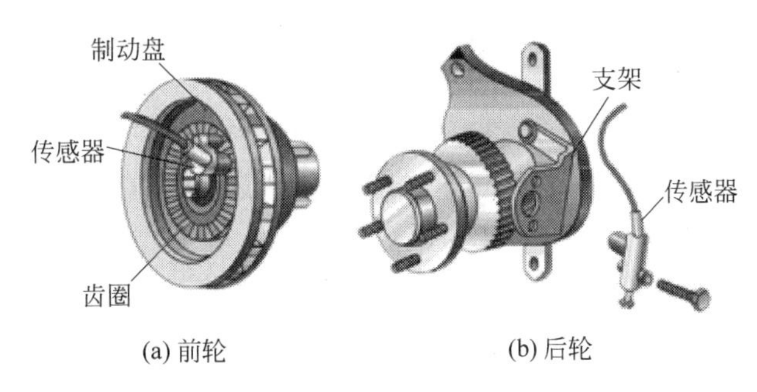

图 2-16　霍尔转速传感器在汽车防抱死装置(ABS)中应用

若汽车在刹车时车轮被抱死,将产生危险。用霍尔转速传感器来检测车轮的转动状态有助于控制刹车力的大小。

8. 其他传感器

1) 光纤传感器

光纤传感器是 20 世纪 70 年代中期发展起来的一种基于光导纤维的新型传感器。它是光纤和光通信技术迅速发展的产物,它与以电为基础的其他传感器有本质区别。光纤传感器用光作为敏感信息的载体,用光纤作为传递敏感信息的媒质。因此,它同时具有光纤及光学测量的特点,如电绝缘性能好、抗电磁干扰能力强、非侵入性、高灵敏度、容易实现对被测信号的远距离监控。它可被广泛地应用于位移、速度、加速度、液位、应变、压力、流量、振动、温度、电流、电压、磁场等物理量的测量。

2) 气敏传感器

气敏传感器是一种检测特定气体的传感器。它主要包括半导体气敏传感器、接触燃烧式气敏传感器和电化学气敏传感器等,其中用得最多的是半导体气敏传感器。它的应用主要有一氧化碳气体的检测、瓦斯气体的检测、煤气的检测、氟利昂的检测、呼气中乙醇的检测、人体口腔口臭的检测等。

它可以将气体种类及与浓度有关的信息转换为电信号,根据这些电信号的强弱获得与待测气体在环境中的存在情况有关的信息,从而可以进行检测、监控、报警;还可以通过接口电路与计算机组成自动检测、控制和报警系统。

2.2.5　传感器的选用原则

现代传感器在原理与结构上千差万别,如何根据具体的测量目的、测量对象以及测量环境合理地选用,是在进行测量时,首要解决的问题。当传感器确定之后,与之相配套的测量方法和测量设备也就可以确定了。测量结果的成败，在很大程度上取决于传感器的选用是否合理。在选用传感器时，应该遵循以下原则：

(1) 根据测量对象与测量环境来确定传感器的类型。要进行一个具体的测量工作，首先要考虑采用何种原理的传感器，这需要分析很多方面的因素之后才能确定。因为即使是测量同一物理量，也有多种原理的传感器可供选用，哪一种原理的传感器更为合适，需要根据被测量的特点和传感器的使用条件考虑一些具体问题，如量程的大小、被测位置对传感器体积的要求、测量方式为接触式还是非接触式、信号的引出方法、有线或是非接触测量、传感器的来源、国产还是进口、价格能否承受等是否自行研制。在考虑这些问题之后就能确定选用何种类型的传感器，然后再考虑传感器的具体性能指标。

(2) 灵敏度的选择。一般情况下，在传感器的线性范围内，都希望传感器的灵敏度越高越好。因为只有灵敏度高时，与被测量变化对应的输出信号的值才比较大，有利于信号处理。但在实际应用过程中，传感器的灵敏度越高，与被测量无关的外界噪声越容易混入，也会被放大系统放大，影响测量精度。因此，要求传感器本身具有较高的信噪比，尽量减少从外界引入的干扰信号。另外，传感器的灵敏度是有方向性的。如果被测量是单向量，而且对其方向性要求较高，则应选择其他方向灵敏度小的传感器；如果被测量是多维向量，则要求传感器的交叉灵敏度越小越好。

(3) 频率响应特性。传感器的频率响应特性决定了被测量的频率范围，必须在允许的频率范围内保持不失真的测量条件，实际上传感器的响应总有一定延迟，延迟时间越短越好。传感器的频率响应高，可测的信号频率范围也就宽，但是由于受到结构特性的影响，机械系统的惯性较大；反之亦然。在动态测量中，应根据信号的稳态、瞬态、随机等特点来响应特性，以免产生过大的误差。

(4) 线性范围。传感器的线性范围是指输出与输入成正比的范围。从理论上讲，在此范围内，灵敏度保持定值。传感器的线性范围越宽，它的量程越大，并且能保证一定的测量精度。在选择传感器时，当传感器的种类确定以后首先要看其量程是否满足要求。但在实际应用中，任何传感器都不能保证绝对的线性，其线性度也是相对的。当所要求测量精度比较低时，在一定的范围内，可将非线性误差较小的传感器近似看作线性的，这会给测量带来极大的方便。

(5) 稳定性。传感器使用一段时间后，它的性能保持不变的能力称为稳定性。影响传感器长期稳定性的因素除传感器本身结构外，主要是传感器的使用环境。因此，要使传感器具有良好的稳定性，它必须具备较强的环境适应能力。在选择传感器之前，应对其使用环境进行调查，并根据具体的使用环境选择合适的传感器，或采取适当的措施，减小环境的影响。传感器的稳定性有定量指标，在超过使用期后，在使用前应该重新进行校准，以确定传感器的性能是否发生变化。在某些要求传感器长期使用而又不能轻易更换或标定的场合，所选用的传感器稳定性要求更严格，要能够经受住长时间的考验。

(6) 精度。精度是传感器一个十分重要的性能指标，它是关系到整个测量系统测量精度的一个重要环节。传感器的精度越高，价格也就越昂贵，因此，传感器的精度只要满足整个测量系统的精度要求就可以，不必选得过高。这样就可以在满足同一测量目的的诸多传感器中选择比较便宜和简单的传感器。如果测量是为了定性分析，选用重复精度高的传感器即可，不需要选用绝对量值精度高的；如果是为了定量分析，必须获得精确的测量值，就需要选用精度等级能满足要求的传感器。对某些特殊使用场合，无法选到合适的传感器，就需要自行设计传感器。

2.2.6　多传感器信息融合技术

传感器信息融合又称为数据融合，是对多种信息的获取、表示其内在联系进行综合处理和优化的技术。传感器信息融合技术从多信息的视角进行处理及综合，得到各种信息的内在联系和规律，从而剔除无用的和错误的信息，保留正确的和有用的成分，最终实现信息的优化。它为智能信息处理技术的研究提供了新的观念。

信息融合技术的实现和发展以信息电子学的原理、方法、技术为基础。信息融合系统要采用多种传感器收集各种信息，包括声、光、电、运动、视觉、触觉、力觉以及语言文字等。信息融合技术中的分布式信息处理结构通过无线网络、有线网络、智能网络、宽带智能综合数字网络等汇集信息，传给融合中心进行融合。除了各种自然信息外，信息融合技术还融合社会类信息，以语言文字为代表，涉及大规模汉语资料库、语言知识的获取理论与方法、机器翻译、自然语言解释与处理技术等。信息融合采用分形、混沌、模糊推理、人工神经网络等数学和物理的理论及方法，它的发展方向是对非线性、复杂环境因素的不同性质的信息进行综合，从各个不同的角度去观察、探测世界。图 2-17 为一个应用多传感器信息融合技术的自主移动装配机器人示意图。

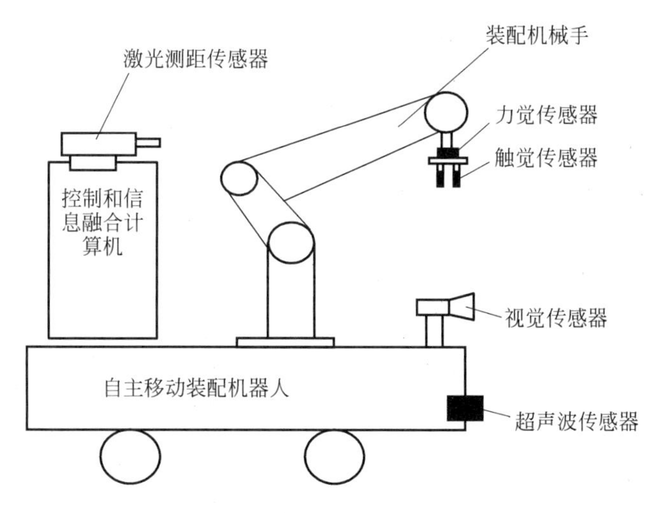

图 2-17　多传感器信息融合自主移动装配机器人

2.2.7　传感器在物联网中的应用

1. 传感器在智能家居中的应用

智能家居又称智能住宅，在国外常用 Smart Home 表示。与智能家居含义近似的还有家庭自动化、电子家庭、数字家园、家庭网络、网络家居、智能家庭，在中国香港和台湾等地区，还有数码家庭、数码家居等叫法。

物联网的发展为智能家居概念注入了新的内涵,作为物联网应用的一个领域,智能家居利用先进的计算机技术、网络通信技术、综合布线技术、智能控制技术将与家居生活有关的各种设施集成起来。具体来说就是利用信息传感器设备与家居生活有关的家电、安防和水电气等设施集成,并通过网络互联进行监控管理。

智能家居系统需要各种信息感知设备实时采集各种家居设施信息。下面介绍一下在智能家居系统中传感器设备的使用情况。

1）可燃气体传感器

可燃气体传感器是对单一或多种可燃气体浓度响应的探测器,一般分为催化型可燃气体传感器和红外光学型可燃气体传感器两种。

催化型可燃气体传感器是利用难熔金属铂丝加热后的电阻变化来测定可燃气体浓度。当可燃气体进入探测器时,会在铂丝表面引起氧化反应,其产生的热量使铂丝的温度升高,而铂丝的电阻率便发生变化。

红外光学型可燃气体传感器则是利用红外传感器通过红外线光源的吸收原理来检测现场环境的碳氢类可燃气体。

一般在智能家居中可燃气体传感器专门用于监测室内空气中的二氧化碳浓度,并将信号传输到控制中心。

如图 2-18 所示为日常生活中常见的可燃气体传感器。

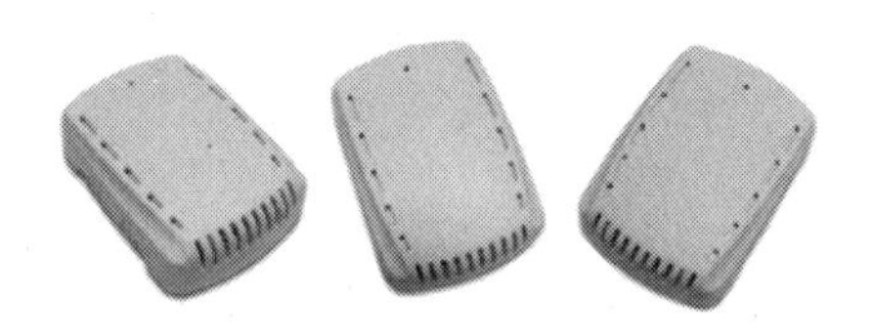

图 2-18　可燃气体传感器

2）温度湿度传感器

在智能家居系统中温度湿度传感器主要用于检测室内外空气的温度和湿度,并通过无线网络向控制中心发送测定数据,如图 2-19 所示。

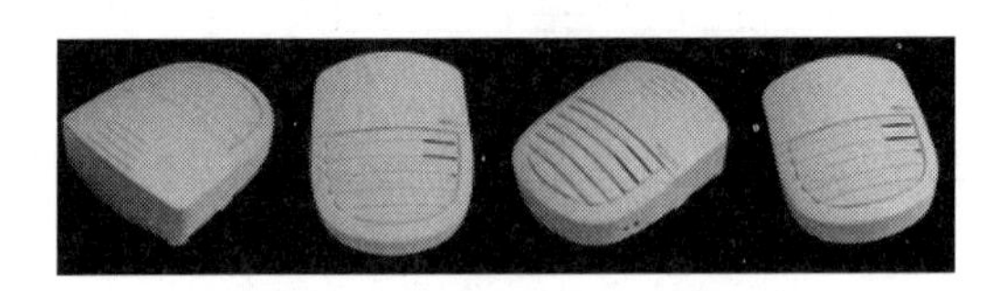

图 2-19　温度湿度传感器

3）光线传感器

舒适的家居环境对照明的要求很高,光线传感器是指能够将可见光强度转换为某种电信号的传感器,其最重要的器件为光敏电阻。如图 2-20 所示为光线传感器。

4）烟气传感器

家用的烟气传感器可以检测到空气中烟雾的浓度,主要用于检测火灾的发生。如图 2-21 所示为家庭生活中常见的烟气传感器。

图 2-20　光线传感器

图 2-21　烟气传感器

2. 传感器在智能交通中的应用

智能交通是一个基于现代电子信息技术，面向交通运输的服务系统。智能交通系统是未来交通系统的发展方向，它是将先进的信息技术、数据通信传输技术、电子传感技术、控制技术及计算机技术等有效地集成运用于整个地面交通管理系统，从而建立的一种在大范围内、全方位发挥作用的，实时、准确、高效的综合交通运输管理系统。

智能交通系统需要使用各种信息感知设备，实时采集立柱、横杠、道路等交通设施上或道路上的运动车辆上的实时信息。

压电交通传感器是智能交通系统中最常用的传感器，主要应用于行驶中称重、车辆分类统计、计轴数、测轴距、车速监测、闯红灯拍照、泊车区域监控、收费站地磅、交通信息采集和统计(道路监控)以及机场滑行道检测。其检测原理是：在轮胎经过传感器时采集信息，感应线圈显示出一个大金属物体经过了线圈，只能提供车辆的有限的特征信息。而压电薄膜交通传感器检测经过传感器的轮胎，产生一个与施加到传感器上的压力成正比的模拟信号，并且输出的周期与轮胎停留在传感器上的时间相同。每当一个轮胎经过传感器时，传感器就会产生一个新的电子脉冲。

压电薄膜交通传感器检测经过传感器的轮胎，产生一个与施加到传感器上的压力成正比的模拟信号，并且输出的周期与轮胎停留在传感器上的时间相同。每当一个轮胎经过传感器时，传感器就会产生一个新的电子脉冲。

3. 传感器在智能农业中的应用

智能农业系统是指在相对可控的环境条件下，采用工业化生产，实现高效可持续发展的现代超前农业生产方式。通过实时采集室内温度、土壤温度、二氧化碳浓度、湿度信号以及光照、叶面湿度、露点温度等环境参数，自动开启或者关闭指定设备。可以根据用户需求，随时对环境进行自动监测、控制和智能化管理。通过采集温度传感器等信号，经由无线信号收发模块传输数据，实现对大棚温湿度的远程控制。

智能农业系统需要各种信息感知设备实时采集各种农业设施信息。下面介绍一下在智能农业监控系统中传感器设备的使用情况。

1）温湿度传感器

温湿度传感器是指将温度量和湿度量转换为容易被测量处理的电信号的设备或装置。

在智能农业系统中温湿度传感器主要用于检测室内外空气的温度和湿度，并通过无线网络向控制中心发送测定数据，如图 2-22 所示。

2）地温传感器

土壤温度简称地温，是地表温度和地中温度的总称。土壤温度的高低与作物的生长发育、肥料的分解和有机物的积聚等有着密切的关系，是农业生产中重要的环境因子。土壤温度的升降主要决定于土壤热通量的大小和方向，但也与土壤的容积热容量、导热率、密度、比热和孔隙度等土壤热力特性和土壤含水量有关。

在智能农业系统中地温传感器主要用于测量土壤的温度，并将其结果接在模拟采集器上，如图 2-23 所示。

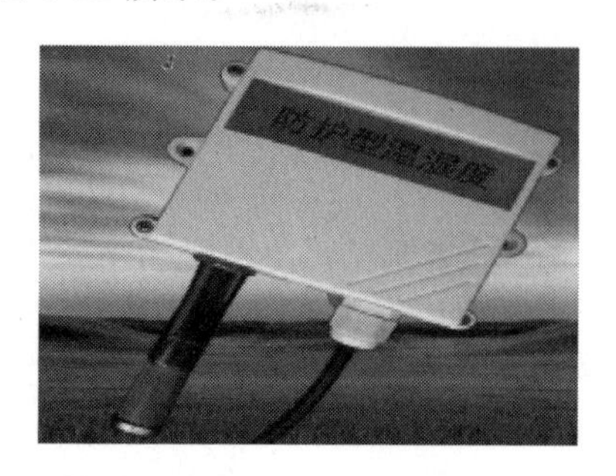

图 2-22 温湿度传感器

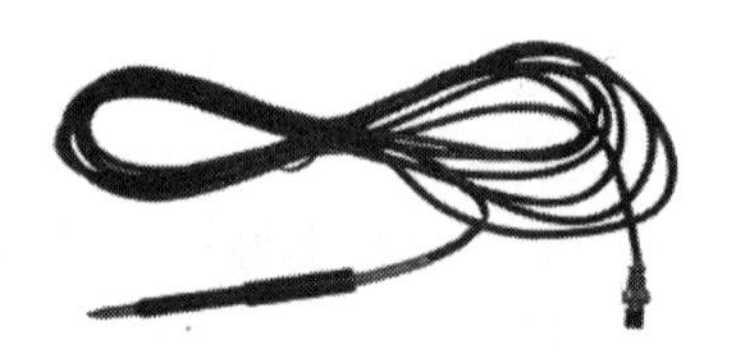

图 2-23 地温传感器

3）土壤湿度传感器

水分是决定土壤介电常数的主要因素，测量土壤的介电常数，能直接稳定地反应各种土壤的真实水分含量。土壤湿度传感器在智能农业系统中主要用于测量土壤容积含水量，以备做土壤墒情监测及农业灌溉和林业防护。如图 2-24 所示为土壤湿度传感器。

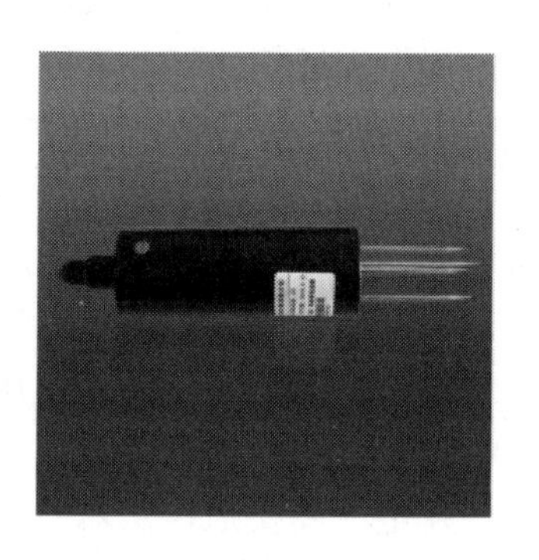

图 2-24 土壤湿度传感器

4）光照传感器

光照传感器被广泛应用于农业、林业、温室大棚培育、养殖的光照测量中，主要用于测量自然光照和人工光照的照度。

5）二氧化碳浓度传感器

二氧化碳浓度传感器被应用于测量温室大棚内的二氧化碳浓度。

2.3 短距离无线通信技术

2.3.1 典型短距离无线通信网络技术

伴随着计算机网络及通信技术的飞速发展，人们对无线通信的要求越来越高。人们注意到在同一幢楼内或在相距咫尺的地方，同样也需要无线通信。因此，短距离无线通信技术应运而生。短距离无线通信技术可以满足人们对低价位、低功耗、可替代电缆的无线数据网络和语音链路的需求。目前，便携式设备间的网络连接使用的短距离无线通信技术主要有蓝牙（Bluetooth）、无线局域网 802.11（WiFi）、红外数据传输（IrDA）、ZigBee、超宽频（UWB）、短距离通信（NFC）和专用无线通信系统等。

下面介绍几种主要的短距离无线通信及其应用技术。

1. 红外数据传输(IrDA)

红外数据协会为短距离红外无线数据通信制定了一系列开放的标准。IrDA(Infrared Data Association)是点对点的数据传输协议,通信距离很短,一般在 0～1m,通信介质为波长为 900nm 左右的近红外线,传输速率最快可达 16Mbps。其传输具备角度小、距离短、数据直线传输、传输速率较高、保密性强等特点,适用于传输大容量的文件和多媒体数据,并且无须申请频率的使用权,成本较为低廉。目前主流的软硬件平台均提供对 IrDA 的支持,IrDA 已被全球范围内的众多厂商采用。

IrDA 数据通信按发送速率分为三大类：SIR(串行红外)、MIR(中红外)和 FIR(高速红外)。SIR 速率覆盖了 RS232 端口通常所支持的速率；MIR 指 0.576Mbps 和 1.152Mbps 的速率；FIR 通常指 4Mbps 的速率,也可以用于高于 SIR 的所有速率。在 IrDA 中,物理层、链路接入协议(Irlan)和链路管理协议(IRLMP)是必需的 3 个协议层,除此之外,还有一些适用于特殊应用模式的可选层。

在基本的 IrDA 应用模式中,设备分为主设备和从设备。主设备探测可视范围,寻找从设备,然后从响应设备中选择一个试图建立连接。IrDA 数据通信工作在半双工模式,因为发射时,接收器会被自己所屏蔽。通信的两个设备通过快速转向链路来模拟全双工通信,由主设备负责控制链路的时序。IrDA 协议按层安排,应用程序的数据逐层下传,最终以光脉冲的形式发出。IrDA 物理层协议提出了对工作距离、工作角度(视角)、光功率、数据速率和不同品牌设备互联时抗干扰能力的建议。当前红外通信距离最长为 3 米,接收角度为 30°。

IrDA 的缺点：它是一种视距传输,两个相互通信的设备之间必须对准,中间不能被其他物体阻隔,因而只适用于两台设备之间的连接。

2. 蓝牙(Bluetooth)

蓝牙(Bluetooth)是 1994 年由爱立信公司首先提出的一种短距离无线通信技术规范,这个技术规范是使用无线连接来替代已经广泛使用的有线连接。1999 年 12 月 1 日,蓝牙特殊利益集团发布了“蓝牙”标准的最新版 1.0B 版。该标准主要定义了底层协议,同时为保证和其他协议的兼容性,也定义了一些高层协议和相关接口。

“蓝牙”标准的协议栈包括串口通信协议(RFCOMM),电话控制协议(TCS),对象交换协议(0BBx),控制命令(ATCommand),vGard 和 vCalender 电子商务表中协议,PPP、IP、TCP、UDP 等与因特网相关的协议以及 WAP 协议。

蓝牙技术能够实现单点对多点的无线数据和声音传输,通信距离在 10m 的半径范围内,数据传输带宽最高可达 1Mbps；工作在全球开放的 2.4GHz ISM 频段,使用跳频频谱扩展技术,通信介质为 2.402～2.480GHz 的电磁波；没有特别的通信视角和方向要求；具有功耗低、支持语音传输、通信安全性好、组建网络简单等特点。

蓝牙存在植入成本高、通信对象少、通信速率较低和技术不够成熟等问题。

“蓝牙”标准可以分为硬件和软件两个部分。硬件部分包括射频/无线电协议、基带/链路控制器协议和链路管理器协议,一般是做成一个芯片。软件部分包括逻辑链路控制与适配协议及其以上的所有部分。硬件和软件之间通过 HCI 进行连接,也就是说,HCI 在硬件和软件中都有,二者提供相同的接口进行通信。

“蓝牙”的几种典型应用如下：

(1) 三合一电话“蓝牙”技术可以使一部移动电话能在多种场合中使用：在办公室里，这部手机是内部电话，不计电话费；在家里，是无绳电话，计固定电话费；出门在外，是一部移动电话，按移动电话的话费计费。

(2) 因特网桥“蓝牙”技术可以使便携式电脑在任何时间、任何地方都能通过移动电话连入Internet。在交互性会议中，“蓝牙”技术可以迅速使自己的信息通过便携式电脑、手机、PDA等供其他与会者共享。

(3) 数码相机中图像的无线传输“蓝牙”技术将数码相机中的图像发送给其他的数字相机或者PC、PDA等。

3. 无线局域网802.11(WiFi)

WiFi(Wireless Fidelity，无线保真)是属于无线局域网(WLAN)的一种，通常是指IEEE 802.11b产品，是利用无线接入手段的新型局域网解决方案。WiFi的主要特点是传输速率高、可靠性高、建网快速、便捷、可移动性好、网络结构弹性化、组网灵活、组网价格较低等，因此它具有良好的发展前景。

802.11WiFi技术是一种目前流行的无线局域网技术。它工作在2.4GHz附近的频段。WiFi基于IEEE 802.11a、IEEE 802.11b、IEEE 802.11g、IEEE 802.11n协议；传输的有效距离很长，目前最新的交换机能将WiFi无线网络从100m的通信距离扩大到约6.5km；数据传输速率达到上百兆，与各种802.11 DSSS设备兼容；使用简单方便，厂商只要在机场、车站、图书馆等人员较密集的地方进行设置，并通过高速线路即可接入因特网。

WiFi的应用主要在家居办公(Small Office Home Office，SOHO)、家庭无线网络及不便安装电缆的建筑物或场所。

然而，随着WLAN的广泛使用和用户数的增加，出现了一系列的问题需要解决，如网络安全性的提高、2.4GHz频段的拥挤、具有QoS服务质量要求的应用等。于是IEEE开始研究和制定新一代WLAN标准，新标准是对原有标准的扩充和增强，是IEEE 802.11的扩展标准。IEEE在2000年和2001年陆续批准了5个项目授权申请，通过TGe、TGf、TGg、TGh、TGi五个任务组开发制定5个新标准，即802.11e、802.11f、802.11g、802.11h和802.11i标准。

2.3.2 ZigBee标准概述

ZigBee标准是一种新兴的短距离无线通信网络技术，它是基于IEEE 802.15.4协议栈，主要针对低速率的通信网络设计的。它功耗低，是最有可能应用在工控场合的无线方式。它和2.4GHz频带提供的数据传输速率为250Kbps，915MHz频带提供的数据传输速率为40Kbps，而868MHz频带提供的数据传输速率为20Kbps。它采用跳频技术和扩频技术。它可与254个节点联网。它的传输距离在10～75m的范围内，也可以继续增加。它本身的特点使得其在工业监控、传感器网络、家庭监控、安全系统等领域有很大的发展空间。ZigBee体系结构如图2-25所示。

在IEEE 802.15.4的推动下，ZigBee技术的应用不仅在工业、农业、军事、环境、医疗等

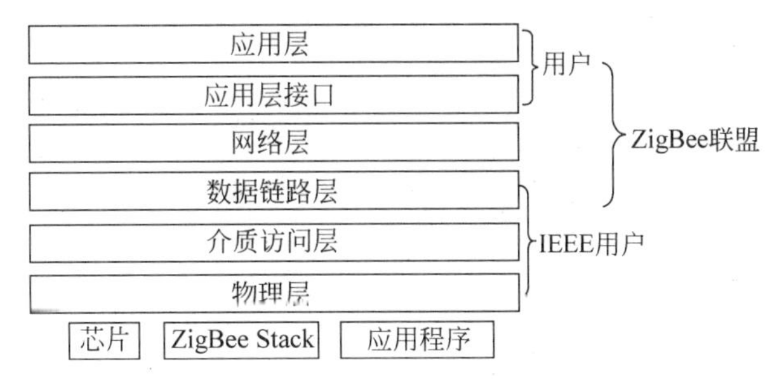

图 2-25 ZigBee 体系结构图

传统领域取得了成功，而且未来可能涉及人类日常生活和社会生产活动的所有领域，真正实现网络无处不在。

2.3.3 ZigBee 技术的特点

作为一种无线通信技术，ZigBee 自身的技术优势主要表现在以下几个方面。

（1）功耗低。

ZigBee 网络节点设备工作周期较短、收发数据信息功耗低，且使用了休眠模式，当无须接收数据时处于休眠状态，当需要接收数据时由“协调器”唤醒它们。因此，ZigBee 技术特别省电，据估算，ZigBee 设备仅靠两节 5 号电池就可以维持长达 6 个月到 2 年左右的使用时间，这是其他无线设备望尘莫及的，避免了频繁更换电池或充电，从而减轻了网络维护负担。

（2）成本低。

低成本对于 ZigBee 也是一个关键的因素。由于 ZigBee 协议栈设计非常简练，所以其研发和生产成本较低。普通网络节点硬件只需 8 位微处理器，4～32KB 的 ROM，且软件实现也很简单。随着产品产业化，ZigBee 通信模块价格预计能降到 10 元 RMB，并且 ZigBee 协议是免费的。

（3）可靠高。

ZigBee 技术采用了碰撞避免机制，为需要固定带宽的通信业务预留了专用时隙，避免了收发数据时的竞争和冲突，且 MAC 层采用完全确认的数据传输机制，每个发送的数据包都必须等待接收方的确认信息，所以从根本上保证了数据传输的可靠性。如果传输过程中出现问题可以进行重发。

（4）容量大。

一个 ZigBee 网络最多可以容纳 254 个从设备和一个主设备，一个区域内最多可以同时存在 100 个 ZigBee 网络，而且网络组成灵活。

（5）时延小。

ZigBee 技术与蓝牙技术的时延相比，其通信时延和从休眠状态激活的时延都非常短：典型的搜索设备时延为 30ms，而蓝牙为 3～10s；休眠激活的时延为 15ms；活动设备信道接入的时延为 15ms。因此，ZigBee 技术适用于对时延要求苛刻的无线控制应用。

（6）安全性好。

ZigBee 技术提高了数据完整性检查和鉴权功能，加密算法使用 AES-128，且各应用可以灵活地确定安全属性，从而使网络安全能够得到有效的保障。

(7) 有效范围小。

ZigBee 技术的有效覆盖范围为 10～75m，具体依据实际发射功率的大小和各种不同的应用模式而定，基本上能够覆盖普通的家庭或办公室环境。

(8) 兼容性。

ZigBee 技术与现有的控制网络标准无缝集成。通过网络协调器自动建立网络，为了可靠传递，还提供全握手协议。

2.3.4 ZigBee 协议框架

1. ZigBee 协议架构

完整的 ZigBee 协议栈由物理层(PHY)、媒介存取控制层(MAC)、网络层(NWK)、安全层(Security)和应用层(APL)组成，如图 2-26 所示。各层规范功能分别如下。

- PHY：提供基本的物理无线通信能力。
- MAC：提供设备间的可靠性授权和一跳通信连接服务。
- NWK：提供用于构建不同网络拓扑结构的路由和多跳功能。
- Security：主要实现密钥管理、存取等功能。
- APL：包括一个应用支持子层(APS)、ZigBee 设备对象(ZDO)和应用。

应用程序接口：负责向用户提供简单的应用软件接口(API)，包括应用子层支持(Application Sub-layger Support，APS)、ZigBee 设备对象(ZigBee Device Object，ZDO)等，实现应用层对设备的管理。

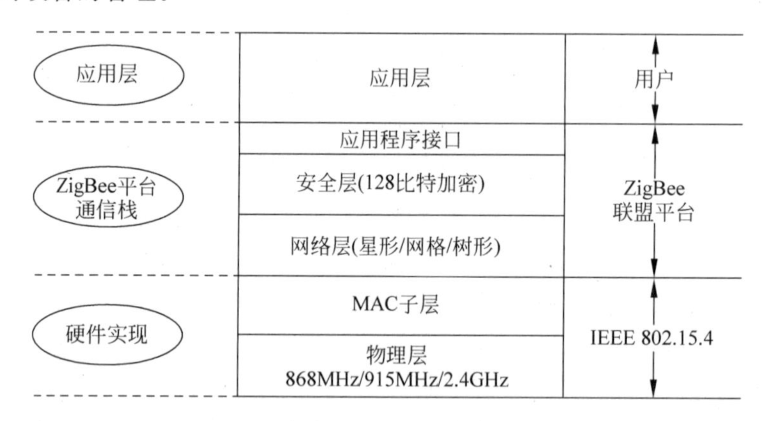

图 2-26 ZigBee 协议栈

物理层和媒介存取控制层由 IEEE 802.15.4 标准定义。ZigBee 协议栈的网络层、安全层和应用程序接口等由 ZigBee 联盟制定。

2. ZigBee 网络层规范

1) 网络层规范概述

ZigBee 协议栈的核心部分是网络层。网络层负责拓扑结构的建立和维护、命名和绑定服务，它们协同完成寻址、路由、传送数据及安全这些不可或缺的任务。网络层必须从功能上为 MAC 子层提供支持，并为应用层提供合适的服务接口。为了实现与应用层的接口，网络层从逻辑上分为两个具有不同功能的服务实体，即数据实体（NLDE）和管理实体（NLME）。数据实体通过和它相连的 NLDE-SAP 服务存取点提供数据管理服务；而管理实体则通过和它相连的 NLME-SAP 服务存取点提供管理服务。网络层的主要功能包括以下几个方面。

- 确定网络的拓扑结构。
- 配置一个新的设备，可以是网络协调器，也可以向存在的网络中加入设备。
- 建立并启动无线网络。
- 加入或离开网络。
- ZigBee 的协调器和路由能为加入网络的设备分配地址。
- 发现并记录邻居表、路由表。
- 信息的接收控制，同步 MAC 子层或直接接收信息。

2）网络层参考模型

网络层主要实现节点加入、节点离开、路由查找和数据传送等功能。目前，ZigBee 网络层主要支持两种路由算法：树路由（Cluster-Tree）和网状路由；支持星形（Star）、树形（Cluster-Tree）、网状（Mesh）等多种拓扑结构，如图 2-27 所示。其中，C：Coordinate 协调器；E：End Devices 终端节点；R：Router 路由器。

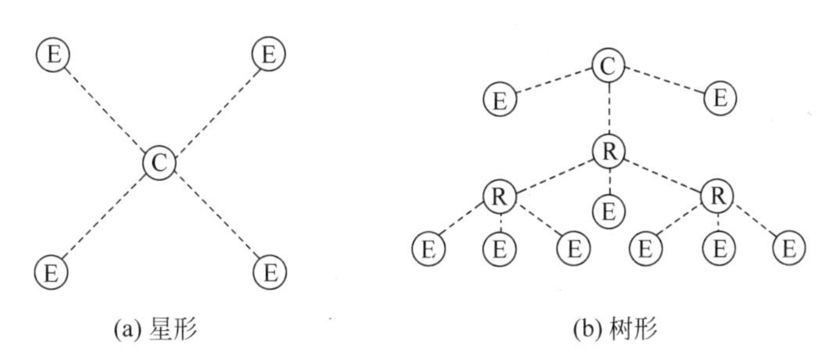

(a) 星形　　(b) 树形

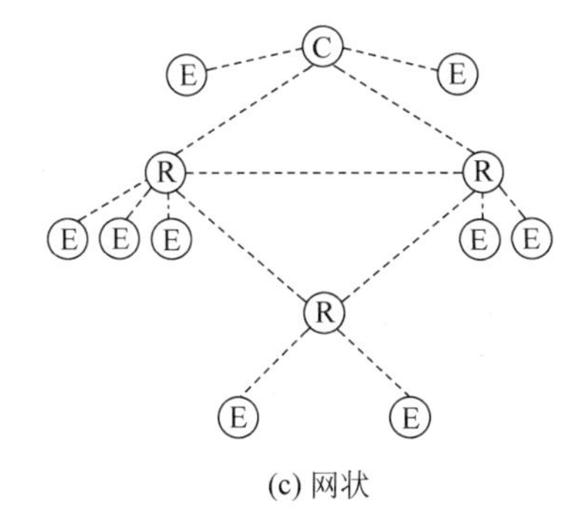

(c) 网状

图 2-27　ZigBee 组网拓扑结构

在星形、树形、网状拓扑结构中一般包括 3 种设备：协调器、路由器和末端节点。

协调器也称为全功能设备（Full-Function Device，FFD），相当于蜂群结构中的蜂后，是唯一的，协调器是 ZigBee 网络启动或建立网络的设备。一旦网络建立，该协调器就如同一个路由器，在网络中提供数据交换，建立安全机制、网络绑定等路由功能。网络中的其他操作并不依赖该协调器，因为 ZigBee 网络是分布式网络。

路由器相当于雄蜂，数目不多，需要一直处于工作状态，需要主干线供电。但在树形拓扑网络模式中，允许路由器周期地运行操作，所以可以采用电池供电。路由器的功能主要包括作为普通设备加入网络，实现多跳路由，辅助其他的子节点完成通信。

末端节点则相当于数量最多的工蜂，只能传送数据给 FFD 或从 FFD 接收数据，该设备需要的内存较少。为了维持网络最基本的运行，末端节点没有指定的责任，没有必不可缺少性，可以根据自己功能的需要休眠或唤醒，一般可由电池供电。

3. ZigBee 应用层规范

ZigBee 应用层有 3 个组成部分，包括应用支持子层（APS）、应用框架（Application Framework，AF）、ZigBee 设备对象（ZDO）。它们共同为各应用开发者提供统一的接口，规定了与应用相关的功能，如端点（endpoint）的规定、绑定（binding）、服务发现和设备发现等。

1）应用支持子层（APS）

应用支持子层（APS）是网络层（NWK）和应用层（APL）之间的接口。该接口包括一系列可以被 ZDO 和用户自定义应用对象调用的服务。这些服务由两个实体提供：APS 数据实体（APSDE）通过 APSDE 服务接入点（APSDE-SAP）；APS 管理实体（APSME）通过 APSME 服务接入点（APSME-SAP）提供服务。APSDE 在同一个网络中的两个和多个设备之间提供传输应用 PDU 的数据传输服务。APSME 提供设备发现和设备绑定服务，并维护一个管理对象的数据库，也就是 APS 信息库（AIB）。

2）应用框架（AF）

在 ZigBee 应用中，应用框架（AF）提供了两种标准服务类型：一种是键值对（Key Value Pair，KVP）服务类型；一种是报文（message，MSG）服务类型。KVP 服务用于传输规范所定义的特殊数据。它定义了属性（attribute）、属性值（value）以及用于 KVP 操作的命令：Set、Get、Event。其中，Set 用于设置一个属性值；Get 用于获取一个属性值；Event 用于通知一个属性已经发生改变。KVP 消息主要用于传输一些较为简单的变量格式。由于 ZigBee 的很多应用领域中的消息较为复杂并不适用于 KVP 格式，因此 ZigBee 协议规范定义了 MSG 服务类型。MSG 服务对数据格式不作要求，适合任何格式的数据传输，因此可以用于传送数据量大的消息。

3）ZigBee 设备对象（ZDO）

在 ZigBee 设备配置层中定义了称为 ZigBee 设备对象（ZigBee Device Object，ZDO）的特殊软件对象，它在其他服务中提供绑定服务。远程设备可以通过 ZigBee 设备对象（ZDO）接口请求任何标准的描述符信息。当接收到这些请求时，ZDO 会调用配置对象以获取相应的描述符值。

ZDO 实际上是介于应用层和应用支持子层之间的端点，其主要功能集中在网络管理和维护上。应用层的端点可以通过 ZDO 提供的功能来获取网络或者其他节点的信息，包括网络的拓扑结构、其他节点的网络地址和状态以及其他节点的类型和提供的服务等。

4. ZigBee 安全服务规范

在安全服务规范方面，协议栈分别在 MAC、NWK 和 APS 三层具有安全机制，保证各层数据帧的安全传输。同时，APS 子层提供建立和保持安全关系的服务。ZDO 管理安全性策略和设备的安全性结构。

2.3.5 ZigBee 在物联网中的应用

ZigBee 具有广阔的应用前景。ZigBee 联盟预言在未来，每个家庭将拥有 150 个 ZigBee 器件。据估计，ZigBee 市场价值每年将超过数亿美元。其应用领域极其广阔，如图 2-28 所示。

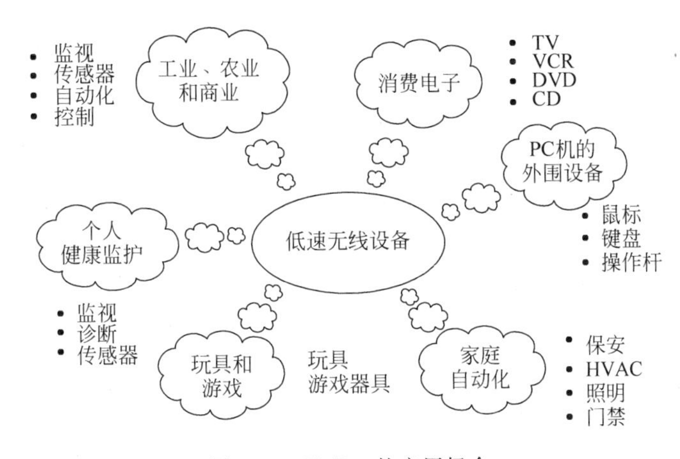

图 2-28 ZigBee 的应用场合

(1) 家庭和楼宇网络：通过 ZigBee 网络，可以远程控制家中的电器、门窗等；可以方便地远程自动采集水、电、气三表的信息；通过一个 ZigBee 遥控器，控制所有的家电节点。未来的家庭将会有 50～100 个支持 ZigBee 的芯片安装在电灯开关、烟火检测器、抄表系统、无线报警、安保系统、厨房机械中，以实现远程控制服务。

(2) 工业控制：在工业自动化领域，利用传感器和 ZigBee 网络，使得数据的自动采集、分析和处理变得更加容易。传感器和 ZigBee 网络也可以作为决策辅助系统的重要组成部分，例如危险化学成分的检测、火警的早期检测和预报、高速旋转机器的检测和维护等。

(3) 农业控制：传统农业主要使用孤立的、没有通信能力的机械设备，主要依靠人力监测作物的生长状况。采用了传感器和 ZigBee 网络后，农业可以逐渐地向以信息和软件为中心的生产模式转化，使用更多的自动化、网络化、智能化和远程控制的设备来耕种。传感器可以收集土壤湿度、氮浓度、PH 值、降水量、温湿度和气压等信息。这些信息和采集信息的地理位置经由 ZigBee 网络传递到中央控制设备供农民决策和参考，这样就能够及早而准确地发现问题，从而有助于保持并提高农作物的产量。

(4) 医疗：借助于各种传感器和 ZigBee 网络，准确且实时地监测病人的血压、体温和心跳等信息，从而减少医生查房的工作负担，有助于医生作出快速的反应，特别是对重病和病危患者的监护治疗。

2.4 ARM微处理器

2.4.1 ARM技术简介

ARM(Advanced RISC Machines)既可以认为是一个公司的名字，也可以认为是对一类微处理器的通称，还可以认为是一种技术的名字。

1991年ARM公司成立于英国剑桥，主要出售芯片设计技术的授权。目前，采用ARM技术知识产权(IP)核的微处理器，即我们通常所说的ARM微处理器，已遍及工业控制、消费类电子产品、通信系统、网络系统、无线系统等各类产品市场，基于ARM技术的微处理器应用约占据了32位RISC微处理器75%以上的市场份额，ARM技术正在逐步渗透到我们生活的各个方面。

ARM公司是专门从事基于RISC技术芯片设计开发的公司，作为知识产权供应商，本身不直接从事芯片生产，靠转让设计许可由合作公司生产各具特色的芯片，世界各大半导体生产商从ARM公司购买其设计的ARM微处理器核，根据各自不同的应用领域，加入适当的外围电路，从而形成自己的ARM微处理器芯片进入市场。目前，全世界有几十家大的半导体公司都使用ARM公司的授权，因此这使ARM技术获得更多的第三方工具、制造、软件的支持，又使整个系统成本降低，使产品更容易进入市场被消费者接受，更具有竞争力。

2.4.2 ARM微处理器的应用领域及特点

1. ARM微处理器的应用领域

到目前为止，ARM微处理器及技术的应用几乎已经深入到各个领域。

(1) 工业控制领域：作为32位的RISC架构，基于ARM核的微控制器芯片不但占据了高端微控制器市场的大部分市场份额，同时也逐渐向低端微控制器应用领域扩展，ARM微控制器的低功耗、高性价比，向传统的8位/16位微控制器提出了挑战。

(2) 无线通信领域：目前已有超过85%的无线通信设备采用了ARM技术，ARM以其高性能和低成本，在该领域的地位日益巩固。

(3) 网络应用：随着宽带技术的推广，采用ARM技术的ADSL芯片正逐步获得竞争优势。此外，ARM在语音及视频处理上进行了优化，并获得广泛支持，也对DSP的应用领域提出了挑战。

(4) 消费类电子产品：ARM技术在目前流行的数字音频播放器、数字机顶盒和游戏机中得到广泛采用。

(5) 成像和安全产品：现在流行的数码相机和打印机中绝大部分采用ARM技术；手机中的32位SIM智能卡也采用了ARM技术。

除此以外，ARM微处理器及技术还应用到许多不同的领域，并会在将来取得更加广泛的应用。

2. ARM 微处理器的特点

采用 RISC 架构的 ARM 微处理器一般具有以下特点：

(1) 体积小、低功耗、低成本、高性能。

(2) 支持 Thumb(16 位)/ARM(32 位)双指令集，能很好地兼容 8 位/16 位器件。

(3) 大量使用寄存器，指令执行速度更快。

(4) 大多数数据操作都在寄存器中完成。

(5) 寻址方式灵活简单，执行效率高。

(6) 指令长度固定。

2.4.3 ARM 微处理器系列

ARM 微处理器目前包括 ARM7 系列、ARM9 系列、ARM9E 系列、ARM10E 系列和 SecurCore 系列，以及其他厂商基于 ARM 体系结构的处理器，如 Intel 的 Xscale 和 StrongARM。除了具有 ARM 体系结构的共同特点以外，每一个系列的 ARM 微处理器都有各自的特点和应用领域。其中，ARM7、ARM9、ARM9E 和 ARM10 为 4 个通用处理器系列，每一个系列提供一套相对独特的性能来满足不同应用领域的需求；SecurCore 系列专门为安全要求较高的应用而设计。

下面详细介绍各种处理器的特点及应用领域。

1. ARM7 系列微处理器

ARM7 系列微处理器为低功耗的 32 位 RISC 处理器，最适合用于对价位和功耗要求较高的消费类应用。ARM7 系列微处理器具有以下特点：

- 具有嵌入式 ICE-RT 逻辑，调试开发方便。
- 极低的功耗，适合对功耗要求较高的应用，如便携式产品。
- 能够提供 0.9MIPS/MHz 的三级流水线结构。
- 代码密度高并兼容 16 位的 Thumb 指令集。
- 对操作系统的支持广泛，包括 Windows CE、Linux、Palm OS 等。
- 指令系统与 ARM9 系列、ARM9E 系列和 ARM10E 系列兼容，便于用户的产品升级换代。
- 主频最高可达 130MIPS，高速的运算处理能力能胜任绝大多数的复杂应用。

ARM7 系列微处理器的主要应用领域为工业控制、Internet 设备、网络和调制解调器设备、移动电话等多种多媒体和嵌入式应用。

ARM7 系列微处理器包括如下几种类型的核：ARM7TDMI、ARM7TDMI-S、ARM720T、ARM7EJ。其中，ARM7TDMI 是目前使用最广泛的 32 位嵌入式 RISC 处理器，属低端 ARM 处理器核。TDMI 的基本含义如下。

- T：支持 16 位压缩指令集 Thumb。
- D：支持片上 Debug。
- M：内嵌硬件乘法器(Multiplier)。

- I：嵌入式ICE，支持片上断点和调试点。

Samsung公司的S3C4510B即属于该系列的处理器。

2. ARM9系列微处理器

ARM9系列微处理器在高性能和低功耗特性方面提供最佳的性能。ARM9系列微处理器具有以下特点：

- 5级整数流水线，指令执行效率更高。
- 提供1.1MIPS/MHz的哈佛结构。
- 支持32位ARM指令集和16位Thumb指令集。
- 支持32位的高速AMBA总线接口。
- 全性能的MMU，支持Windows CE、Linux、Palm OS等多种主流嵌入式操作系统。
- MPU支持实时操作系统。
- 支持数据Cache和指令Cache，具有更高的指令和数据处理能力。

ARM9系列微处理器主要应用于无线设备、仪器仪表、安全系统、机顶盒、高端打印机、数字照相机和数字摄像机等。

ARM9系列微处理器包含ARM920T、ARM922T和ARM940T三种类型，分别适用于不同的应用场合。

3. ARM9E系列微处理器

ARM9E系列微处理器为可综合处理器，使用单一的处理器内核提供了微控制器、DSP、Java应用系统的解决方案，极大地减少了芯片的面积和系统的复杂程度。ARM9E系列微处理器提供了增强的DSP处理能力，很适合于那些需要同时使用DSP和微控制器的应用场合。

ARM9E系列微处理器具有以下特点：

- 支持DSP指令集，适合于需要高速数字信号处理的场合。
- 5级整数流水线，指令执行效率更高。
- 支持32位ARM指令集和16位Thumb指令集。
- 支持32位的高速AMBA总线接口。
- 支持VFP9浮点处理协处理器。
- 全性能的MMU，支持Windows CE、Linux、Palm OS等多种主流嵌入式操作系统。
- MPU支持实时操作系统。
- 支持数据Cache和指令Cache，具有更高的指令和数据处理能力。
- 主频最高可达300MIPS。

ARM9E系列微处理器主要应用于下一代无线设备、数字消费品、成像设备、工业控制、存储设备和网络设备等领域。

ARM9E系列微处理器包含ARM926EJ-S、ARM946E-S和ARM966E-S三种类型，分别适用于不同的应用场合。

4. ARM10E 系列微处理器

ARM10E 系列微处理器具有高性能、低功耗的特点，由于采用了新的体系结构，与同等的 ARM9 器件相比较，在同样的时钟频率下，性能提高了近 50%，同时，ARM10E 系列微处理器采用了两种先进的节能方式，使其功耗极低。

ARM10E 系列微处理器具有以下特点：

- 支持 DSP 指令集，适合于需要高速数字信号处理的场合。
- 6 级整数流水线，指令执行效率更高。
- 支持 32 位 ARM 指令集和 16 位 Thumb 指令集。
- 支持 32 位的高速 AMBA 总线接口。
- 支持 VFP10 浮点处理协处理器。
- 全性能的 MMU，支持 Windows CE、Linux、Palm OS 等多种主流嵌入式操作系统。
- 支持数据 Cache 和指令 Cache，具有更高的指令和数据处理能力。
- 主频最高可达 400MIPS。
- 内嵌并行读/写操作部件。

ARM10E 系列微处理器主要应用于下一代无线设备、数字消费品、成像设备、工业控制、通信和信息系统等领域。

ARM10E 系列微处理器包含 ARM1020E、ARM1022E 和 ARM1026EJ-S 三种类型，分别适用于不同的应用场合。

5. SecurCore 系列微处理器

SecurCore 系列微处理器专为安全需要而设计，提供了完善的 32 位 RISC 技术的安全解决方案，因此，SecurCore 系列微处理器除了具有 ARM 体系结构的低功耗、高性能的特点外，还具有其独特的优势，即提供了对安全解决方案的支持。

SecurCore 系列微处理器除了具有 ARM 体系结构的各种主要特点外，还在系统安全方面具有以下特点：

- 带有灵活的保护单元，以确保操作系统和应用数据的安全。
- 采用软内核技术，防止外部对其进行扫描探测。
- 可集成用户自己的安全特性和其他协处理器。

SecurCore 系列微处理器主要应用于一些对安全性要求较高的应用产品及应用系统，如电子商务、电子政务、电子银行业务、网络和认证系统等领域。

SecurCore 系列微处理器包含 SecurCore SC100、SecurCore SC110、SecurCore SC200 和 SecurCore SC210 四种类型，分别适用于不同的应用场合。

6. StrongARM 微处理器系列

Intel StrongARM SA-1100 处理器是采用 ARM 体系结构高度集成的 32 位 RISC 微处理器。它融合了 Intel 公司的设计和处理技术以及 ARM 体系结构的电源效率，采用在软件上兼容 ARMv4 体系结构、同时具有 Intel 技术优点的体系结构。

Intel StrongARM 处理器是便携式通信产品和消费类电子产品的理想选择，已成功应用于多家公司的掌上电脑系列产品。

7. Xscale 处理器

Xscale 处理器是基于 ARMv5TE 体系结构的解决方案，是一款全性能、高性价比、低功耗的处理器。它支持 16 位的 Thumb 指令和 DSP 指令集，已使用在数字移动电话、个人数字助理和网络产品等场合。

Xscale 处理器是 Intel 目前主要推广的一款 ARM 微处理器。

2.4.4 ARM 微处理器结构

1. RISC 体系结构

传统的 CISC(Complex Instruction Set Computer，复杂指令集计算机)结构有其固有的缺点，即随着计算机技术的发展而不断引入新的复杂的指令集，为支持这些新增的指令，计算机的体系结构会越来越复杂。然而，在 CISC 指令集的各种指令中，其使用频率却相差悬殊，大约有 20%的指令会被反复使用，占整个程序代码的 80%；而余下的 80%的指令却不经常使用，在程序设计中只占 20%。显然，这种结构是不太合理的。

基于以上的不合理性，1979 年美国加州大学伯克利分校提出了 RISC(Reduced Instruction Set Computer，精简指令集计算机)的概念，RISC 并非只是简单地减少指令，而是把着眼点放在了如何使计算机的结构更加简单合理地提高运算速度上。RISC 结构优先选取使用频率最高的简单指令，避免复杂指令；将指令长度固定，指令格式和寻址方式种类减少；以控制逻辑为主，不用或少用微码控制等措施来达到上述目的。

到目前为止，RISC 体系结构还没有严格的定义，一般认为，RISC 体系结构应具有以下特点：

- 采用固定长度的指令格式，指令归整、简单，基本寻址方式有 2～3 种。
- 使用单周期指令，便于流水线操作执行。
- 大量使用寄存器，数据处理指令只对寄存器进行操作，只有加载/存储指令可以访问存储器，以提高指令的执行效率。

除此以外，ARM 体系结构还采用了以下一些特别的技术，在保证高性能的前提下尽量缩小芯片的面积，并降低功耗：

- 所有的指令都可根据前面的执行结果决定是否被执行，从而提高指令的执行效率。
- 可用加载/存储指令批量传输数据，以提高数据的传输效率。
- 可在一条数据处理指令中同时完成逻辑处理和移位处理。
- 在循环处理中使用地址的自动增减来提高运行效率。

当然，和 CISC 架构相比较，尽管 RISC 架构有上述的优点，但决不能认为 RISC 架构就可以取代 CISC 架构。事实上，RISC 和 CISC 各有优势，而且界限并不那么明显。现代的 CPU 往往采用 CISC 的外围，内部加入了 RISC 的特性，如超长指令集 CPU 就是融合了 RISC 和 CISC 的优势，成为未来的 CPU 发展方向之一。

2. ARM 微处理器的寄存器结构

ARM 处理器共有 37 个寄存器，被分为若干个组(BANK)，这些寄存器包括：

- 31 个通用寄存器，包括程序计数器(PC 指针)，均为 32 位的寄存器。
- 6 个状态寄存器，用于标识 CPU 的工作状态及程序的运行状态，均为 32 位，目前只使用了其中的一部分。

同时，ARM 处理器又有 7 种不同的处理器模式，在每一种处理器模式下均有一组相应的寄存器与之对应。即在任意一种处理器模式下，可访问的寄存器包括 15 个通用寄存器(R0～R14)、1～2 个状态寄存器和程序计数器。在所有的寄存器中，有些是在 7 种处理器模式下共用的同一个物理寄存器，而有些则是在不同的处理器模式下有不同的物理寄存器。

3. ARM 微处理器的指令结构

ARM 微处理器在较新的体系结构中支持两种指令集：ARM 指令集和 Thumb 指令集。其中，ARM 指令为 32 位长度，Thumb 指令为 16 位长度。Thumb 指令集为 ARM 指令集的功能子集，但与等价的 ARM 代码相比较，可节省 30%～40%以上的存储空间，同时具备 32 位代码的所有优点。

2.4.5 ARM 微处理器的应用选型

鉴于 ARM 微处理器的众多优点，随着国内外嵌入式应用领域的逐步发展，ARM 微处理器必然会获得广泛的重视和应用。但是，由于 ARM 微处理器有多达十几种的内核结构、几十个芯片生产厂家以及千变万化的内部功能配置组合，给开发人员在选择方案时带来一定的困难，所以，对 ARM 芯片做一些对比研究是十分必要的。

以下从应用的角度出发，对在选择 ARM 微处理器时所应考虑的主要问题做一些简要的探讨。

1. ARM 微处理器内核的选择

从前面所介绍的内容可知，ARM 微处理器包含一系列的内核结构，以适应不同的应用领域，用户如果希望使用 WinCE 或标准 Linux 等操作系统以减少软件开发时间，就需要选择 ARM720T 以上带有 MMU(Memory Management Unit)功能的 ARM 芯片。ARM720T、ARM920T、ARM922T、ARM946T、Strong-ARM 都带有 MMU 功能；而 ARM7TDMI 则没有 MMU 功能，不支持 Windows CE 和标准 Linux，但目前有 uCLinux 等不需要 MMU 支持的操作系统可运行于 ARM7TDMI 硬件平台之上。事实上，uCLinux 已经成功移植到多种不带 MMU 的微处理器平台上，并在稳定性和其他方面都有上佳表现。

2. 系统的工作频率

系统的工作频率在很大程度上决定了 ARM 微处理器的处理能力。ARM7 系列微处理器的典型处理速度为 0.9MIPS/MHz，常见的 ARM7 芯片系统主时钟频率为 20～

133MHz；ARM9 系列微处理器的典型处理速度为 1.1MIPS/MHz，常见的 ARM9 的系统主时钟频率为 100～233MHz；ARM10 的系统主时钟频率最高可以达到 700MHz。不同芯片对时钟的处理不同，有的芯片只需要一个主时钟频率，有的芯片内部时钟控制器可以分别为 ARM 核和 USB、UART、DSP、音频等功能部件提供不同频率的时钟。

3. 芯片内存储器的容量

大多数的 ARM 微处理器片内存储器的容量都不太大，需要用户在设计系统时外扩存储器，但也有部分芯片具有相对较大的片内存储空间，如 ATMEL 的 AT91F40162 就具有高达 2MB 的片内程序存储空间，用户在设计时可考虑选用这种类型，以简化系统的设计。

4. 片内外围电路的选择

除 ARM 微处理器内核以外，几乎所有的 ARM 芯片均根据各自不同的应用领域，扩展了相关功能模块，并集成在芯片之中，我们称之为片内外围电路，如 USB 接口、IIS 接口、LCD 控制器、键盘接口、RTC、ADC 和 DAC、DSP 协处理器等。设计者应分析系统的需求，尽可能采用片内外围电路完成所需的功能，这样既可简化系统的设计，又可提高系统的可靠性。

习题 2

一、选择题(请从 4 个选项中选择出 1 个正确答案)

1. 射频识别技术是一种射频信号通过(　　)实现信息传递的技术。

A. 能量变化　　B. 空间耦合　　C. 电磁交互　　D. 能量转换

2. 高频电子标签的工作频段是(　　)。

A. 125～134kHz　　B. 13.56MHz

C. 868～956MHz　　D. 2.45～5.8GHz

3. 在低频 125kHz 和 13.56MHz 频点上一般采用(　　)。

A. 无源标签　　B. 有源标签　　C. 半无源标签　　D. 半有源标签

4. (　　)的工作频率是 30～300kHz。

A. 低频电子标签　　B. 高频电子标签

C. 特高频电子标签　　D. 微波标签

5. (　　)的工作频率是 3～30MHz。

A. 低频电子标签　　B. 高频电子标签

C. 特高频电子标签　　D. 微波标签

6. (　　)的工作频率是 300MHz～3GHz。

A. 低频电子标签　　B. 高频电子标签

C. 特高频电子标签　　D. 微波标签

7. (　　)的工作频率是 2.45GHz。

A. 低频电子标签　　B. 高频电子标签

C. 特高频电子标签　　D. 微波标签

8. RFID 硬件部分不包括(　　)。

A. 读写器　　B. 天线　　C. 二维码　　D. 电子标签

9. ZigBee 堆栈是在(　　)标准基础上建立的。

A. IEEE 802.15.4　　B. IEEE 802.11.4

C. IEEE 802.12.4　　D. IEEE 802.13.4

10. ZigBee(　　)是协议的最底层，承担着和外界直接作用的任务。

A. 物理层　　B. MAC 层　　C. 网络/安全层　　D. 支持/应用层

11. ZigBee(　　)负责设备间无线数据链路的建立、维护和结束。

A. 物理层　　B. MAC 层　　C. 网络/安全层　　D. 支持/应用层

12. ZigBee(　　)建立新网络，保证数据的传输。

A. 物理层　　B. MAC 层　　C. 网络/安全层　　D. 支持/应用层

13. ZigBee(　　)根据服务和需求使多个器件之间进行通信。

A. 物理层　　B. MAC 层　　C. 网络/安全层　　D. 支持/应用层

14. 现有的各种无线通信技术中，(　　)是功耗和成本最低的技术。

A. 蓝牙　　B. WiFi　　C. WiMedia　　D. ZigBee

二、简答题

1. 简述 RFID 技术的特点和 RFID 系统组成。
2. 简述传感器的组成和分类。
3. 简述短距离通信技术的分类和各自的特点。
4. 简述 ZigBee 研究的内容和实现的关键技术。
5. 简述 ARM 微处理器的结构。

第3章 CHAPTER 3 基于Linux物联网网关系统构建及开发

3.1 网关平台介绍

物联网网关的开发要基于特定的平台，本书中涉及的案例都是基于北京赛佰特科技有限公司开发的全功能物联网教学科研平台。该平台是基于物联网多功能、全方位教学科研需求，推出的一款集无线ZigBee、IPv6、Bluetooth、WiFi、RFID和智能传感器等通信模块于一体的全功能物联网教学科研平台，以强大的Cortex-A9嵌入式处理器作为核心智能终端，支持多种无线传感器通信模块组网方式，可支持Linux/Android/Windows CE操作系统。

全功能物联网教学科研平台的外观如图3-1所示。

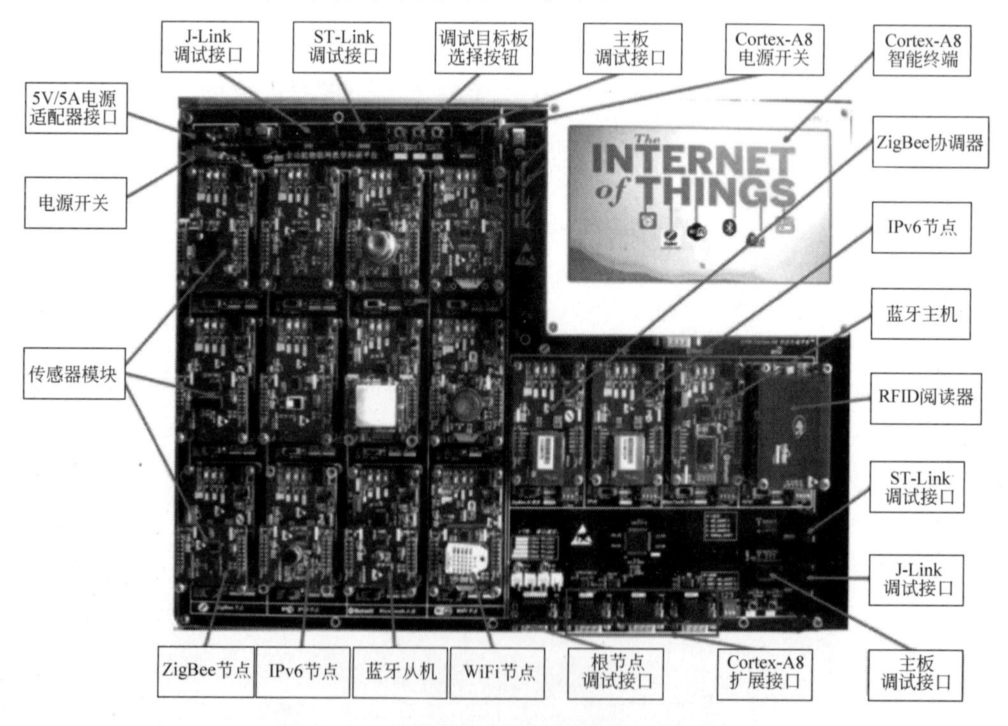

图3-1 全功能物联网教学科研平台外观图

全功能物联网教学科研平台的应用结构拓扑图如图 3-2 所示。

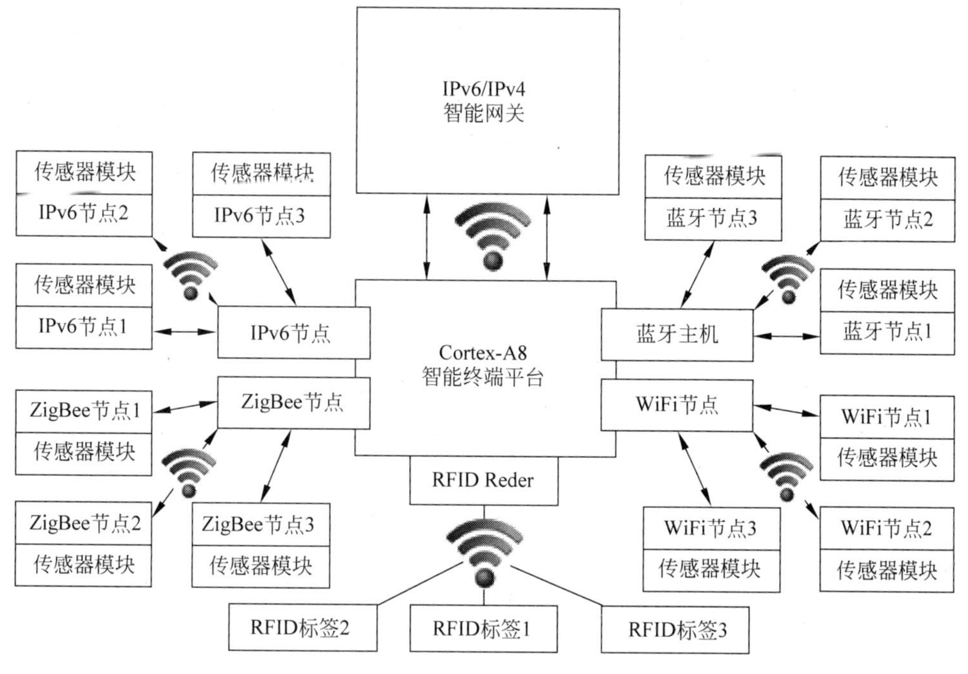

图 3-2 全功能物联网教学科研平台应用结构拓扑图

3.1.1 平台硬件资源

全功能物联网教学科研平台硬件由 Cortex-A9 智能终端、无线通信模块和智能传感器模块几部分构成。

智能终端硬件构成如表 3-1 所示。

表 3-1 Cortex-A9 智能终端组成

部件	性能指标参数
CPU 处理器	处理器 Samsung Exynos4412，基于 CortexM-A9，运行主频 1.5GHz
	内置 PowerVR SGX540 高性能图形引擎
	支持流畅的 2D/3D 图形加速
	最高可支持 1080p@30fps 硬件解码视频流畅播放，格式可为 MPEG4、H.263、H.264 等
	最高可支持 1080p@30fps 硬件编码(Mpeg-2/VC1)视频输入
显示	7 寸 LCD 液晶电阻触摸屏
接口	1 路 HDMI 输出
	4 路串口，RS232×2、TTL 电平×4
	USB Host 2.0、mini USB Slave 2.0 接口
	3.5mm 立体声音频(WM8960 专业音频芯片)输出接口、板载麦克风
	1 路标准 SD 卡座
	10/100M 自适应 DM9000AEP 以太网 RJ45 接口

续表

部件	性能指标参数
接口	SDIO 接口
	CMOS 摄像头接口
	AD 接口×6,其中 AIN0 外接可调电阻,用于测试
	I2C-EEPROM 芯片(256byte),主要用于测试 I2C 总线
	用户按键(中断式资源引脚)×8
	PWM 控制蜂鸣器
	板载实时时钟备份电池
电源	电源适配器 5V(支持睡眠唤醒)

无线通信模块资源如表 3-2 所示。

表 3-2 无线通信模块组成

节点类型	性能指标参数
ZigBee 节点	处理器 CC2530,内置增强型 8 位 51 单片机和 RF 收发器,符合 IEEE 802.15.4/ZigBee 标准规范,频段范围为 2045～2483.5MHz,板载天线
	存储器:256KB 闪存和 8KB RAM
	射频数据速率:250Kbps,可编程的输出功率高达 4.5dB
	用户自定制:按键×2,LED×2
	供电电压:2～3.6V,支持电池供电
	扩展调试接口
IPv6 节点	处理器 STM32W108,基于 ARM Cortex-M3 高性能的微处理器,集成了 2.4GHz IEEE 802.15.4 射频收发器,板载天线
	存储器:128KB 闪存和 8KB RAM
	用户自定制:按键×1,LED×2
	供电电压:3.7V,收发电流:27mA/40mA,支持电池供电
	扩展 J-Link 调试接口
蓝牙节点	BF-10 蓝牙模块,BlueCore4-Ext 芯片,板载天线
	处理器 STM32F103 基于 ARM Cortex-M3 内核,主频 72MHz
	完全兼容蓝牙 2.0 规范,硬件支持数据和语音传输,最高可支持 3M 调制模式
	支持 UART 透传,IO 配置
	扩展 J-Link 接口,外设主从开关,支持一键主从模式转换
	支持电池供电
WiFi 节点	型号:嵌入式 WiFi 模块(支持 802.11b/g/n 无线标准),内置板载天线
	处理器 STM32F103 基于 ARM Cortex-M3 内核,主频 72MHz
	支持多种网络协议:TCP/IP/UD,支持 UART/以太网数据通信接口
	支持 STA 和 AP 两种工作模式,支持路由和桥接两种网络架构
	支持透明协议数据传输模式,支持串口 AT 指令
	扩展 J-Link 接口
	支持电池供电

续表

节点类型	性能指标参数
RFID阅读器	MF RC531(高集成非接触读写卡芯片)支持ISO/IEC 14443A/B和MIFARE经典协议
	处理器STM8S105高性能8位架构的微控制器,主频16MHz
	支持mifare1 S50等多种卡类型
	用户自定制:按键×1,LED×1
	最大工作距离:100mm,最高波特率:424Kb/s
	Crypto1加密算法并含有安全的非易失性内部密钥存储器
	扩展ST-Link接口

传感器模块资源如表3-3所示。

表3-3 传感器模块组成

部件	性能指标参数	
处理器	STM8S103高性能8位框架结构的微控制器,主频1MHz	
外设	LED灯、UART串口及电源接口	
传感器种类	① 磁检测传感器	⑥ 三轴加速度传感器
	② 光照传感器	⑦ 声响检测传感器
	③ 红外对射传感器	⑧ 温湿度传感器
	④ 红外反射传感器	⑨ 烟雾传感器
	⑤ 结露传感器	⑩ 振动检测传感器

外扩辅助模块资源如表3-4所示。

表3-4 外扩辅助模块组成

部件	性能指标参数
USB-UART扩展板	核心芯片:FT232RL
	功能:连接PC与网络节点串口调试功能
	接口:VCC GND TXD GND RXD
电池模块	功能:锂电池供电,提供低电压报警,提示用户充电
	接口:3.7V
电池充电板	5V电源适配器,双路锂电池充电
调试工具	ST-Link仿真调试工具、J-Link仿真调试工具

3.1.2 平台软件资源

全功能物联网教学科研平台有丰富的软件资源,具体如表3-5所示。

表3-5 全功能物联网教学科研平台软件资源

模块	软件资源
Cortex-A9智能终端平台	操作系统:Linux-3.5 + Qt4.7/Qtopia2/Qtopia4、Android 4.1.2 功能:可进行Linux系统嵌入式编程开发,包括开发环境搭建、Bootloader开发、嵌入式操作系统移植、驱动程序调试与开发、应用程序的移植与项目开发等

续表

模块	软件资源
IPv6 智能网关	操作系统：Openwrt，实现 IPv6 网络的全部功能、IPv4 到 IPv6 的自动转换 开发工具：Linux(RHEL6)、openwrt 源码包 功能：可进行 Linux 编程开发，包括 Linux 内核移植与裁剪、文件系统定制、驱动程序调试与开发、应用程序的移植与开发、交叉编译、Shell 编程、网络通信、防火墙技术、路由技术、Web 配置系统、数据库技术等
ZigBee 通信节点	开发环境：基于 IAR for 8051 协议：ZigBee PRO 协议(Z-Stack2007 协议栈) 功能：自动组网、自动路由、无线数据传输等
IPv6 通信节点	操作系统：Contiki 2.5 协议：基于 Contiki OS 在 802.15.4 平台上实现完整的 IPv6 协议(Contiki OS uIPv6 协议栈) 功能：自动组网、自动路由、无线数据传输等
蓝牙通信节点	协议：完整的蓝牙通信 2.0 协议 功能：蓝牙模块组网、SPP 蓝牙串行服务、无线数据传输等
WiFi 通信节点	网络类型：Station/AP 模式 安全机制：WEP/WAP-PSK/WAP2-PSK/WAPI 加密类型：WEP64/WEP128/TKIP/AES 工作模式：透明传输模式、协议传输模式 串口命令：AT+命令结构 网络协议：TCP/UDP/ARP/ICMP/DHCP/DNS/HTTP 最大 TCP 连接数：32 功能：自动组网、支持 AP 模式/AT 命令、无线数据传输等
RFID 阅读器	功能：支持与节点通信、组网，支持快速 CRYPTO1 加密算法、IC 卡识别、IC 卡读写
传感器模块	功能：基于 IAR for STM8 的开发环境，实现传感器数据采集与串口协议通信

3.2 网关交叉编译环境

全功能物联网教学科研平台中的智能终端平台，在后续的物联网系统案例中充当网关的作用，该平台可支持 Linux 和 Android 操作系统。本节介绍在嵌入式操作系统 Linux 下开发应用程序的方法。首先需要明确交叉编译的概念。

3.2.1 交叉编译的概念

视频讲解

交叉编译，简单地说，就是在一个平台上生成另一个平台上的可执行代码。同一个体系结构可以运行不同的操作系统；同样，同一个操作系统也可以在不同的体系结构上运行。举例来说，我们常说的 x86 Linux 平台实际上是 Intel x86 体系结构和 Linux for x86 操作系统的简称；而 x86 WinNT 平台实际上是 Intel x86 体系结构和 Windows NT for x86 操作系统的简称。

一个经常会被问到的问题是,"既然已经有了主机编译器,为什么还要交叉编译呢?"其实答案很简单。有时是因为目标平台上不允许或不能够安装我们所需要的编译器,而我们又需要这个编译器的某些特征;有时是因为目标平台上的资源贫乏,无法运行我们所需要的编译器;有时又是因为目标平台还没有建立,连操作系统都没有,根本谈不上运行什么编译器。

交叉编译这个概念的出现和流行是和嵌入式系统的广泛发展同步的。我们常用的计算机软件,都需要通过编译的方式,把使用高级计算机语言编写的代码编译成计算机可以识别和执行的二进制代码。例如,在Windows平台上,可使用Visual C++开发环境,编写程序并编译成可执行程序。在这种方式下,我们使用PC平台上的Windows工具开发针对Windows本身的可执行程序,这种编译过程称为本机编译。然而,在进行嵌入式系统的开发时,运行程序的目标平台通常具有有限的存储空间和运算能力,例如常见的ARM平台,其一般的静态存储空间大概是16～32MB,而CPU的主频大概是100～500MHz。在这种情况下,在ARM平台上进行本机编译就不太可能了,这是因为一般的编译工具链需要很大的存储空间,并需要很强的CPU运算能力。为了解决这个问题,交叉编译工具应运而生。通过交叉编译工具,就可以在CPU能力很强、存储空间足够的主机平台上编译出针对其他平台的可执行程序。

要进行交叉编译,需要在主机平台上安装对应的交叉编译工具链,然后用这个交叉编译工具链编译源代码,最终生成可在目标平台上运行的代码。

在此,我们将在Linux PC上,利用arm-linux-gcc编译器,编译出针对Linux ARM平台的可执行代码。

3.2.2　交叉编译环境的搭建

视频讲解

在做实际工作之前,首先介绍一些关于交叉编译的基本知识。

宿主机(host):编辑和编译程序的平台,一般是基于x86的PC,通常也被称为主机。

目标机(target):用户开发的系统,通常都是非x86平台。host编译得到的可执行代码在target上运行。

我们在主机平台上开发程序,并在这个平台上运行交叉编译器,编译程序;而由交叉编译器生成的程序将在目标平台上运行。平台描述的完整格式是:CPU-制造厂商-操作系统,如sparc-sun-sunos4.1.4,说明平台所使用的CPU是sparc,制造厂商是Sun,上面运行的操作系统是SunOS,版本是4.1.4。也可以使用短格式,短格式中有选择地去除了制造厂商、软件版本等信息,因此可以用sparc-sunos或sparc-sunos-sunos4来描述这个平台。

对于交叉编译器,可以从网上下载,也可以自己生成,需要准备足够的磁盘空间和编辑器的源代码,然后配置一些信息,需要花费一定的时间来进行编辑。具体编译过程本书不再赘述,读者可参考网上资料自行实现。

下面介绍宿主机的配置。在宿主机上安装VMware虚拟机,然后安装Linux映像文件,具体安装过程读者自行完成。本书中介绍的Linux映像文件版本为Red Hat Enterprise Linux 6,安装的交叉编译器版本为arm-linux4.5.1。图3-3显示的是该版本交叉编译工具链包含的文件。

```
[root@localhost bin]# ls
arm-linux-addr2line   arm-none-linux-gnueabi-addr2line
arm-linux-ar          arm-none-linux-gnueabi-ar
arm-linux-as          arm-none-linux-gnueabi-as
arm-linux-c++         arm-none-linux-gnueabi-c++
arm-linux-cc          arm-none-linux-gnueabi-cc
arm-linux-c++filt     arm-none-linux-gnueabi-c++filt
arm-linux-cpp         arm-none-linux-gnueabi-cpp
arm-linux-g++         arm-none-linux-gnueabi-g++
arm-linux-gcc         arm-none-linux-gnueabi-gcc
arm-linux-gcc-4.5.1   arm-none-linux-gnueabi-gcc-4.5.1
arm-linux-gccbug      arm-none-linux-gnueabi-gccbug
arm-linux-gcov        arm-none-linux-gnueabi-gcov
arm-linux-gprof       arm-none-linux-gnueabi-gprof
arm-linux-ld          arm-none-linux-gnueabi-ld
arm-linux-ldd         arm-none-linux-gnueabi-ldd
arm-linux-nm          arm-none-linux-gnueabi-nm
arm-linux-objcopy     arm-none-linux-gnueabi-objcopy
arm-linux-objdump     arm-none-linux-gnueabi-objdump
arm-linux-populate    arm-none-linux-gnueabi-populate
arm-linux-ranlib      arm-none-linux-gnueabi-ranlib
arm-linux-readelf     arm-none-linux-gnueabi-readelf
arm-linux-size        arm-none-linux-gnueabi-size
arm-linux-strings     arm-none-linux-gnueabi-strings
arm-linux-strip       arm-none-linux-gnueabi-strip
```

图 3-3 arm-linux4.5.1 交叉编译工具链工具显示

在宿主机上通过交叉编译器来编译源程序，得到可执行程序后，在目标机上运行可执行程序。那么如何实现把宿主机上的文件共享到目标机上呢？可采用 TFTP、NFS 及 U 盘挂载等方式。在此介绍最常用的方法——NFS 共享和 TFTP。图 3-4 显示了宿主机与目标机的连接方式。

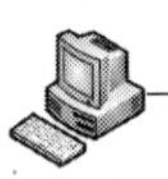

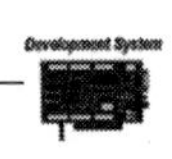

图 3-4 宿主机与目标机连接示意图

1. NFS 服务

网络中同为 Linux 或 UNIX 操作系统的主机可通过 NFS 服务实现文件的共享。

NFS 可以将远程文件系统载入到本地文件系统下。远程的硬盘、目录和光驱都可以变成本地主机目录树中的一个子目录。载入后与处理自己的文件系统一样使用即可。不仅方便，还节省了重复保存文件的空间、传输文件的时间及网络带宽。NFS 基于 C/S 体系结构，即服务器端和客户端。服务器端提供共享的文件系统，必须把文件系统输出(export)出去；客户端则要把文件系统载入到自己的系统下；使用 NFS，需要在服务器端设置输出，在客户端设置载入。

NFS 共享实现了将宿主机 RHEL6 系统的目录设置为共享目录，在 ARM Linux 系统中使用 mount 命令挂载的方式进行访问和执行目标程序。下面讲解该共享的设置和使用方法。

(1) 添加 NFS 共享目录并设置权限。

```
[root@localhost ~]# vi /etc/exports
```

修改内容如下：

```
/CBT-SuperIOT *(rw)
```

退出保存即可。该行语句表明，将系统的/CBT-SuperIOT 目录设置成共享，“*”代表任意机器都可以访问,rw 表示具有读写权限。

(2) 关闭系统防火墙。

```
[root@localhost ~]# /etc/init.d/iptables stop
iptables: 清除防火墙规则:   [确定]
iptables: 将链设置为政策 ACCEPT: filter       [确定]
iptables: 正在卸载模块:   [确定]
```

(3) 启动 NFS 共享服务。

```
[root@localhost ~]# /etc/init.d/nfs restart
关闭 NFS mountd: [确定]
关闭 NFS 守护进程: [确定]
关闭 NFS quotas: [确定]
启动 NFS 服务: [确定]
关掉 NFS 配额: [确定]
启动 NFS 守护进程: [确定]
启动 NFS mountd: [确定]
```

(4) 在 ARM Linux 系统中访问宿主机端 NFS 共享。

```
[root@Cyb-Bot /]# mount -t nfs -o nolock 192.168.1.7:/CBT-SuperIOT /mnt/nfs/
```

mount 命令在目标机上的 ARM Linux 系统中使用。挂载成功后,即可在 ARM 系统中访问远程宿主机端 NFS 共享目录了。

本书实验环境中 RHEL6 宿主机 IP 为 192.168.1.7,目标机 ARM Linux 系统默认 IP 地址为 192.168.1.230。

注意:在搭建 NFS 共享服务时,确保实验网络环境设置正确,如 RHEL6 宿主机的 IP 地址和 ARM Linux 系统的 IP 地址保持同一个网段,并使用网线连接好宿主机和目标机系统。

2. TFTP 服务

TFTP 服务主要是基于网络的文件传输,通常需要在宿主机 RHEL6 中安装 tftp-server,之后就可以使用 ARM Linux 系统的 tftp 命令从宿主机端下载文件了。以下是宿主机 RHEL6 下 tftp 软件的设置和使用方法。

(1) 安装 tftp-server。

如果宿主机 Linux 系统没有安装 tftp-server 软件,则需要利用网络进行安装,安装前要确保宿主机系统可以上网,且 yum 仓库源也设置好。

```
[root@localhost ~]# yum install tftp-server
```

(2) 配置 tftp。

修改/etc/xinetd.d/tftp 文件,更改 tftp 下载目录和开启服务。

```
service tftp
{
```

```
    socket_type = dgram
    protocol = udp
    wait = yes
    user = root
    server = /usr/sbin/in.tftpd
    server_args =- s /tftpboot        /* 更改默认下载目录为/tftpboot */
    disable = no                      /* 开启服务 */
    per_source = 11
    cps = 100 2
    flags = IPv4
}
```

(3) 重启服务。

```
[root@localhost ~]# service xinetd restart
停止 xinetd:                                    [确定]
正在启动 xinetd:                                [确定]
```

(4) 下载文件。

在宿主机端开启 tftp-server 服务后，将要下载的文件复制到/tftpboot 目录下，就可以用 ARM Linux 系统的 tftp 命令下载宿主机/tftpboot 目录下的文件了。例如：

```
[root@Cyb - Bot /]# tftp - r test.txt - g 192.168.1.7
```

上面的 tftp 下载命令是在目标机 Cortex-A9 智能终端的 ARM Linux 系统中使用的。

如何访问目标机系统呢？首先宿主机要通过串口线连接目标机，在连接上串口线后，在系统提示下安装 USB 转串口的驱动程序，即可看到串口号，如图 3-5 所示。

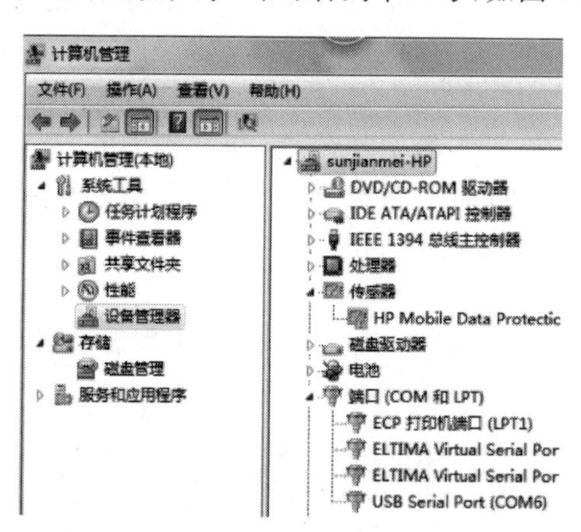

图 3-5　USB 转串口设备名称显示

安装超级终端或 xshell 软件，打开 xshell，设置串口协议，如图 3-6 所示。

启动 xshell，目标机实验箱上电启动后，就可以操作目标机系统了，如图 3-7 所示。

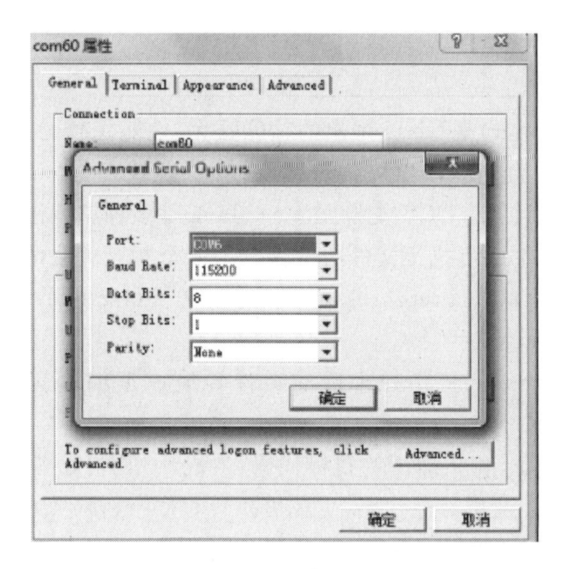

图 3-6　设置串口协议

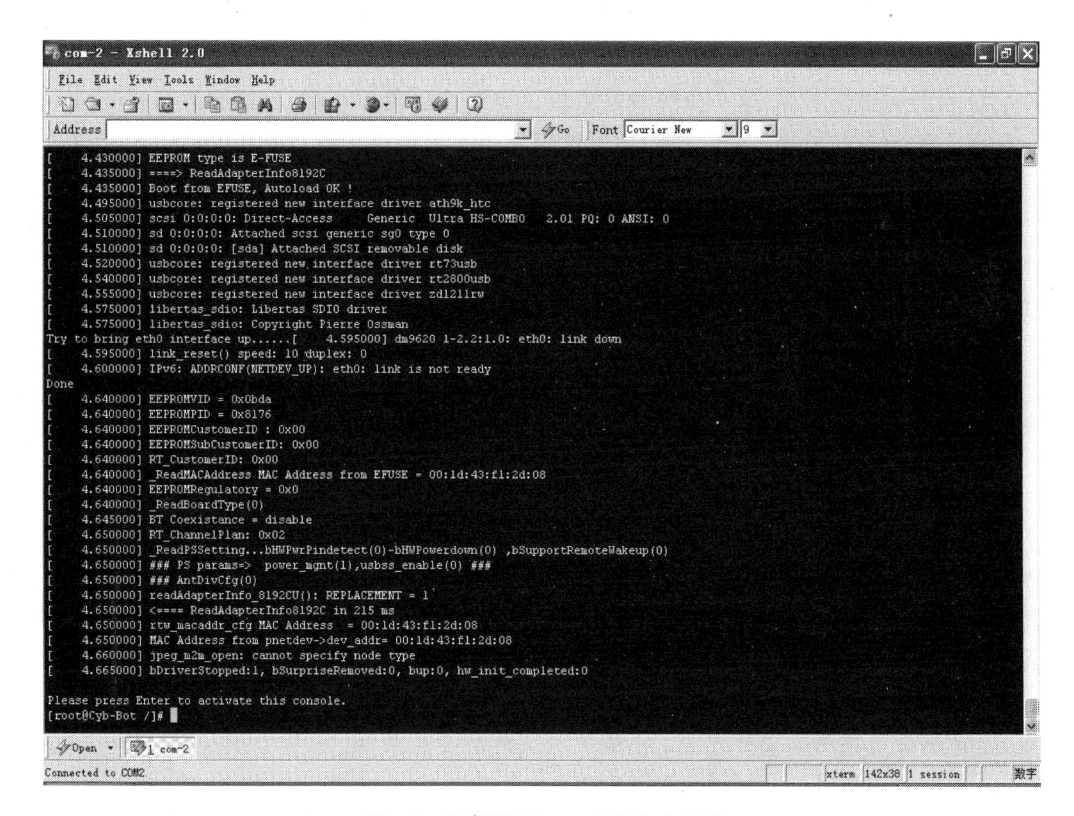

图 3-7　目标机 Linux 系统启动过程

3.3 GCC 编译器

视频讲解

GCC(GNU C Compiler)是 GNU 推出的功能强大、性能优越的多平台编译器，可以在多种硬件平台上编译出可执行程序，其执行效率与一般的编译器相比平均要高 20%～30%。GCC 支持 C、C++、Java 等多种编程语言。

GCC 将源代码文件生成可执行文件的过程分为 4 个相互关联的步骤。

(1) 预处理(也称预编译，Preprocessing)：对头文件(include)、预编译语句(如 define 等)进行分析[预处理器 cpp]。

(2) 编译(Compilation)：将预处理后的文件转换成汇编语言，生成. s 文件[编译器 ccl]。

(3) 汇编(Assembly)：由汇编变为目标代码，生成. o 文件[汇编器 as]。

(4) 链接(Linking)：连接目标代码，生成可执行程序[链接器 ld]。

命令 gcc 首先调用 cpp 进行预处理，在预处理过程中，对源代码文件中的文件包含、预编译语句等进行分析，这个阶段根据输入文件生成以. i 为后缀的文件。接着调用 ccl 进行编译，生成以. s 为后缀的文件。汇编过程调用 as 进行工作，将以. s 为后缀的汇编语言文件经过汇编之后生成以. o 为后缀的目标文件。当所有的目标文件都生成之后，gcc 就调用 ld 来完成最后的关键性工作，这个阶段就是链接。在链接阶段，所有的目标文件都被安排在可执行程序中的恰当的位置，同时，该程序所调用到的库函数也从各自所在的库中连到合适的地方。

在使用 GCC 编译器时，必须给出一系列必要的调用参数和文件名称。GCC 编译器的调用参数大约有 100 多个，这里只介绍其中最基本、最常用的参数。具体可参考 GCC 使用手册。

GCC 最基本的用法是：

```
gcc [options] [filenames]
```

其中，options 是编译的参数；filenames 是相关的文件名称。

-c：只编译，不链接生成可执行文件，编译器只是由输入的. c 等源代码文件生成以. o 为后缀的目标文件，通常用于编译不包含主程序的子程序文件。

-o output_filename：确定输出文件的名称为 output_filename，同时这个名称不能和源文件同名。如果不给出这个选项，gcc 就给出预设的可执行文件 a. out。

-E：对源代码进行预编译。

-S：此编译选项告诉 gcc 产生了汇编语言文件后停止编译。

-g：如需对源代码进行调试，就必须加入这个选项。

-O：对程序进行优化编译、连接。采用这个选项，整个源代码会在编译、连接过程中进行优化处理，这样产生的可执行文件的执行效率可以提高，但是，编译、连接的速度就相应地要慢一些。

-O2：比-O更好地优化编译、连接，整个编译、连接过程会更慢。

-l库文件：编译时加载库文件。

gcc一般使用默认路径/usr/include、/usr/lib查找头文件和库文件。如果文件所用的头文件或库文件不在缺省目录下，则编译时要指定它们的查找路径。

-I选项：指定头文件的搜索目录。

例如：gcc - I /home/export - o test1 test1. c

-L选项：指定库文件的搜索目录。

例如：gcc - L /usr/X11/R6/lib - o test1 test1. c

gcc所遵循的部分约定规则如下：

- . c为后缀的文件，是C语言源代码文件；
- . h为后缀的文件，是程序所包含的头文件；
- . i为后缀的文件，是已经过预处理的C原始程序；
- o为后缀的文件，是编译后的目标文件；
- s为后缀的文件，是汇编语言源代码文件。

3.4 Make工具

GNU Make是程序自动维护工具。在大型的开发项目中，通常有几十到上百个源文件，如果每次均手工输入gcc命令进行编译，会非常不方便。因此，通常利用make工具自动完成编译工作。这些工作包括：

(1) 如果仅修改了某几个源文件，则只需要重新编译这几个源文件。

(2) 如果某个头文件被修改了，则重新编译所有包含该头文件的源文件。

GNU Make的主要工作是读Makefile文件。GNU Make工具要依靠一个Makefile文件，Makefile文件告诉make命令如何编译和链接程序。Makefile文件由符合基本规则的语句组成，每组语句包含目标、依赖文件、命令三部分，由命令执行依赖文件来实现目标。依赖文件中如果有一个以上的文件比目标文件新，命令就会被执行。

3.4.1 Makefile文件基本结构

视频讲解

Makefile由一系列规则组成，规则格式如下：

```
target : prerequisites        依赖关系
<Tab> command                 命令
```

其中target：表示要创建的项目；通常是目的文件和可执行文件；prerequisites：注明要创建的项目依赖于哪些文件；command：是创建每个项目时需要运行的命令。

注：命令前面需要是Tab键，而不是空格。

3.4.2 Makefile 实例

视频讲解

【例 3-1】 Makefile 文件实例。

```
myprog : foo.o bar.o
    gcc foo.o bar.o -o myprog
foo.o : foo.c foo.h
    gcc -c foo.c -o foo.o
bar.o : bar.c bar.h
    gcc -c bar.c -o bar.o
clean:
    rm *.o myprog
```

上面是 Makefile 的一个实例，管理的是一个包含 foo.c、bar.c、foo.h、bar.h 四个文件的项目。

第一行中 myprog 为目标，依赖于 foo.o 和 bar.o 文件。

foo.o 和 bar.o 文件又有各自的依赖规则。

Makefile 中一般都有 clean 规则，在重新编译之前删除以前生成的各个文件，此条规则没有依赖文件。使用 make 工具执行 Makefile 的命令为：

```
make
```

默认文件名为当前目录下的 makefile、Makefile 或 GNUmakefile，也可以使用命令行参数-f 指定文件名：

```
make -f  filename
```

如果没有"-f"参数，在 Linux 中，GNU Make 工具在当前工作目录中按照 GNUmakefile、Makefile、makefile 的顺序搜索 Makefile 文件。

通过命令行参数中的 target，可指定 make 要编译的目标，并且允许同时定义编译多个目标，操作时按照从左向右的顺序依次编译 target 选项中指定的目标文件。

如果命令行中没有指定目标，则系统默认 target 指向描述文件中的第一个目标文件。例如：

```
make
make clean
```

为简化 Makefile 文件的编写和编辑，Makefile 中可以使用环境变量。环境变量可以表示以下几种信息：

（1）存储文件名列表。

（2）存储可执行文件名。

（3）存储编译器标识。

(4) 存储参数列表。

设置了环境变量后，前文介绍的Makefile文件例子简化成如下形式：

```
OBJS = foo.o bar.o
CC = gcc
CFLAGS =- Wall - O - g
EXEC = myprog
$(EXEC): $(OBJS)
    $(CC) $(OBJS) - o $(EXEC)
foo.o:foo.c foo.h
    $(CC) $(CFLAGS) - c foo.c - o foo.o
bar.o:bar.c bar.h
    $(CC) $(CFLAGS) - c bar.c - o bar.o
```

在Makefile文件中也可以使用以下内部变量。

(1) $@：扩展成当前规则的目标文件名。

(2) $<：扩展成依赖列表中的第一个依赖文件。

(3) $^：扩展成整个依赖列表的所有文件。

上述的Makefile文件使用内部变量后，简化的文件如下所示：

```
OBJS = foo.o bar.o
CC = gcc
CFLAG =- Wall - O - g
myprog: $(OBJS)
    $(CC) $^ - o $@
foo.o:foo.c foo.h
    $(CC) $(CFLAG) - c $< - o $@
bar.o:bar.c bar.h
    $(CC) $(CFLAG) - c $< - o $@
```

对于不同的项目，在使用Makefile文件进行项目管理时各不相同，有为单个文件编写Makefile，有为多个文件编写Makefile，有为不同目录文件编写Makefile，有为多个子模块编写Makefile，读者可以根据各自的需求参考相关资料学习，本书不再赘述。

3.5 Linux多线程编程

3.5.1 多线程概述

线程是进程的一条执行路径。每个线程共享其所附属的进程的所有资源，包括打开的文件、信号标识及动态分配的内存等。

线程是属于进程的，线程运行在进程空间内，同一进程所产生的线程共享同一物理内存空间，当进程退出时该进程所产生的线程都会被强制退出并清除。

为什么有了进程的概念后，还要再引入线程呢？使用多线程到底有哪些好处？什么系统应该选用多线程？

（1）使用多线程的理由之一是和进程相比，它是一种非常节俭的多任务操作方式。在Linux系统下，启动一个新的进程必须分配给它独立的地址空间，建立众多的数据表来维护它的代码段、堆栈段和数据段，这是一种昂贵的多任务工作方式。而运行于一个进程中的多个线程，它们彼此之间使用相同的地址空间，共享大部分数据，启动一个线程所花费的空间远远小于启动一个进程所花费的空间，而且，线程间彼此切换所需的时间也远远小于进程间彼此切换所需要的时间。一个进程的开销大约是一个线程开销的30倍左右。

（2）使用多线程的理由之二是线程间通信机制比较方便。对不同进程来说，它们具有独立的数据空间，要进行数据的传递只能通过通信的方式进行，这种方式不仅费时，而且很不方便。线程则不然，由于同一进程下的线程之间共享数据空间，所以一个线程的数据可以直接为其他线程所用，这不仅快捷，而且方便。当然，数据的共享也带来其他一些问题，有的变量不能同时被两个线程所修改，有的子程序中声明为static的数据更有可能给多线程程序带来灾难性的打击，这些正是编写多线程程序时最需要注意的地方。

除了以上所说的优点外，多线程程序作为一种多任务、并发的工作方式，还有以下的优点：

（1）提高应用程序响应时间。这对图形界面的程序尤其有意义，当一个操作耗时很长时，整个系统都会等待这个操作，此时程序不会响应键盘、鼠标、菜单的操作，而使用多线程技术，将耗时长的操作置于一个新的线程，可以避免这种尴尬的情况。

（2）使多CPU系统更加有效。操作系统会保证当线程数不大于CPU数目时，不同的线程运行于不同的CPU上。

（3）改善程序结构。一个既长又复杂的进程可以考虑分为多个线程，成为几个独立或半独立的运行部分，这样的程序会利于理解和修改。

3.5.2 Linux多线程API

Linux系统的多线程遵循POSIX线程接口，称为pthread。编写Linux的多线程程序，需要使用头文件pthread.h，连接时需要使用库libpthread.a。LIBC中的pthread库提供了大量的API函数，为用户编写应用程序提供支持。下面对比较重要的函数做一些详细的说明。

1. 线程创建函数

```
int pthread_create (pthread_t * thread_id, __const pthread_attr_t * __attr,
                    void * ( * __start_routine) (void * ), void * __restrict __arg)
```

其中，第一个参数为指向线程标识符的指针；第二个参数用来设置线程属性；第三个参数是线程运行函数的起始地址；最后一个参数是运行函数的参数。当创建线程成功时，函数返回0，若不为0则说明创建线程失败。常见的错误返回代码为EAGAIN和EINVAL。前者表示系统限制创建新的线程，例如线程数目过多了；后者表示第二个参数代表的线程属性值非法。创建线程成功后，新创建的线程运行第三个参数和第四个参数确定的函数，原来的线程则继续运行下一行代码。

2. 获得父进程 ID

```
pthread_t pthread_self (void)
```

3. 测试两个线程号是否相同

```
int pthread_equal (pthread_t __thread1, pthread_t __thread2)
```

4. 等待指定的线程结束

```
int pthread_join (pthread_t __th, void ** __thread_return)
```

其中，第一个参数为被等待的线程标识符；第二个参数为用户定义的指针，它可以用来存储被等待线程的返回值。这个函数是一个线程阻塞的函数，调用它的函数将一直等待到被等待的线程结束为止，当函数返回时，被等待线程的资源被收回。

5. 线程退出

```
void pthread_exit (void * __retval)
```

线程的结束方式有两种：一种是使用上面介绍的 pthread_join() 函数，函数结束了，线程也就结束了；另一种是使用 pthread_exit() 函数，该函数唯一的参数是线程退出以后的返回值。

6. 互斥量初始化

```
pthread_mutex_init (pthread_mutex_t * , __const pthread_mutexattr_t * )
```

7. 销毁互斥量

```
int pthread_mutex_destroy (pthread_mutex_t * __mutex)
```

8. 再试一次获得对互斥量的锁定(非阻塞)

```
int pthread_mutex_trylock (pthread_mutex_t * __mutex)
```

9. 锁定互斥量(阻塞)

```
int pthread_mutex_lock (pthread_mutex_t * __mutex)
```

10. 解锁互斥量

```
int pthread_mutex_unlock (pthread_mutex_t * __mutex)
```

下面介绍有关条件变量的函数。使用互斥锁可实现线程间数据的共享和通信,互斥锁的一个明显的缺点是它只有两种状态:锁定和非锁定。而条件变量通过允许线程阻塞和等待另一个线程发送信号的方法弥补了互斥锁的不足,它常和互斥锁一起使用。使用时,条件变量被用来阻塞一个线程,当条件不满足时,线程往往解开相应的互斥锁并等待条件发生变化。一旦其他的某个线程改变了条件变量,它将通知相应的条件变量唤醒一个或多个正被此条件变量阻塞的线程。这些线程将重新锁定互斥锁并重新测试条件是否满足。一般来说,条件变量被用来进行线程间的同步。

11. 条件变量初始化

```
int pthread_cond_init (pthread_cond_t * __restrict __cond,
__const pthread_condattr_t * __restrict __cond_attr)
```

该函数用来初始化一个条件变量。其中,cond 是一个指向结构 pthread_cond_t 的指针;cond_attr 是一个指向结构 pthread_condattr_t 的指针。结构 pthread_condattr_t 是条件变量的属性结构,和互斥锁一样可以用来设置条件变量是进程内可用还是进程间可用,默认值是 PTHREAD_PROCESS_PRIVATE,即此条件变量被同一进程内的各个线程使用。

12. 销毁条件变量 COND

```
int pthread_cond_destroy (pthread_cond_t * __cond)
```

13. 唤醒线程等待条件变量

```
int pthread_cond_signal (pthread_cond_t * __cond)
```

该函数作用是发送条件变量 cond,以唤醒被阻塞在条件变量 cond 上的一个线程。多个线程阻塞在此条件变量上时,哪一个线程被唤醒是由线程的调度策略所决定的。要注意的是,必须用保护条件变量的互斥锁来保护这个函数,否则条件变量可能在测试条件和调用 pthread_cond_wait 函数之间被发出,从而造成无限制的等待。

14. 等待条件变量(阻塞)

```
int pthread_cond_wait (pthread_cond_t * __restrict __cond, pthread_mutex_t * __restrict __
mutex)
```

该函数使线程阻塞在一个条件变量上。线程解开 mutex 指向的锁，并被条件变量 cond 阻塞。线程可以被函数 pthread_cond_signal 和函数 pthread_cond_broadcast 唤醒，但是要注意的是，条件变量只是起阻塞和唤醒线程的作用，具体的判断条件还需用户给出。线程被唤醒后，它将重新判断条件是否满足，如果还不满足，一般来说线程仍阻塞在这里，等待被下一次唤醒。

15. 在指定的时间到达前等待条件变量

```
int pthread_cond_timedwait (pthread_cond_t * __restrict __cond,
pthread_mutex_t * __restrict __mutex,   __const struct timespec * __restrict __abstime)
```

该函数为另一个用来阻塞线程的函数。它比函数 pthread_cond_wait()多了一个时间参数，经历 abstime 段时间后，即使条件变量不满足，阻塞也被解除。

3.5.3　Linux 多线程例程

视频讲解

下面介绍 Linux 多线程编程的典型实例：生产者－消费者问题模型的实现。在主程序中分别启动生产者线程和消费者线程。生产者线程不断地顺序将 0～1000 的数字写入共享的循环缓冲区，同时消费者线程不断地从共享的循环缓冲区读取数据。生产者—消费者问题流程图如图 3-8 所示。

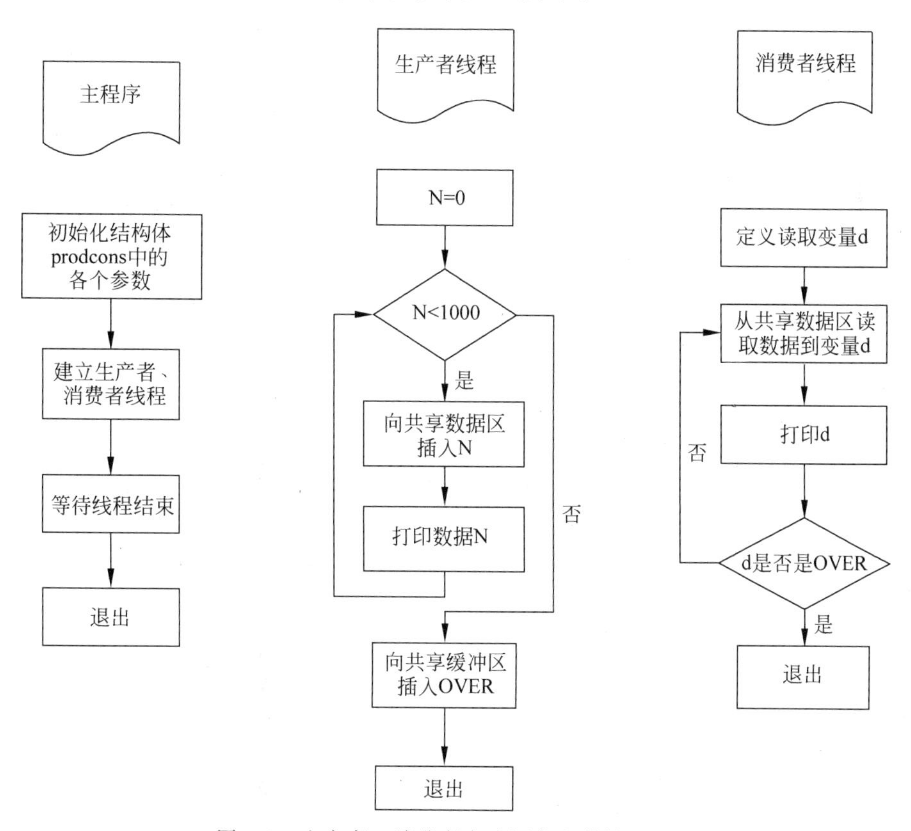

图 3-8　生产者—消费者实验源代码结构流程图

【例 3-2】 Linux下生产者—消费者多线程应用：pthread.c。

```
#include <stdio.h>
#include <stdlib.h>
#include <time.h>
#include "pthread.h"
#define BUFFER_SIZE 16
/* 设置一个整数的圆形缓冲区 */
struct prodcons {
  int buffer[BUFFER_SIZE];          /* 缓冲区数组 */
  pthread_mutex_t lock;             /* 互斥锁 */
  int readpos, writepos;            /* 读写的位置 */
  pthread_cond_t notempty;          /* 缓冲区非空信号 */
  pthread_cond_t notfull;           /*缓冲区非满信号 */
};
/* --------------------------------------------------------- */
/*初始化缓冲区 */
void init(struct prodcons * b)
{
  pthread_mutex_init(&b->lock, NULL);
  pthread_cond_init(&b->notempty, NULL);
  pthread_cond_init(&b->notfull, NULL);
  b->readpos = 0;
  b->writepos = 0;
}
/* --------------------------------------------------------- */
#define OVER (-1)
struct prodcons buffer;
/* --------------------------------------------------------- */
void * producer(void * data)
{
    int n;
    for (n = 0; n < 1000; n++) {
    printf(" put -->%d\n", n);
    put(&buffer, n);
    }
  put(&buffer, OVER);
  printf("producer stopped!\n");
  return NULL;
}
/* --------------------------------------------------------- */
void * consumer(void * data)
{
  int d;
  while (1) {
    d = get(&buffer);
    if (d == OVER ) break;
    printf(" %d-->get\n", d);
  }
  printf("consumer stopped!\n");
```

```
    return NULL;
}
/* ------------------------------------------------------------ */
int main(void)
{
    pthread_t th_a, th_b;
    void * retval;
    init(&buffer);
    pthread_create(&th_a, NULL, producer, 0);
    pthread_create(&th_b, NULL, consumer, 0);
  /* 等待生产者和消费者结束 */
    pthread_join(th_a, &retval);
    pthread_join(th_b, &retval);
    return 0;
}
```

生产者写入缓冲区和消费者从缓冲区读数的具体流程是：生产者首先获得互斥锁，并且判断写指针+1 后是否等于读指针，如果相等则进入等待状态，等待条件变量 notfull；如果不等则向缓冲区中写一个整数，并且设置条件变量为 notempty，最后释放互斥锁。消费者线程与生产者线程类似，流程图如图 3-9 所示。

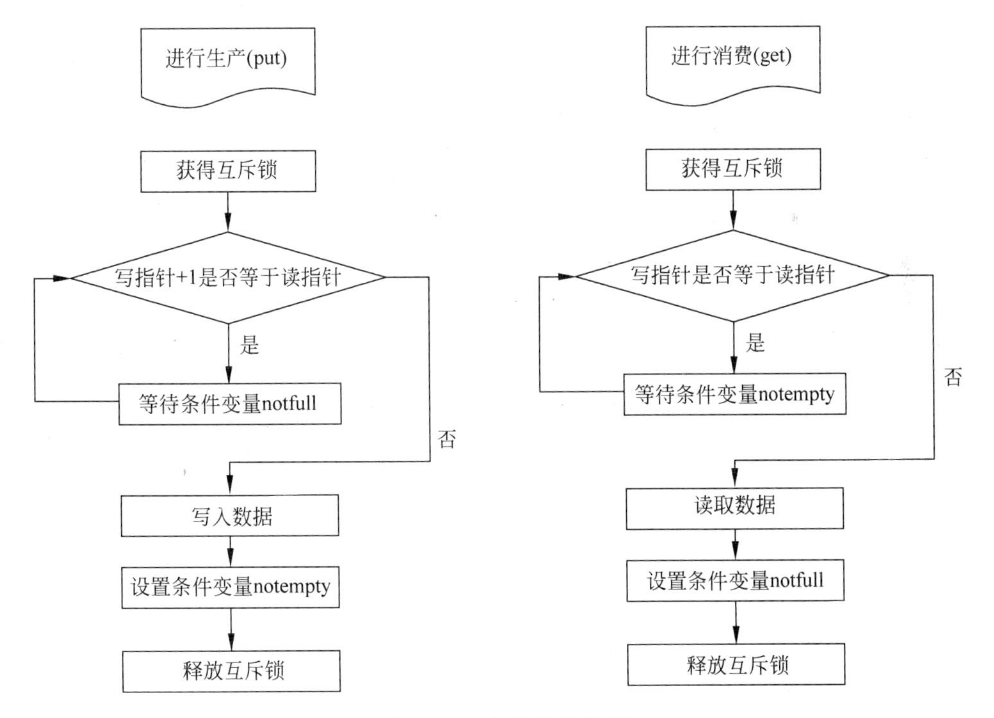

图 3-9　生产消费流程图

生产者写入共享的循环缓冲区函数 put，参考代码如下所示。

```
/* 向缓冲区中写入一个整数 */
void put(struct prodcons * b, int data)
```

```
{
        pthread_mutex_lock(&b->lock);          //获取互斥锁
    /* 等待缓冲区非满 */
        while ((b->writepos + 1) % BUFFER_SIZE == b->readpos) {
            printf("wait for not full\n");
        pthread_cond_wait(&b->notfull, &b->lock);
                                                //等待条件变量 b->notfull,不满则跳出阻塞
    }
        /* 写数据并且指针前移 */
        b->buffer[b->writepos] = data;
        b->writepos++;
        if (b->writepos >= BUFFER_SIZE) b->writepos = 0;
        /* 设置缓冲区非空信号 */
        pthread_cond_signal(&b->notempty);    //发送条件变量
        pthread_mutex_unlock(&b->lock);       //释放互斥锁
}
```

消费者读取共享的循环缓冲区函数 get 的参考代码如下所示。

```
/* 从缓冲区中读出一个整数 */
int get(struct prodcons * b)
{
    int data;
    pthread_mutex_lock(&b->lock);             //获取互斥锁
    /* 等待缓冲区非空 */
    while (b->writepos == b->readpos) {       //如果读写位置相同
        printf("wait for not empty\n");
        pthread_cond_wait(&b->notempty, &b->lock);
                                  //等待条件变量 b->notempty,不空则跳出阻塞,否则无数据可读
    }
    /* 读数据并且指针前移 */
    data = b->buffer[b->readpos];
    b->readpos++;
    if (b->readpos >= BUFFER_SIZE) b->readpos = 0;
    /* 设置缓冲区非满信号 */
    pthread_cond_signal(&b->notfull);         //发送条件变量
    pthread_mutex_unlock(&b->lock);           //释放互斥锁
    return data;
}
```

运行结果参考如下：

```
[root@Cyb-Botpthread]# ./pthread
put-->0
put-->1
put-->2
put-->3
put-->4
```

```
put-->5
…
wait for not full
0-->get
1-->get
2-->get
3-->get
4-->get
5-->get
…
wait for not empty
15-->get
…
wait for not empty
put-->20
20-->get
…
```

3.6 Linux 串口编程

3.6.1 串口简介

串口是计算机的一种常用的接口，具有连接线少、通信简单的特点，因此得到广泛的应用。常用的串口是 RS-232-C 接口(又称 EIA RS-232-C)，它是在 1970 年由美国电子工业协会(EIA)联合贝尔系统、调制解调器厂家及计算机终端生产厂家共同制定的用于串行通信的标准。串口通信指计算机以位(bit)为单位来传送数据，串行通讯的使用范围很广，是物联网及嵌入式系统开发过程中经常用到的通信方式之一。

串行 I/O 方式是将传输数据的每个字符一位接一位地传送，因此串行 I/O 可以减少信号连线，最少用一对线即可。同一根线上一连串的数字信号，首先要分割成位，再按位组成字符。在微型计算机中大量使用异步串行 I/O 方式，通信双方使用各自的时钟信号，而且允许时钟频率有一定误差，因此实现较容易。但是由于每个字符都要有独立的起始位和结束位，字符和字符间还有长度不定的空闲时间，因此效率相对较低。

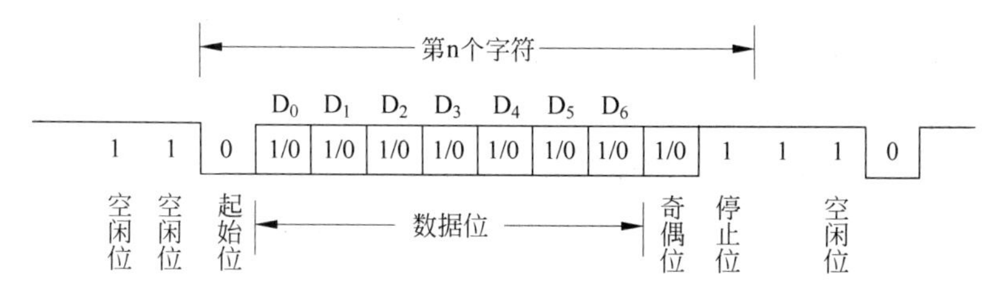

图 3-10　串行通信字符格式

图 3-10 给出异步串行通信中一个字符的传送格式。开始前,线路处于空闲状态,送出连续个“1”。传送开始时首先发一个“0”作为起始位,然后出现在通信线上的是字符的二进制编码数据。每个字符的数据位长可以约定为 5 位、6 位、7 位或 8 位,一般采用 ASCII 编码。后面是奇偶校验位,根据约定,用奇偶校验位将所传字符中为“1”的位数凑成奇数个或偶数个,也可以约定不要奇偶校验,这样就取消奇偶校验位。最后是表示停止位的“1”信号,这个停止位可以约定持续 1 位、1.5 位或 2 位的时间宽度。至此,一个字符传送完毕,线路又进入空闲,持续为“1”。异步串行通信中,常用的波特率为 50、95、110、150、300、600、1200、2400、4800、9600 等。

接收方按约定的格式接收数据,并进行检查,可以查出以下 3 种错误。

(1) 奇偶错:在约定奇偶检查的情况下,接收到的字符奇偶状态和约定不符。

(2) 帧格式错:一个字符从起始位到停止位的总位数不对。

(3) 溢出错:先接收的字符尚未被读取,后面的字符又传送过来,则产生溢出错。

每一种错误都会给出相应的出错信息,提示用户处理。一般串口调试都使用空的 Modem 连接电缆,其连接方式如图 3-11 所示。

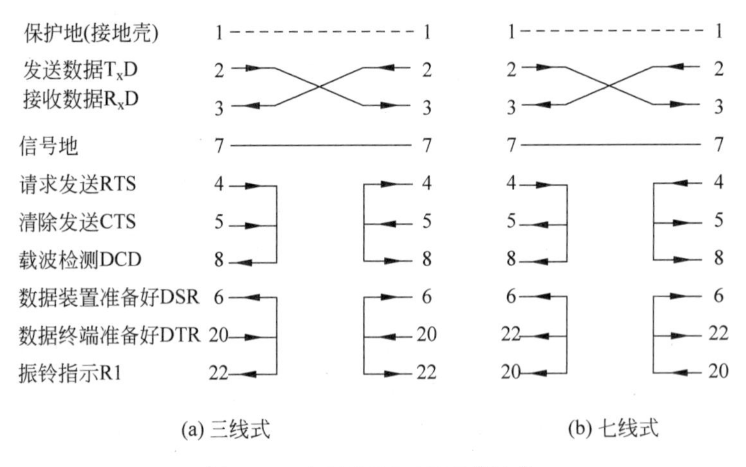

图 3-11 实用 RS-232C 通信连线

3.6.2 Linux 串口操作流程

Linux 对设备的访问是通过设备文件进行的,串口也是这样,为了访问串口,只需打开其设备文件即可。在 Linux 系统下,每一个串口设备都有设备文件与其关联,设备文件位于系统的/dev 目录下。本书所介绍的物联网平台的 Exynos4412 处理器自带 4 个串行端口控制器,系统的/dev/ttySAC0、/dev/ttySAC1 文件分别是串口 0 和串口 1 的设备文件。

1. 打开串口

打开串口是通过使用标准的文件打开函数 open()实现的。open()函数的原型为:

```
int open( const char * path, int flags)
```

其中

path 参数：串口设备文件路径。

flags 参数：打开文件的方式。

返回值：成功返回文件描述符，失败返回－1。

参考例子如下：

```
int fd;
/*以读写方式打开串口*/
fd = open( "/dev/ttySAC0", O_RDWR);
if ( - 1 == fd){
/* 不能打开串口一*/
perror(" 提示错误!");
}
```

这个例子中的 open()函数的第一个参数为串口设备节点文件；第二个参数是打开的属性，O_RDWR 表示以读写方式打开设备文件。

2. 设置串口

Linux 系统最基本的串口设置方式包括波特率设置，校验位设置和停止位设置。这些属性定义在结构体 struct termios 中。要在程序中使用该结构体，需要包含头文件 termios.h，该头文件定义了结构体 struct termios。termios 提供了一个常规的终端接口，用于控制非同步通信端口。这个结构至少包含以下成员。

```
struct termios
{
unsigned short c_iflag;              /* 输入模式标志 */
unsigned short c_oflag;              /* 输出模式标志 */
unsigned short c_cflag;              /* 控制模式标志 */
unsigned short c_lflag;              /* local mode flags */
unsigned char c_line;                /* line discipline */
unsigned char c_cc[NCC];             /* control characters */
};
```

1）波特率设置

```
struct termios Option;
tcgetattr(fd, &Option);
cfsetispeed(&Option,B19200);          /*设置为 19200Bps*/
cfsetospeed(&Option,B19200);
tcsetattr(fd,TCANOW,& Option);
```

2）校验位设置

校验位设置的参考代码如表 3-6 所示。

表 3-6 校验位设置的参考代码

校验方式	数据位数	设 置 代 码
无校验	8 位	Option. c_cflag &= ~PARENB; Option. c_cflag &= ~CSTOPB; Option. c_cflag &= ~CSIZE; Option. c_cflag |= ~CS8;
奇校验(Odd)	7 位	Option. c_cflag |= ~PARENB; Option. c_cflag &= ~PARODD; Option. c_cflag &= ~CSTOPB; Option. c_cflag &= ~CSIZE; Option. c_cflag |= ~CS7;
偶校验(Even)	7 位	Option. c_cflag &= ~PARENB; Option. c_cflag |= ~PARODD; Option. c_cflag &= ~CSTOPB;
Space 校验	7 位	Option. c_cflag &= ~PARENB; Option. c_cflag &= ~CSTOPB; Option. c_cflag &= &~CSIZE; Option. c_cflag |= CS8;

3）停止位设置

停止位设置的参考代码如表 3-7 所示。

表 3-7 停止位设置的参考代码

停止位位数	设 置 代 码
1 位	Option. c_cflag &= ~CSTOPB
2 位	Option. c_cflag |= CSTOPB

3. 读写串口

设置串口属性之后，就可以读写串口进行数据收发了，把串口当作文件读写。

1）发送数据

发送数据使用 write()函数，该函数的原型为：

```
int write( int fd, const void * buf, int nbytes )
```

其中：

fd 参数：文件描述符。

buf 参数：数据区首地址。

nbytes 参数：数据字节个数。

返回值：成功返回已发送字节数，失败返回－1。

功能：将 buf 缓冲区的 nbytes 个字节数据从 fd 标识的串口发送出去。

参考代码如下：

```
char buffer[1024];
int Length;
int nByte;
nByte = write(fd, buffer ,Length)
```

2）接收数据

接收数据使用 read()函数，该函数的原型为：

```
int read( int fd, void * buf, int nbytes )
```

其中：

fd 参数：文件描述符。

buf 参数：保存读取数据的缓冲区。

nbytes 参数：读取数据的字节数。

返回值：成功返回已读取字节数，失败返回－1。

功能：从 fd 标识的串口接收 nbytes 个字节数据存储至 buf 缓冲区。

参考代码如下：

```
char  buff[1024];
int     Len;
int  readByte = read(fd,buff,Len);
```

在操作串口数据时，除了基本的 read()和 write()函数实现数据收发外，还可以使用函数 fcntl()、select()等来实现异步读取。

4. 关闭串口

关闭串口就是关闭文件，使用 close()函数实现，该函数的原型为：

```
int close( int fd )
```

其中：

fd 参数：文件描述符。

返回值：成功返回 0，失败返回－1。

功能：关闭文件，释放文件描述符，使之可再利用。

参考代码如下：

```
close(fd)
```

3.6.3 Linux 串口操作实例

视频讲解

本节介绍一个通过串口实现双机通信的实例。通信的双机为宿主机和目标机。宿主机通过串口调试工具 AccessPort 实现数据的收发；目标机则在默认终端实现数据的收发。

该实例的功能为：目标机发送“1234567890”字符串到宿主机，并接收从宿主机发送过来的数据，并在默认终端实现数据的接收。该实例的参考代码如下。

【例 3-3】 Linux 串口通信：term.c。

```
#include <termios.h>
#include <stdio.h>
#include <unistd.h>
#include <stdlib.h>
#include <fcntl.h>
#include <sys/signal.h>
#include <pthread.h>

#define BAUDRATE B115200
#define COM1 "/dev/ttySAC0"
#define COM2 "/dev/ttySAC3"
volatile int fd;

void* receive(void * data)
{
    int c;
    printf("read modem\n");

    while (1)
    {
        read(fd,&c,1);                          /* com port */
        write(1,&c,1);                          /* stdout */
            if(c == '0')
                break;
    }

    printf("exit from reading modem\n");
    return NULL;
}

void* send(void * data)
{
    int c = '0';
    printf("send data\n");
    char buf0[11] = "1234567890";
    write(fd,buf0,11);
    return NULL; /* wait for child to die or it will become a zombie */
}

int main(int argc,char ** argv)
{
    struct termios oldtio,newtio;
    struct sigaction sa;
    int ok;
    pthread_t th_a, th_b;
```

```
    void * retval;
    fd = open(COM2, O_RDWR );
    if (fd < 0) {
        perror(COM1);
        exit( - 1);
    }
    printf("\nOpen COM Port Successfull\n");
    tcgetattr(fd,&oldtio);               /* save current modem settings */
    tcflush(fd,TCIOFLUSH);
    cfsetispeed(&newtio,BAUDRATE);
    cfsetospeed(&newtio,BAUDRATE);
    newtio.c_cflag & =~CSIZE;
    newtio.c_cflag |= CS8;
    newtio.c_cflag & =~PARENB; /* set the PARENB bit to zero------- disable parity checked */
    newtio. c _ iflag & =~ INPCK; /* set the INPCK bit to zero -------- INPCK means
inparitycheck(not paritychecked) */
    newtio.c_cflag & =~CSTOPB;
    newtio.c_cc[VMIN] = 1;
    newtio.c_cc[VTIME] = 0;

    tcflush(fd, TCIFLUSH);
    if(tcsetattr(fd,TCSANOW,&newtio)!= 0){
    perror("\n");
        return 0;
}

    pthread_create(&th_a, NULL, receive, 0);
    pthread_create(&th_b, NULL, send, 0);
    pthread_join(th_a, &retval);
    pthread_join(th_b, &retval);

    tcsetattr(fd,TCSANOW,&oldtio);     /* restore old modem setings */
    close(fd);
    exit(0);
}
```

在宿主机上用交叉编译器编译该源程序,生成可执行程序 term。

```
[root@localhost tty]# arm - linux - gcc  - o term term.c  - lpthread
```

通过 NFS 服务把可执行程序 term 加载到目标机上,并运行。

```
[root@localhost tty]#./term
```

目标机端运行结果如图 3-12 所示。

```
Open COM Port Successfull
send data
read modem
1234
```

图 3-12　目标机端运行结果界面

宿主机端通过串口工具实现数据收发的显示结果如图3-13所示。

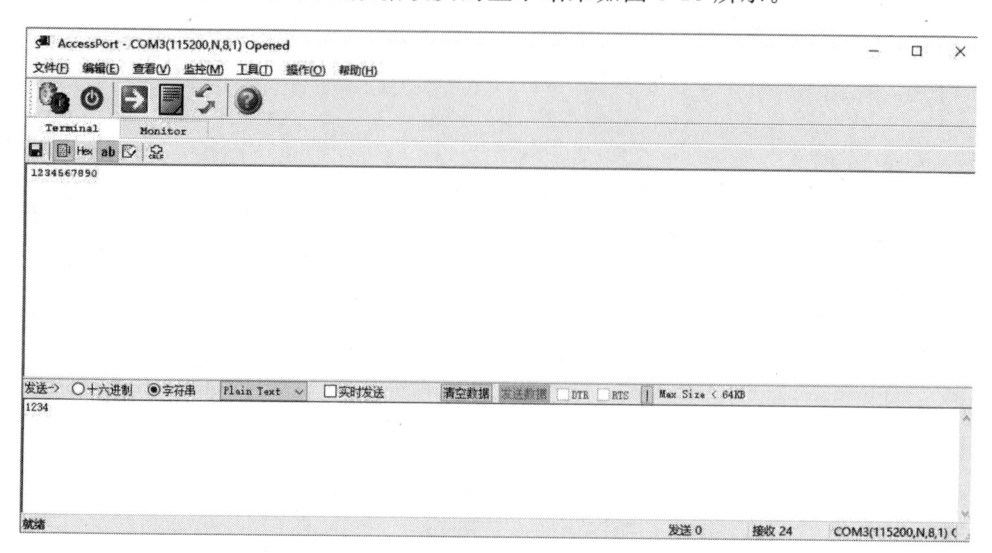

图3-13 宿主机端串口收发结果界面

3.7 嵌入式数据库

在物联网网关及嵌入式系统中，经常需要存储一些数据。对于简单的数据，可以文件的形式进行存储。但应用程序需要对数据进行复杂的操作时，文件就不能满足要求了。而且物联网网关及嵌入式系统的硬件资源的有限性使得数据的存储空间有一定的局限性。如采用大型的关系型数据库在物联网网关及嵌入式系统中实现数据存储，会使系统变得庞大，影响系统的性能。这样一来，嵌入式数据库的优势就体现出来了。

3.7.1 嵌入式数据库的特点

嵌入式数据库是一种具备了基本数据库特性的数据文件，它与传统数据库的区别是：嵌入式数据库通常不需要独立运行数据库的引擎，而是和操作系统及其具体的应用集成在一起。只要在运行的操作系统平台上有相应的嵌入式数据库的驱动，应用程序直接调用相应的API去实现对数据的存取操作就可以了。而传统数据库则采用引擎响应方式驱动。嵌入式数据库的体积通常很小，这使得嵌入式数据库常常应用在移动设备上。由于性能卓越，所以在高性能的应用上也经常见到嵌入式数据库的身影。

嵌入式数据库具有以下特点。

(1) 体积小。嵌入式数据库经过编译后也不过几十KB，占用内存少，这使得它可以支持嵌入式Linux、Windows CE、Palm OS等多种嵌入式操作系统。

(2) 可定制性。从目前嵌入式应用的发展趋势来看，嵌入式数据库的实现必须充分体现系统的可定制性，即系统选择的技术路线要面向具体的行业应用，因此，研究源码开放的嵌入式数据库具有特殊意义。嵌入式数据库提供功能定制，根据其应用的环境来定制数据库的系统功能。

(3) 支持SQL查询语言。嵌入式数据库支持SQL查询语言，提供数据库及数据表的管理功能，能够方便地实现对数据的操作，不需要花很多的时间来重新学习嵌入式数据库。

(4) 提供接口函数。嵌入式数据库提供在高级语言中调用的接口函数，以方便地实现对数据库的操作及管理。

(5) 实时性。嵌入式系统的实时性，使得嵌入式数据库的操作应具有定时限制的特性。

(6) 底层控制能力。管理嵌入式数据时，要有一定的底层控制能力，因为嵌入式系统和底层的硬件环境密不可分，如对磁盘的操作等。底层控制的能力是决定数据库管理操作的关键。

(7) 标准化。随着专业化的发展，嵌入式数据库的功能越来越强大，也越来越专业化，将向标准化发展。市场的发展要求嵌入式数据库进一步规范。

3.7.2 SQLite数据库

SQLite是一种采用C语言开发的嵌入式数据库。SQLite的目标是尽量简单，因此它抛弃了传统企业级数据库的种种复杂特性，只实现那些对于数据库而言非常必要的功能。尽管简单性是SQLite追求的首要目标，但是其功能和性能都非常出色。

SQLite的源代码完全开放。SQLite的第一个Alpha版本发布于2000年5月。SQLite具有以下特性：

(1) 支持ACID事务。

(2) 零配置，即无须安装和管理配置。

(3) 是存储在单一磁盘文件中的一个完整的数据库。

(4) 数据库文件可以在不同字节顺序的机器间自由共享。

(5) 支持2TB的数据库。

(6) 程序体积足够小，全部C语言源码大致3万行，共250KB。

(7) 比目前流行的大多数数据库对数据的操作要快。

(8) 提供了对事务功能和并发处理的支持，既保证了数据的完整性，又提高了运行速度。

(9) 程序独立运行，没有额外依赖。

SQLite的SQL语言很大程度上实现了ANSI SQL92标准，特别是支持视图、触发器、事务，并支持SQL嵌套。它通过SQL编译器实现SQL语言对数据库的操作，支持大部分的SQL命令。

SQLite的最大特点是其数据类型是无类型(typelessness)。无论表中每列声明的数据类型是什么，SQLite并不做任何检查，可以将任何类型的数据保存到想要保存的任何列中。开发人员主要靠自己的程序控制输入与输出数据的类型。这里有一个特例，即当主键为整型值时，如果插入一个非整型值会产生异常。SQLite允许忽略数据类型，但是仍然建议在创建表时指定数据类型，这有利于增强程序的可读性。目前，SQLite的版本为SQLite3。

3.7.3 SQLite3 的数据类型

3.7.2 节介绍了 SQLite 的字段是无数据类型的，在 SQLite 中，当将某个值插入数据库时，SQLite 将检查它的类型，如果该类型与关联的列不匹配，则 SQLite 会尝试将该值转换成列类型；如果不能转换，则该值将作为其本身具有的类型存储。但是有一种情况是例外的，即字段类型为 Integer Primary Key 时。

为了增加 SQLite 数据库和其他数据库的兼容性，SQLite 支持列的“类型亲和性”。列的“类型亲和性”是为该列所存储的数据建议一个类型。从理论上讲，任何列仍然是可以存储任何类型数据的，只是针对某些列，如果给出建议类型的话，数据库将按所建议的类型存储。这个被优先使用的数据类型被称为“亲和类型”。

SQLite3 支持 NULL、INTEGER、REAL、TEXT 和 BLOB 数据类型。数据库中的每一列都被定义为这几个亲和类型中的一种。

(1) NULL：表示该值为空值。

(2) INTERGER：表示值被标识为整数。

(3) REAL：表示值是浮动的数值，被存储为 8 字节浮动标记序号。

(4) TEXT：表示值为文本字符串，使用数据库编码存储。

(5) BLOB：表示值是 BLOB 数据，如何输入就如何存储，不改变格式。

3.7.4 SQLite3 的 API 函数

SQLite3 提供了 API 供 C/C++应用程序调用，以实现对 SQLite3 的操作。常用的 API 函数有以下几个。

1. 打开数据库

```
int sqlite3_open(
const char * filename,          /* 数据库的名字 */
sqlite3 ** ppDb                 /* 输出参数: SQLite 数据库句柄 */
);
```

该函数用来打开或者创建一个 SQLite3 数据库，如果在包含该函数的文件所在的路径下有同名的数据库(* . db)，则打开数据库；如果没有同名的数据库，则创建一个同名的数据库。如果打开或者创建数据库成功，则该函数返回 0 值，输出参数为 sqlite3 类型的变量。后续对该数据库的操作，通过该参数进行传递。

2. 关闭数据库

```
int sqlite3_close(sqlite3 * db);
```

当要结束对数据库的操作时，调用该函数来实现该数据库的关闭，该函数的一个参数是成功打开数据库时输出参数 sqlite3 类型的变量。

3. 执行函数

```
int sqlite3_exec(
sqlite3 * ,                    /* 打开的数据库的名字 */
const char * sql,              /* 要执行的 SQL 语句 */
sqlite_callback,               /* 回调函数 */
void * ,                       /* 回调函数的参数 */
char ** errmsg                 /* 错误信息 */
);
```

在对数据库进行操作时，可以通过调用该函数来完成。sql 参数为具体操作数据库的 SQL 语句。在执行过程中，如果出现错误，相应错误信息可以存放在 errmsg 变量中。

4. 释放内存函数

```
void sqlite3_free(char * z);
```

在对数据库进行操作时，如果需要释放在中间过程中保存在内存中的数据(即清除内存空间)，可以通过该函数来完成。

5. 显示错误信息

```
const char * sqlite3_errmsg(sqlite3 * );
```

通过 API 函数实现对数据库操作的过程中，出现的错误信息，可以通过该函数给出。

6. 获取结果集

```
int sqlite3_get_table(
  sqlite3 * ,                  /* 打开的数据库的名字 */
  const char * sql,            /* 要执行的 SQL 语句 */
  char *** resultp,            /* 结果集 */
  int * nrow,                  /* 结果集的行数 */
  int * ncolumn,               /* 结果集的列数 */
  char ** errmsg               /* 错误信息 */
);
```

在对数据库进行查询操作时，可以通过该函数来获取结果集。该函数的入口参数为查询的 SQL 语句。该函数的出口参数有：二维数据指针，指示查询结果的内容；结果集的行数和列数，行数为纯记录的条数，但是 resultp 数组中包含一行字段名的值。在具体操作时需要特殊关注。

7. 释放结果集

```
void sqlite3_free_table(char ** result);
```

释放 sqlite3_get_table()函数所分配的内存空间。

8. 声明 SQL 语句

```
int sqlite3_prepare(sqlite3 * , const char * , int, sqlite3_stmt ** , const char ** );
```

该函数把一条 SQL 语句编译成字节码留给后面的执行函数。使用该函数访问数据库是当前比较好的一种方法。

9. 销毁 SQL 声明

```
int sqlite3_finalize(sqlite3_stmt * );
```

该函数将销毁一个准备好的 SQL 声明。在数据库关闭之前,所有准备好的声明都必须被释放销毁。

10. 重置 SQL 声明

```
int sqlite3_reset(sqlite3_stmt * );
```

该函数用来重置一个 SQL 声明的状态,使得它可以被再次执行。

3.7.5 SQLite3 的应用

视频讲解

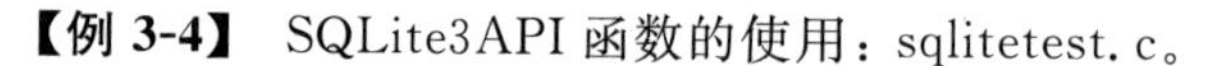

下面通过一个例子,介绍 SQLite3 中常用 API 函数的使用。

【例 3-4】 SQLite3API 函数的使用:sqlitetest.c。

```
#include <stdio.h>
#include <sqlite3.h>

int main()
{
    sqlite3 * db = NULL;
    int rc;
    char * Errormsg;
    int nrow;
    int ncol;
    char ** Result;
    int i = 0;

    rc = sqlite3_open("test.db", &db);
```

```
    if(rc){
        fprintf(stderr,"can't open database: %s\n", sqlite3_errmsg(db));
        sqlite3_close(db);
        return 1;
    }else
        printf("open database successly!\n");

    char * sql = "create table teacher (id integer primary key,name varchar(10))";
    sqlite3_exec(db,sql,0,0,&Errormsg);

    sql = "insert into teacher values(1,'sunjm')";
    sqlite3_exec(db,sql,0,0,&Errormsg);

    sql = "insert into teacher values(2,'zhangy')";
    sqlite3_exec(db,sql,0,0,&Errormsg);

    sql = "select * from teacher";
    sqlite3_get_table(db,sql,&Result,&nrow,&ncol,&Errormsg);

    printf("row = %d column = %d\n",nrow,ncol);
    printf("the result is:\n");
    for( i = 0;i<(nrow + 1) * ncol;i++)
        printf("Result[ %d] = %s\n",i,Result[i]);
    sqlite3_free(Errormsg);
    sqlite3_free_table(Result):
    sqlite3_close(db);
    return 0;
}
```

应用程序在编写完成之后，需要加载到目标机上运行，接下来介绍如何实现该应用程序在目标机上的运行过程。

1）交叉编译 SQLite 源码

从官网上下载 SQLite3 的源码压缩包 sqlite-autoconf-3070500. tar. gz，解压后进行交叉编译，具体操作过程如下所示。

```
[root@localhost public]# tar -zxvf sqlite-autoconf-3070500.tar.gz
[root@localhost public]# cd sqlite-autoconf-3070500
[root@localhost sqlite-autoconf-3070500]# mkdir arm
[root@localhost sqlite-autoconf-3070500]# cd arm
[root@localhost arm]#
../configure --prefix=/home/public/sqlite-autoconf-3070500/arm/ --host=arm-linux
[root@localhost arm]#make
[root@localhost arm]#make install
```

安装之后会在/home/public/sqlite-autoconf-3070500/arm/目录下生成交叉编译的库文件和头文件。

2）交叉编译源程序

如果没有将 include 下的文件和 lib 下的文件复制到/usr/lib 和/usr/include，则需要在编译时指定头文件和库文件所在的路径。含有 SQLite3 的 API 函数的应用程序，在链接时需要加上-lsqlite3 参数。

```
arm - linux - gcc  - o sqlitetest sqlitetest.c  - lsqlite3
      - L /home/public/sqlite - autoconf - 3070500/arm/lib
          - I /home/public/sqlite - autoconf - 3070500/arm/include/
```

3）下载可执行程序到目标机并运行

配置 NFS 服务，进入目标机，将 lib 下的库文件和 include 下的头文件复制到/usr/lib 和/usr/include，并建立软链接：

```
ln  - sf libsqlite3.so.0.8.6 libsqlite3.so
ln  - sf libsqlite3.so.0.8.6 libsqlite3.so.0
```

运行结果如下：

```
[root@localhost sqlite3test]#  ./sqlitetest
open database successly!
row = 2 column = 2
the result is:
Result[0] = id
Result[1] = name
Result[2] = 1
Result[3] = sunjm
Result[4] = 2
Result[5] = zhangy
```

习题 3

1. 简述交叉编译的概念。
2. 简述 GCC 的编译过程。
3. 如果在一个 C 语言的工程中含有 file1.c、file2.c、file3.c 三个文件，编写交叉编译该工程的 Makefile 文件，并运用环境变量，将交叉编译好的可执行程序下载到目标机运行。
4. 利用 Linux 串口编程实现双机通信。
5. 利用 SQLite3 的 API 函数实现学生成绩管理系统的基本功能。

第 4 章 CHAPTER 4 基于 Android 物联网网关接口应用

第 3 章介绍了基于北京赛佰特科技有限公司开发的全功能物联网教学科研平台 Linux 操作系统下的一些基本环境配置和典型的应用程序的设计。基于 Linux 操作系统的应用程序开发在很多物联网及嵌入式产品中应用较多，但是随着移动互联网技术的发展，基于 Android 系统应用程序的开发越来越广泛。为了适应社会用户及产品的需求，本实验平台也支持 Android 系统。本章将介绍基于 Android 系统的环境配置及典型案例应用程序的开发过程。

4.1 开发环境准备

物联网网关开发环境包括宿主机和目标机硬件开发平台。

在实现 Android 应用程序开发前，需要在宿主机上安装和目标机硬件平台一样的开发环境，即 Android Studio；还需要在宿主机上安装物联网实验箱的驱动程序。接下来介绍开发环境的安装和配置过程。

4.1.1 JDK 安装

视频讲解

安装配置 Android 环境前，需要安装 JDK(Java Development Kit)。

从 Oracle 官网 http://www.oracle.com/technetwork/java/javase/downloads 上下载最新的 JDK 版本。大家在选择 JDK 时要注意支持的系统和位数，以选择合适的 JDK 版本。这里下载的 JDK 版本是 1.8.0_144。下载界面如图 4-1 所示。

1. JDK 的安装过程

(1) 双击 jdk-8u144-windows-x64.exe(可执行文件视具体下载的版本的不同而不同)，出现安装向导界面，如图 4-2 所示，单击“下一步”按钮。

(2) 选择 JDK 安装路径。在如图 4-3 所示的界面中单击“更改”按钮，选择 JDK 的安装路径，然后单击“下一步”按钮，进入 JDK 的安装过程。

Java SE Development Kit 8u151

You must accept the Oracle Binary Code License Agreement for Java SE to download this software.

○ Accept License Agreement ○ Decline License Agreement

Product / File Description	File Size	Download
Linux ARM 32 Hard Float ABI	77.9 MB	jdk-8u151-linux-arm32-vfp-hflt.tar.gz
Linux ARM 64 Hard Float ABI	74.85 MB	jdk-8u151-linux-arm64-vfp-hflt.tar.gz
Linux x86	168.95 MB	jdk-8u151-linux-i586.rpm
Linux x86	183.73 MB	jdk-8u151-linux-i586.tar.gz
Linux x64	166.1 MB	jdk-8u151-linux-x64.rpm
Linux x64	180.95 MB	jdk-8u151-linux-x64.tar.gz
macOS	247.06 MB	jdk-8u151-macosx-x64.dmg
Solaris SPARC 64-bit	140.06 MB	jdk-8u151-solaris-sparcv9.tar.Z
Solaris SPARC 64-bit	99.32 MB	jdk-8u151-solaris-sparcv9.tar.gz
Solaris x64	140.65 MB	jdk-8u151-solaris-x64.tar.Z
Solaris x64	97 MB	jdk-8u151-solaris-x64.tar.gz
Windows x86	198.04 MB	jdk-8u151-windows-i586.exe
Windows x64	205.95 MB	jdk-8u151-windows-x64.exe

图 4-1　JDK 下载界面

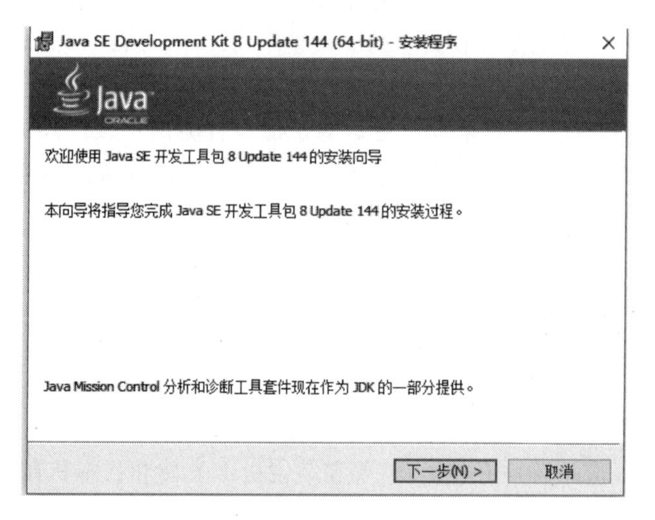

图 4-2　JDK 安装界面

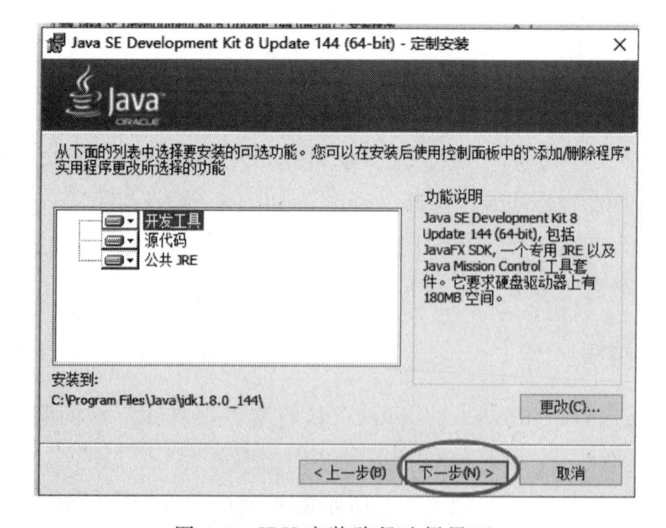

图 4-3　JDK 安装路径选择界面

(3) 选择JRE安装路径。安装JDK文件后，会进入如图4-4所示界面，单击“更改”按钮，选择JRE的安装路径，然后单击“下一步”按钮。

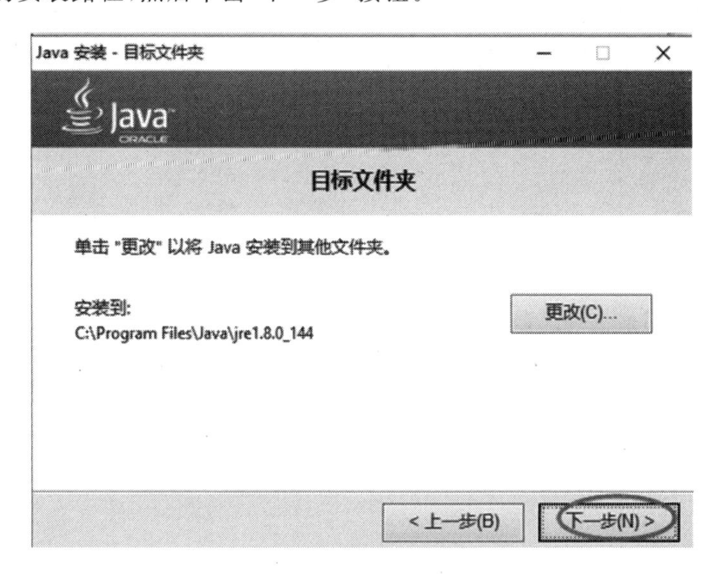

图4-4 JRE安装路径选择界面

(4) 安装成功。界面如图4-5所示。

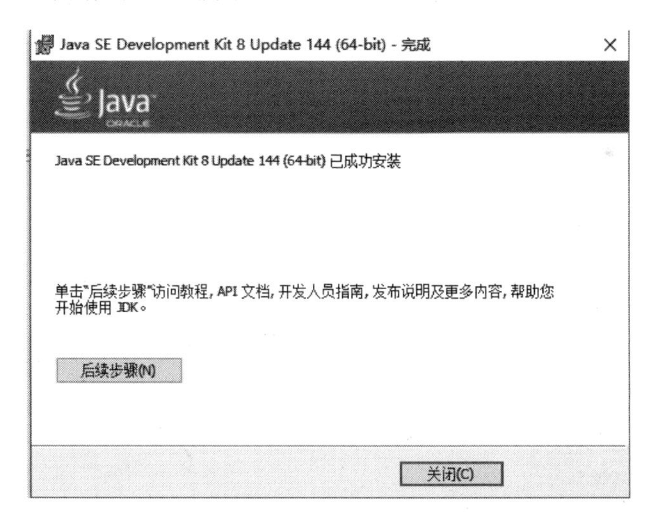

图4-5 安装成功界面

2. 环境变量设置

(1) 打开环境变量配置界面。在Windows操作系统中选择“控制面板”|“系统和安全”|“系统”|“高级系统设置”选项，出现如图4-6所示界面，选择“高级”选项卡，单击“环境变量”按钮，进入如图4-7所示的界面，进行环境变量的设置。

(2) 新建JAVA_HOME环境变量。在如图4-7所示界面的系统变量下方单击“新建”按钮，进入“新建系统变量”界面，如图4-8所示。输入变量名“JAVA_HOME”，变量值为刚刚所安装的JDK所在的路径，单击“确定”按钮，如操作成功，可进入如图4-9所示的界面，

图 4-6　环境变量设置入口界面

会出现新增的JAVA_HOME环境变量。

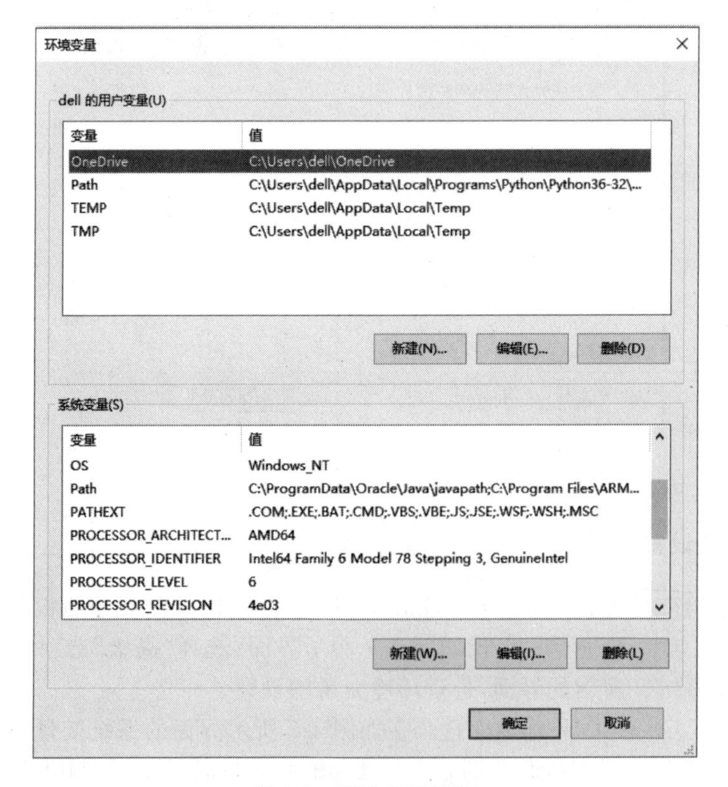

图 4-7　环境变量界面

新建系统变量
变量名(N): JAVA_HOME
变量值(V): C:\Program Files\Java\jdk1.8.0_144;
浏览目录(D)...　浏览文件(F)...　确定　取消

图 4-8　新建 JAVA_HOME 环境变量界面

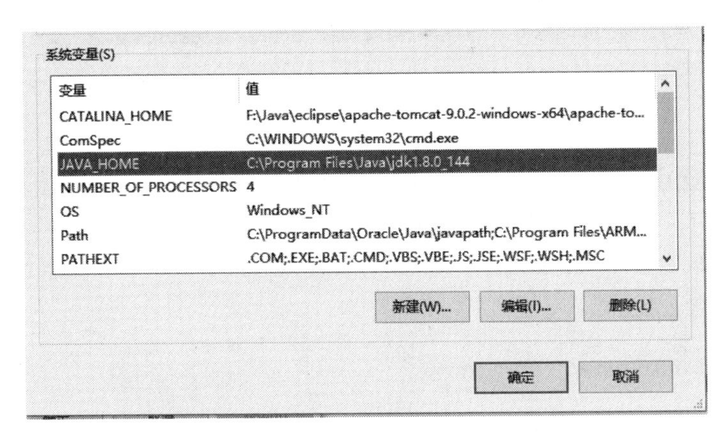

图 4-9　新建环境变量成功界面

(3) 编辑环境变量 Path。在如图 4-9 所示界面中选中 Path 变量，单击“编辑”按钮，进入“编辑环境变量”界面，如图 4-10 所示。单击“新建”按钮，加入 JDK 的 bin 路径。然后单击“确定”按钮完成环境变量 Path 的编辑。

编辑环境变量
C:\ProgramData\Oracle\Java\javapath
C:\Program Files\ARM\ADSv1_2\bin
C:\Program Files (x86)\Intel\iCLS Client\
C:\Program Files\Intel\iCLS Client\
%SystemRoot%\system32
%SystemRoot%
%SystemRoot%\System32\Wbem
%SYSTEMROOT%\System32\WindowsPowerShell\v1.0\
C:\Program Files (x86)\Intel\Intel(R) Management Engine Comp...
C:\Program Files\Intel\Intel(R) Management Engine Component...
C:\Program Files (x86)\Intel\Intel(R) Management Engine Comp...
C:\Program Files\Intel\Intel(R) Management Engine Component...
c:\Program Files (x86)\ATI Technologies\ATI.ACE\Core-Static
c:\Program Files\Intel\IntelSGXPSW\bin\x64\Release\
c:\Program Files\Intel\IntelSGXPSW\bin\win32\Release\
C:\Program Files\Intel\WiFi\bin\
C:\Program Files\Common Files\Intel\WirelessCommon\
C:\Program Files\Java\jdk1.8.0_144\bin\
新建(N)　编辑(E)　浏览(B)...　删除(D)　上移(U)　下移(O)　编辑文本(T)...
确定　取消

图 4-10　“编辑环境变量”界面

(4) 测试JDK是否安装成功。运行操作系统程序cmd.exe。输入"java-version"命令，显示系统中配置的JDK的版本信息，如图4-11所示，此时表示JDK已经安装成功。

```
C:\WINDOWS\system32\cmd.exe
Microsoft Windows [版本 10.0.15063]
(c) 2017 Microsoft Corporation。保留所有权利。

C:\Users\dell>java -version
java version "1.8.0_144"
Java(TM) SE Runtime Environment (build 1.8.0_144-b01)
Java HotSpot(TM) 64-Bit Server VM (build 25.144-b01, mixed mode)

C:\Users\dell>_
```

图4-11　JDK版本信息界面

4.1.2 Android Studio软件环境配置

视频讲解

JDK安装完成之后，开始Android Studio的安装、配置，本节一一介绍各个环节的安装及配置过程。

1. 安装Android Studio

(1) 从官网http://developer.android.com/sdk/index.html上下载Android studio的安装程序android-studio-ide-171.4408382-windows.exe，本书所使用的版本是Android Studio 3.0。

(2) 双击android-studio-ide-171.4408382-windows.exe，可以看到欢迎页面，如图4-12所示。

图4-12　Android Studio安装运行首页面

(3) 选择安装组件。在如图 4-12 所示界面中单击 Next 按钮，进入 Choose Components 选择安装组件界面，如图 4-13 所示。在此可以选择不安装 Android Studio 自带虚拟设备 AXD。后面会介绍 Genymotion 模拟器的安装，或者直接采用 Android 目标机进行程序测试。如果安装自带虚拟设备 AXD，建议机器的内存配置至少在 8GB 以上。

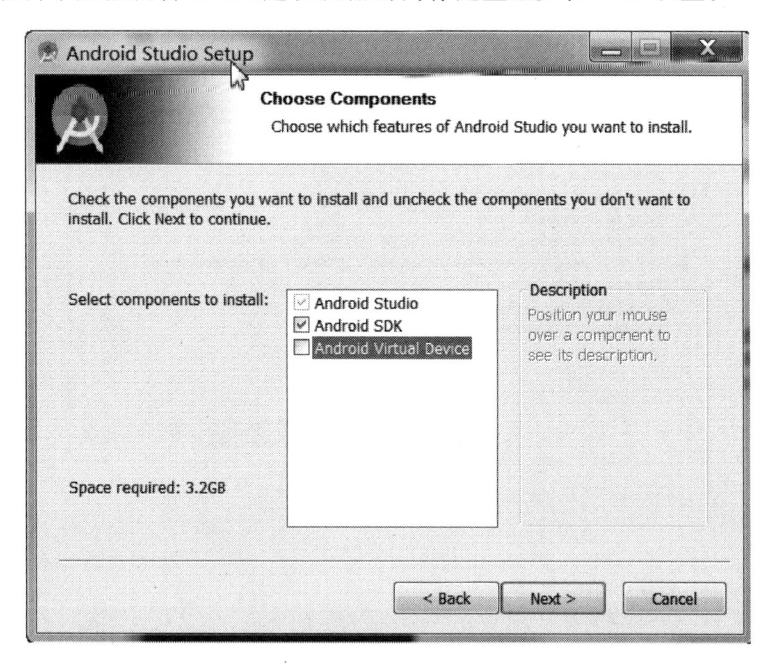

图 4-13　选择安装组件界面

(4) 选择 Android Studio 的安装路径。单击图 4-13 中的 Next 按钮，进入 Android Studio 安装路径选择，如图 4-14 所示。本书在具体操作时选择安装在 E:\Android Studio，读者可按照自己的实际需求选择安装路径。

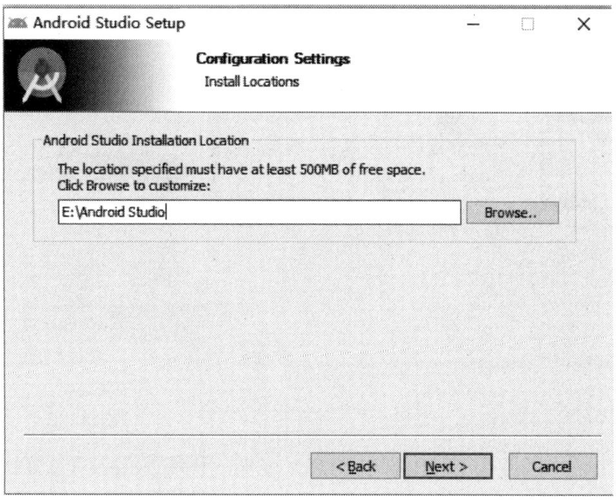

图 4-14　选择安装路径

(5) 选择安装类型。单击图 4-14 中的 Next 按钮，进入安装进程，如图 4-15～图 4-17 所示。在图 4-17 中选择安装类型，可以选择默认的安装类型 Standard。

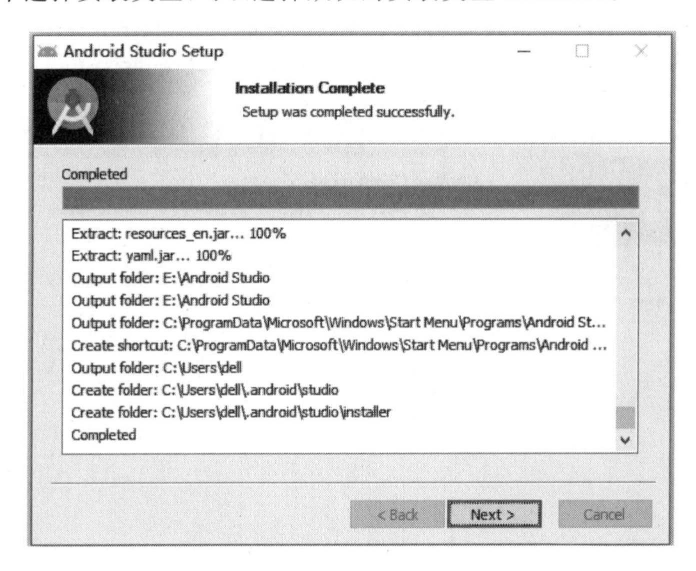

图 4-15　安装进程 1

图 4-16　安装进程 2

(6) 选择 UI 主题。在图 4-17 中单击 Next 按钮，出现 Select UI Theme(选择 UI 主题)界面，如图 4-18 所示。Android Studio 有两种 UI 主题，分别为 IntelliJ 和 Darcula，在图 4-18 中可以选择。当然在 Android Studio 安装完成后，也可以通过设置选项随时更改 UI 的主题。

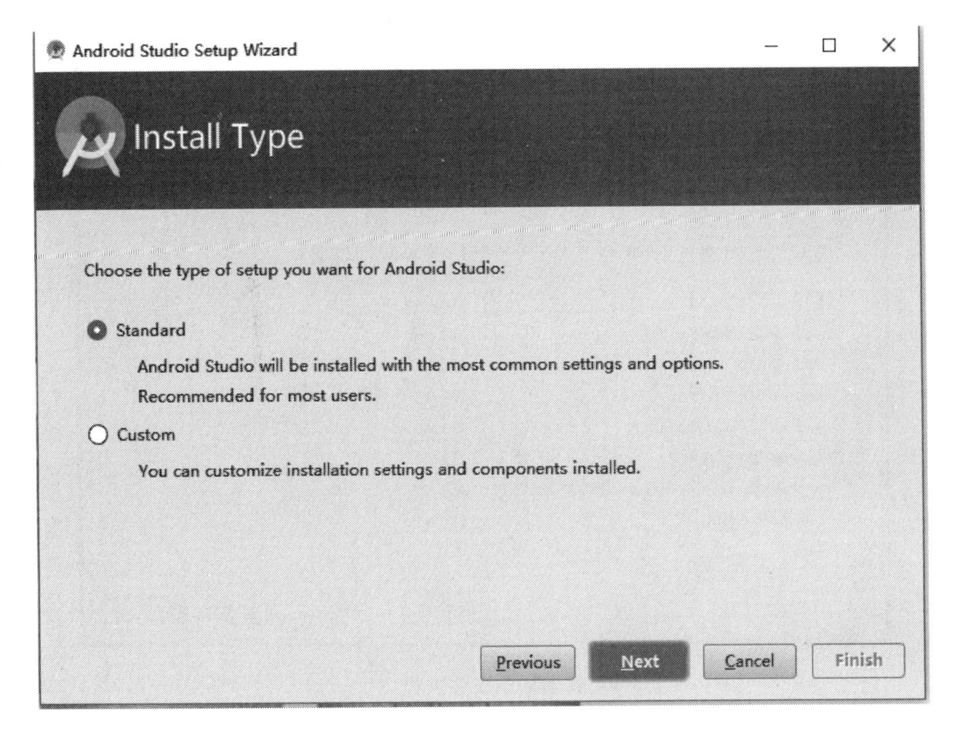

图 4-17 选择安装类型

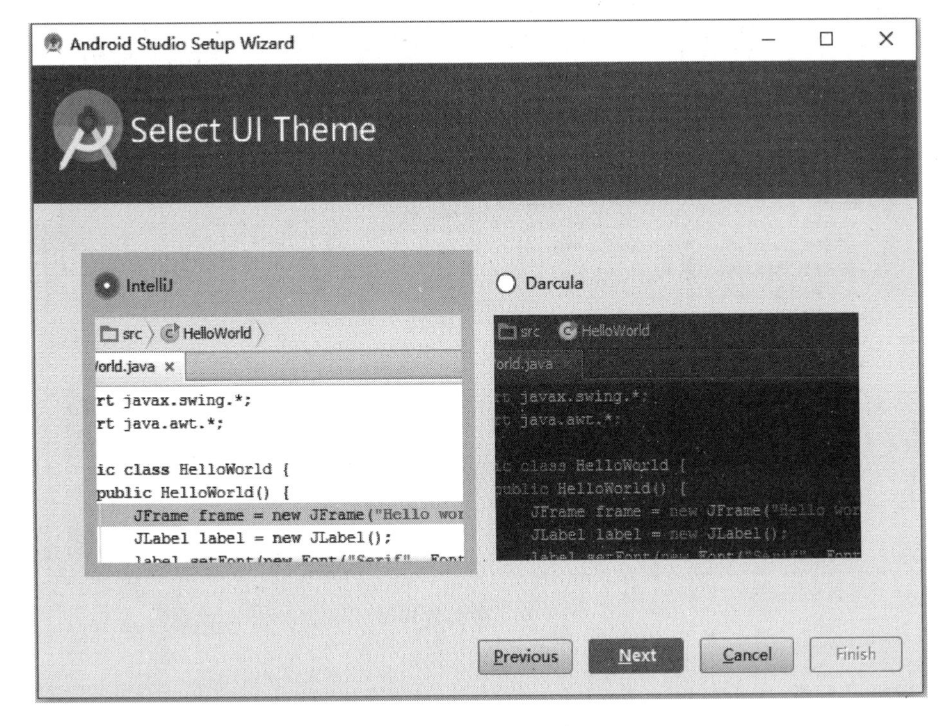

图 4-18 选择 UI 主题界面

(7) 安装完成。在图 4-18 中单击 Next 按钮，经过如图 4-19、图 4-20 所示的安装进程后，进入如图 4-21 所示界面，Android Studio 安装完成。

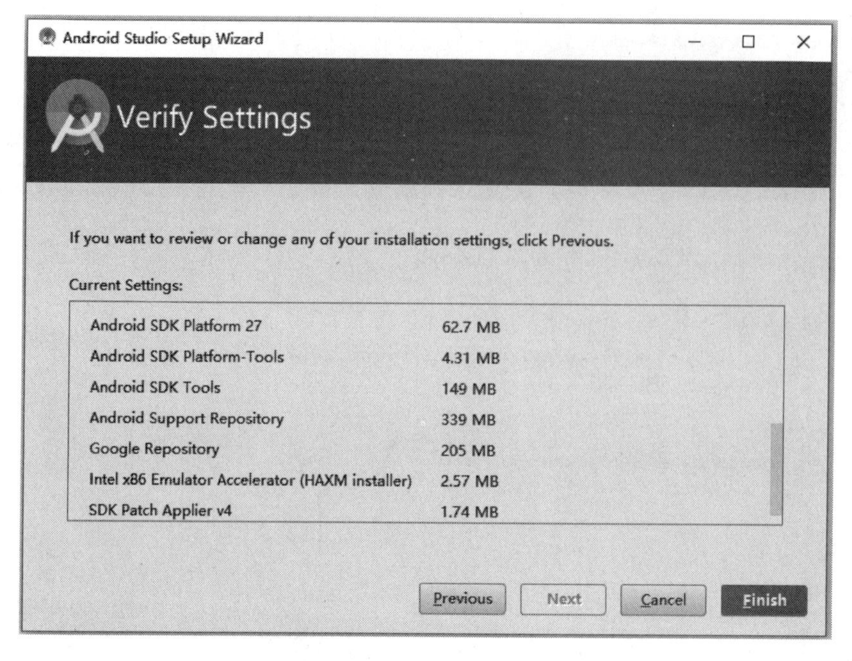

图 4-19　安装进程 3

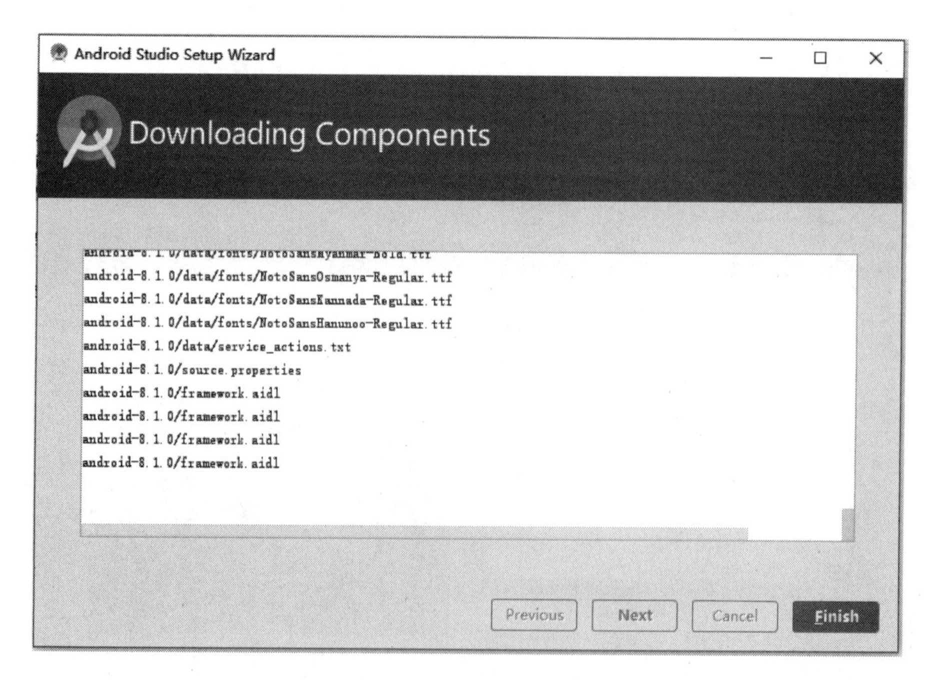

图 4-20　安装进程 4

2. 运行及配置 Android Studio 3.0

(1) Android Studio 安装完成后，第一次运行如图 4-22 所示，并会出现请求代理的对话框，如图 4-23 所示。

图 4-21　Android Studio 安装完成界面

图 4-22　第一次运行 Android Studio 启动界面

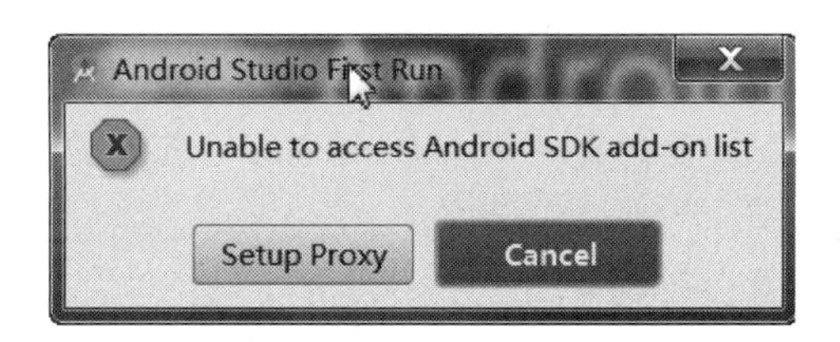

图 4-23　设置下载 SDK 代理服务的提示对话框

(2) 单击 Setup Proxy 按钮设置代理,出现 Settings(设置)界面,如图 4-24 所示。选择 HTTP Proxy,单击 Auto-detect proxy settings 单选按钮,就可以链接到官网下载 SDK。如果读者所在组织有相应的 Android SDK 服务器,可以单击 Manual proxy configuration 单选按钮,并指定服务器的地址和端口号。

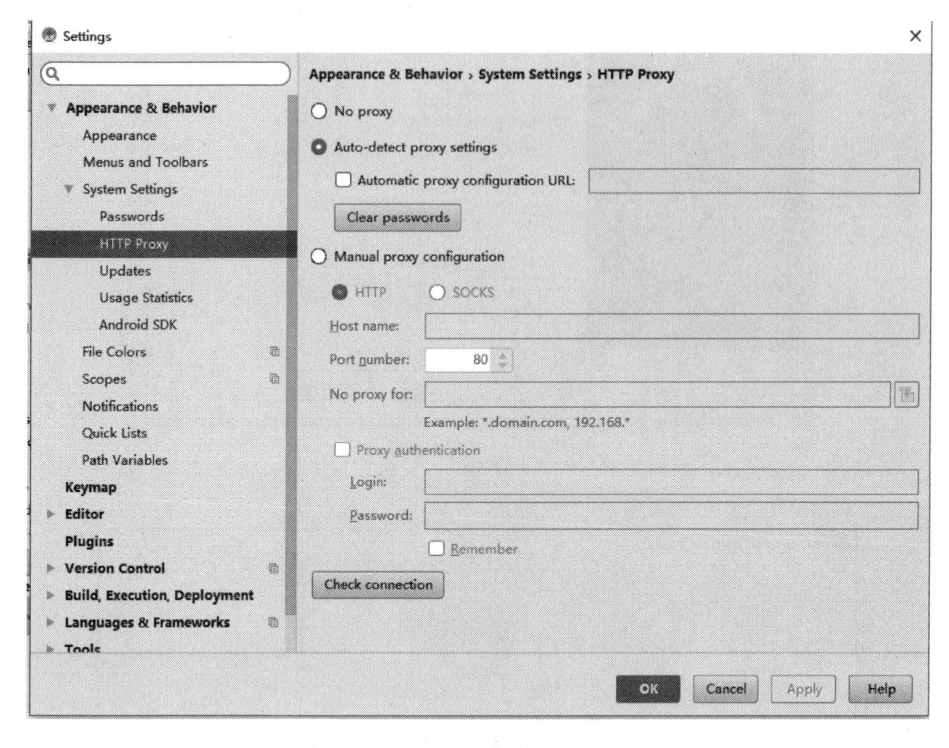

图 4-24 设置下载 SDK 代理服务器

(3) 设置 SDK。在 Setting 窗体中选择 Android SDK,在 Android SDK Location 中设置 SDK 路径,并可以选择配置 SDK Platforms 等,如图 4-25 所示。可以在 SDK 列表中选择要下载的版本,单击 OK 按钮,进入下载的进程界面。

3. 创建 Android Studio 工程并运行程序

(1) Android Studio 安装配置完成后,就可以创建 Android 应用程序工程了。选择菜单 File|New|New Project 后进入如图 4-26 所示的 Create Android Project 界面,输入 Application name、Company domain 和 Project location 后,单击 Next 按钮进入选择运行程序设备的界面,如图 4-27 所示。

(2) 在图 4-27 中选择应用程序运行的设备类型和支持的最低 SDK 版本。选择之后单击 Next 按钮完成工程文件的创建,进入应用程序的编辑界面,如图 4-28 所示。

(3) 应用程序编辑完成后,选择菜单 Run|Run'app',选择运行的虚拟设备或真机设备,如图 4-29 所示。

(4) 单击 OK 按钮后,就会在设备上显示运行的结果。

由于 Android 本身自带的 AXD 比较耗费内存,在实际的应用程序开发过程中,可以采用第三方的虚拟设备工具 Genymotion。

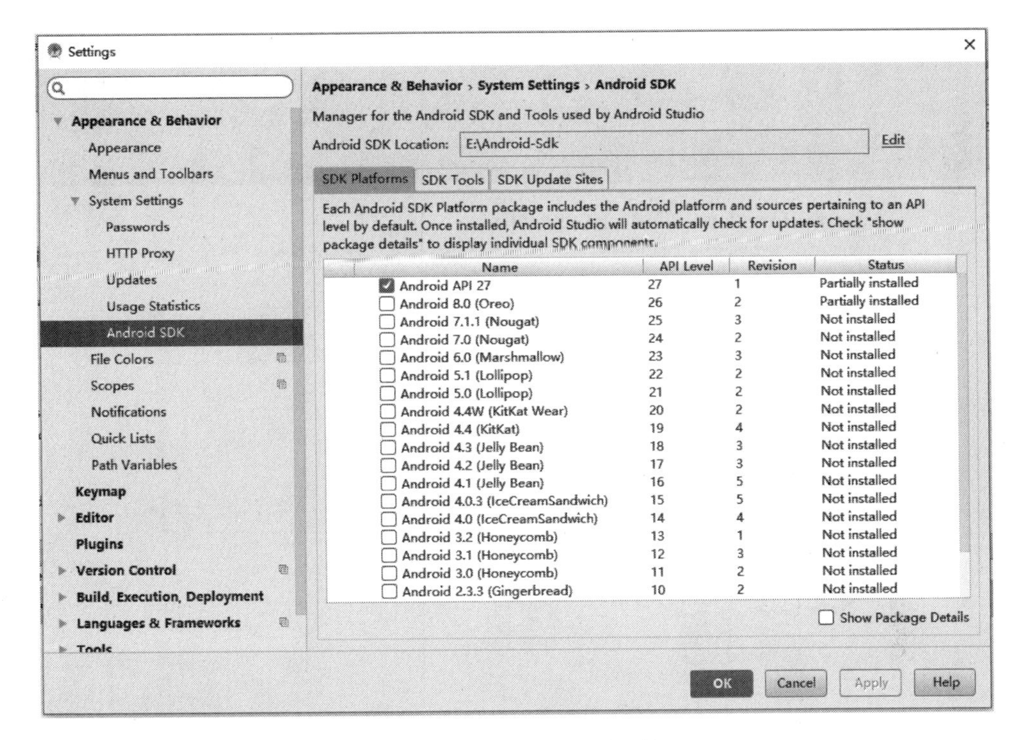

图 4-25　Android SDK 设置界面

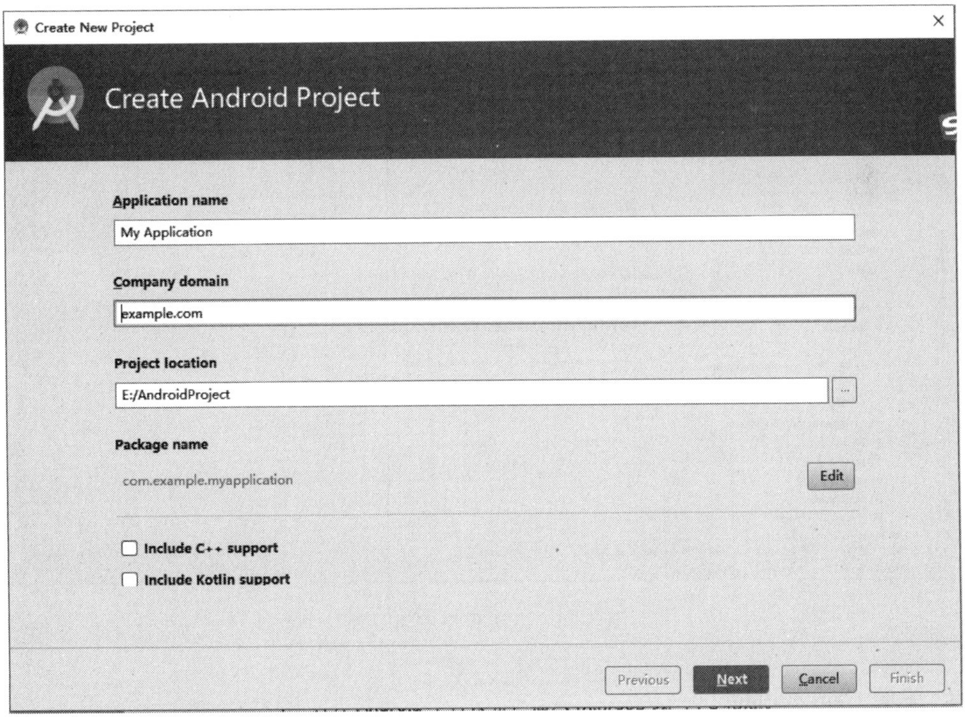

图 4-26　Create Android Project 界面

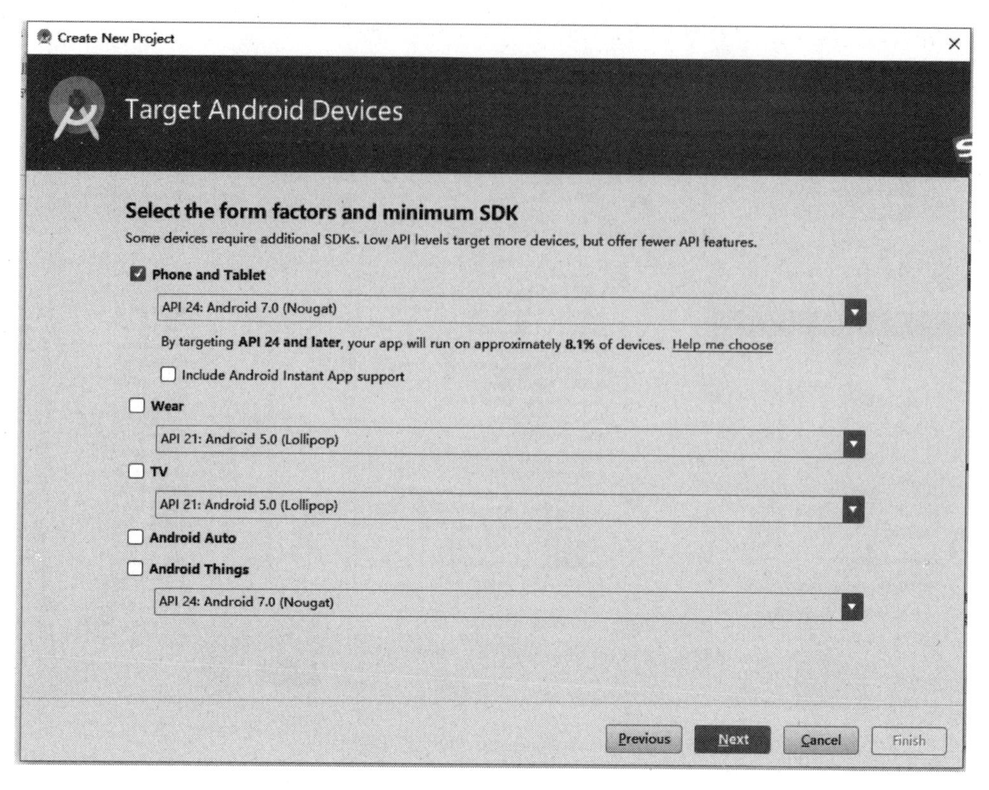

图 4-27　选择程序运行的设备和最低的 SDK 版本

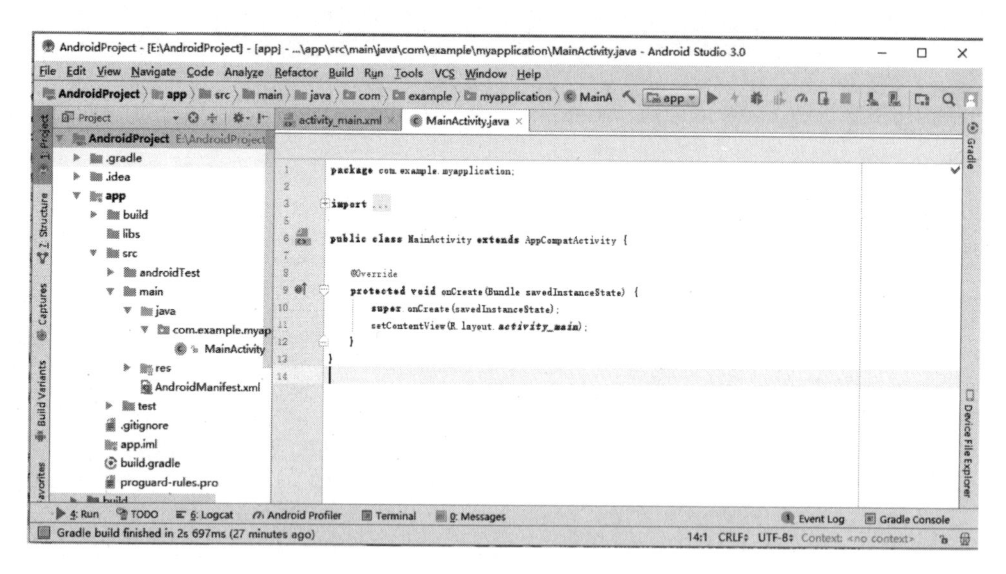

图 4-28　应用程序编辑界面

4. 安装 Genymotion

在安装 Genymotion 之前,需要在本机的 BIOS 中开启虚拟化技术。读者可根据自己计算机的型号在开机时选择相应的方式进入 BIOS 设置界面,进行虚拟化技术的开启。

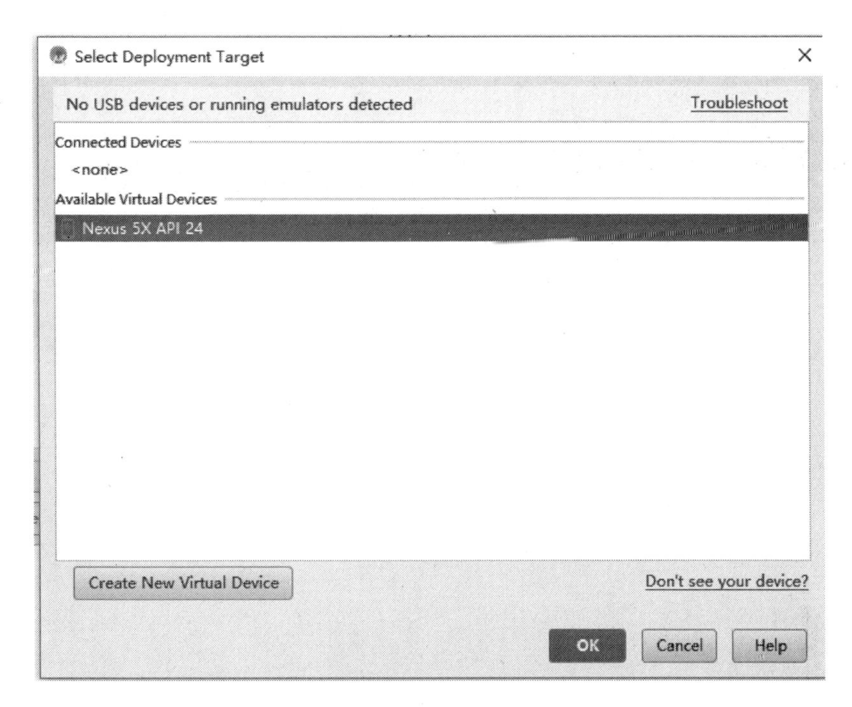

图 4-29　选择程序运行设备界面

(1) 开启虚拟化技术后，安装 VirtualBox 工具，本书采用 VirtualBox 5.0.14 版本。右击安装文件，以管理员身份运行，运行界面如图 4-30 所示。

图 4-30　VirtualBox 安装界面

(2) VirtualBox 安装完成后，开始安装 Genymotion，从官网上下载 Genymotion 的安装程序 genymotion-2.11.0.exe，下载安装程序时需要在网站上注册。安装完成后，根据设备型号创建 virtual devices，并运行虚拟设备，如图 4-31 所示。

(3) 运行 Genymotion 之后运行 VirtualBox，如图 4-32 所示。

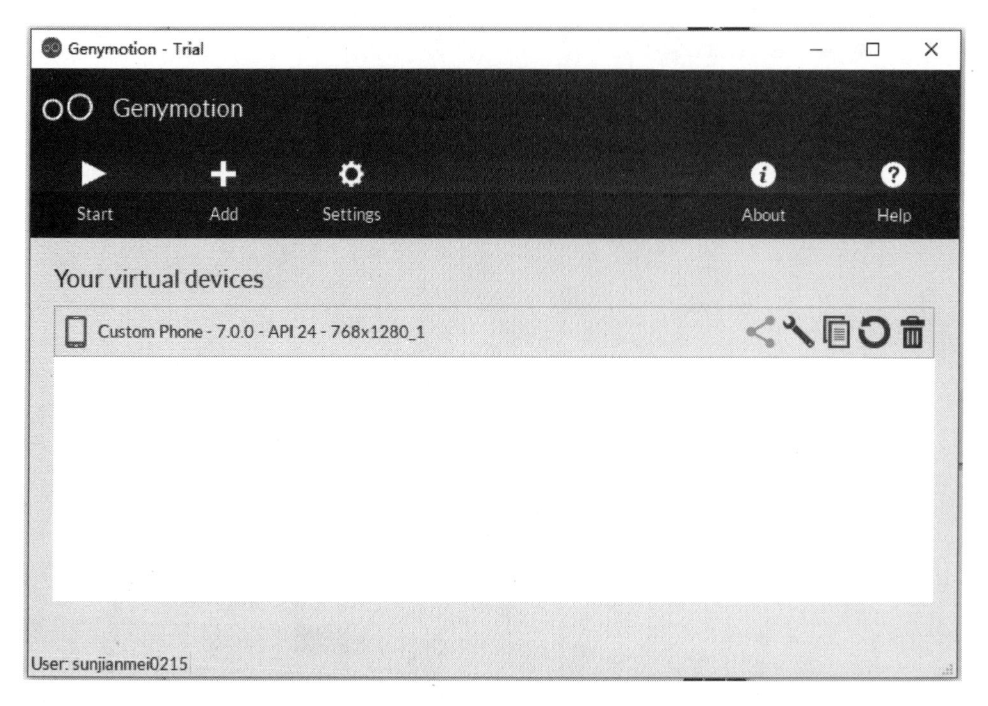

图 4-31 Genymotion 配置界面

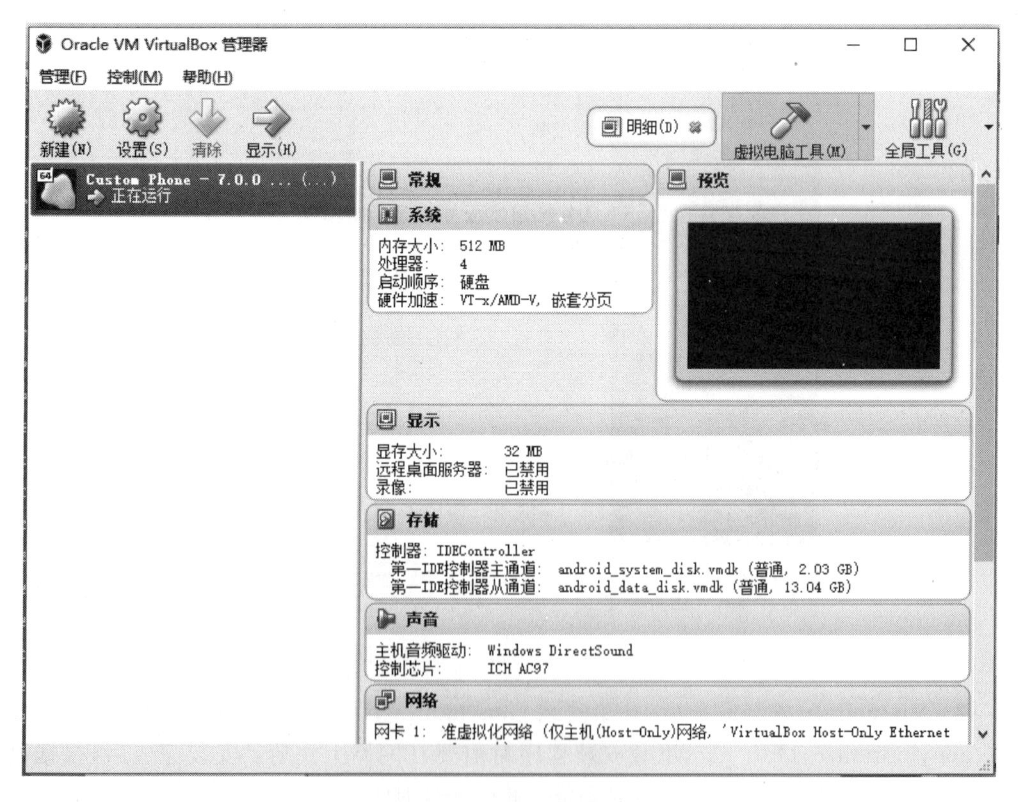

图 4-32 VirtualBox 管理器

（4）启动 Genymotion 虚拟设备，如图 4-33 所示。

图 4-33　Genymotion 运行界面

（5）Genymotion 虚拟设备启动后，在 Android Studio 应用程序运行时，选择菜单 Run|Run'app'，出现选择运行设备的窗体，会有 Genymotion 设备的选择选项，选择 Connected Devices 为 Genymotion 的虚拟设备，如图 4-34 所示。

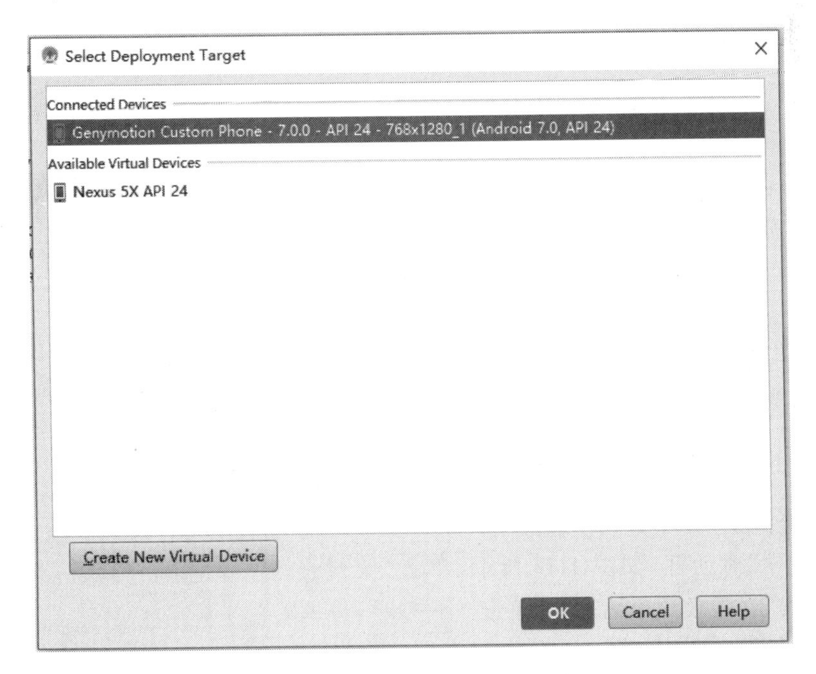

图 4-34　选择 Genymotion 虚拟设备

(6) 单击 OK 按钮后，应用程序会在 Genymotion 虚拟设备上运行，效果如图 4-35 所示。至此，Android 环境搭建完成。

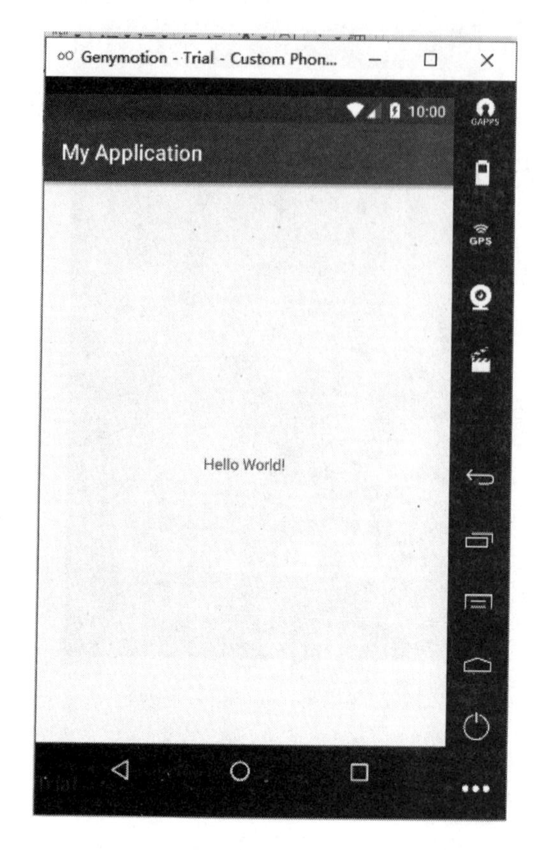

图 4-35　Android 应用程序在 Genymotion 上的运行界面

4.1.3　实验平台驱动安装

4.1.2 节中已经介绍了宿主机上 Android 环境的配置过程，而开发好的 Android 应用程序最终是需要放到目标机上运行的，所以本节介绍目标机连接宿主机驱动程序的安装过程。

(1) 打开目标机硬件平台，进入 Android 系统，插入 MiniUSB 线与宿主机相连。

(2) 在宿主机上，右击“我的电脑”，选择“属性”|“设备管理器”，打开“设备管理器”，如图 4-36 所示。

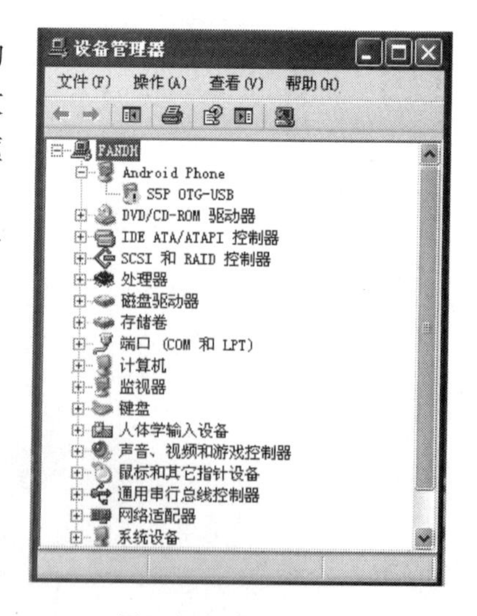

图 4-36　设备管理器

(3) 右击 S5P OTG-USB，选择“安装驱动”，出现“硬件更新向导”对话框，如图 4-37 所示，单击“从列表或指定位置安装(高级)”单选按钮，单击“下一步”，进入图 4-38 所示界面。

（4）在图4-38中单击“浏览”按钮，在Android SDK安装路径中选择USB驱动程序的路径，这里选择“..\Android\android-sdk-windows\extras\google\usb_driver”（以用户实际SDK安装解压路径为准），然后单击“下一步”按钮进行安装，进入图4-39所示界面。

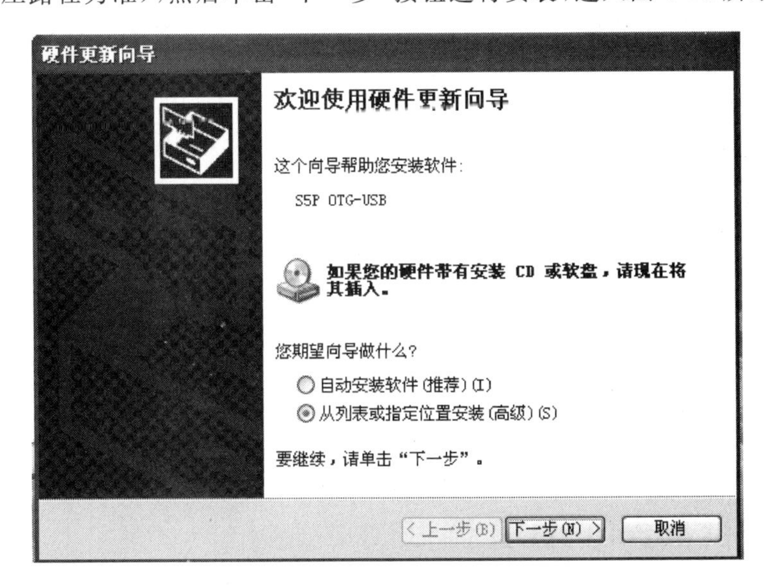

图4-37　安装ADB驱动1

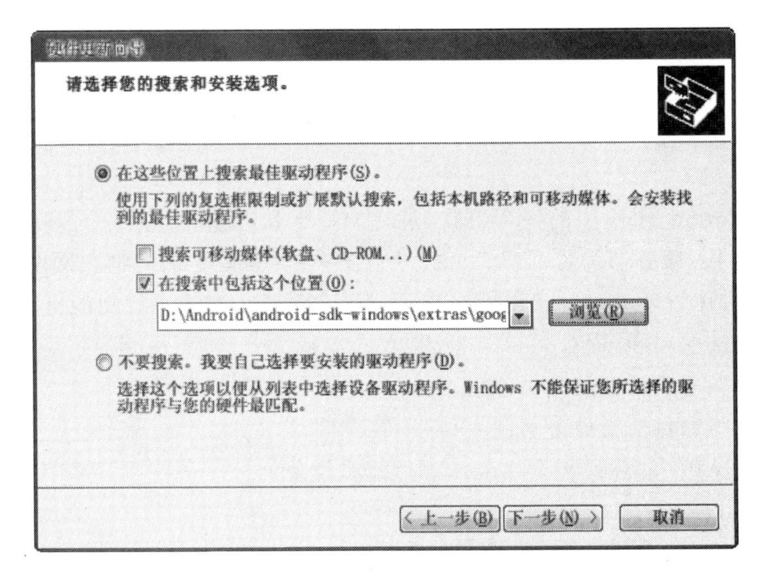

图4-38　安装ADB驱动2

（5）在图4-39中单击“完成”按钮，完成驱动程序的安装。

（6）再次打开设备管理器，如图4-40所示，可以显示Android Composite ADB Interface设备，表明目标机驱动安装成功。

如果在安装目标机设备驱动程序过程中出现问题，不能正确安装驱动程序，可以借助第三方驱动软件，如驱动精灵等。

图 4-39 安装 ADB 驱动 3

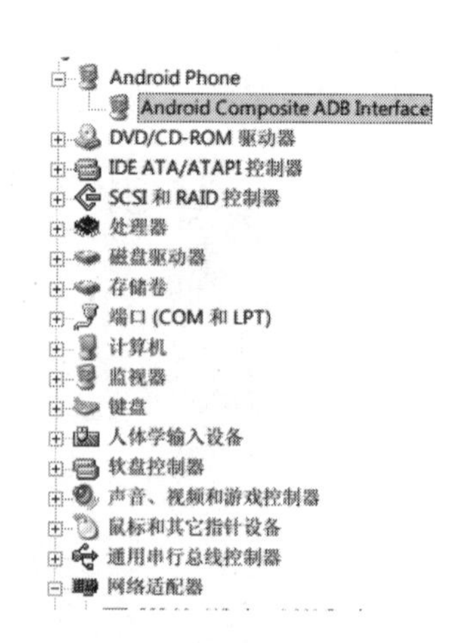

图 4-40 目标机设备加载成功显示界面

4.2 基于 Android ADB 调试

宿主机 Android 开发环境搭建好后，本节介绍基于 Android ADB 调试工具的使用，以方便用户对应程序的调试。

ADB 的全称为 Android Debug Bridge，就是起到调试桥的作用。借助 ADB，我们可以在 Eclipse 或 Android Studio 中通过 DDMS 来调试 Android 程序。所以，实际上就是 Debug 工具。

ADB 是 Android SDK 中的一个工具，是一个基于客户端/服务器的程序，其中，客户端可以理解为宿主机，服务器为目标机 Android 设备，在此就是赛佰特物联网网关平台。使用 ADB 可以直接操作管理 Android 模拟器或 Android 设备。它的主要功能有：

（1）运行设备的 shell 命令。

（2）管理模拟器或设备的端口映射。

（3）在宿主机和目标机设备之间上传/下载文件。

（4）将本地 APK 软件安装至 Android 目标机设备。

视频讲解

4.2.1 ADB 环境配置及测试

首先需要将 ADB 命令所在的路径添加到 Path 环境变量中。右击“我的电脑”，选择“属性”|“高级系统设置”|“环境变量”选项。在“系统变量”中找到 Path 环境变量，双击它，在变量值后面追加内容“E:\Android-Sdk\platform-tools;”(以用户实际 SDK 安装路径为准)，注意后面有一个分号，如图 4-41 所示。

单击“确定”按钮完成环境变量设置。通过 cmd.exe 启动 DOS 窗口，输入“adb”后按回车键，显示如图 4-42 所示界面，说明环境变量设置成功。

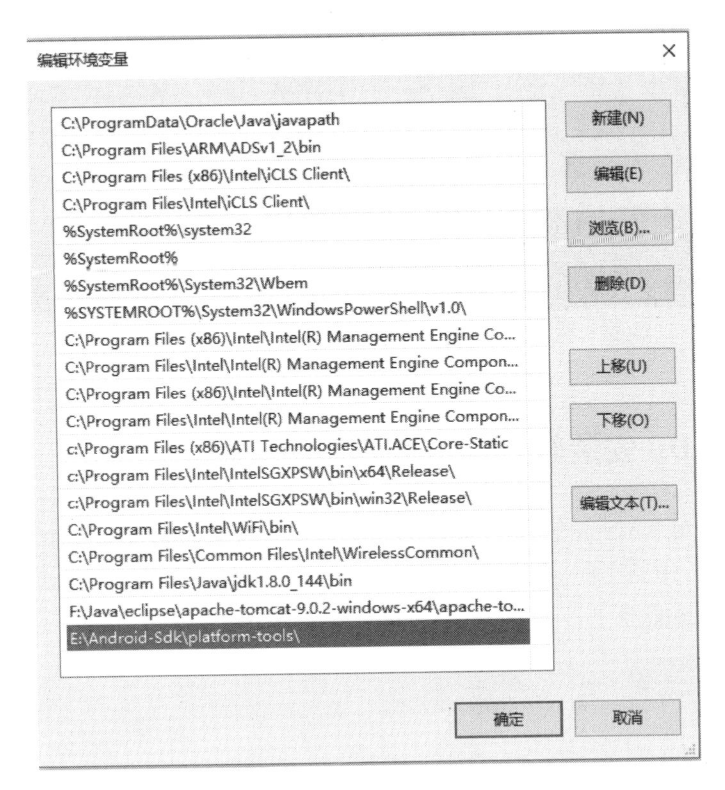

图 4-41　配置 ADB 环境变量

```
C:\WINDOWS\system32\cmd.exe
Microsoft Windows [版本 10.0.15063]
(c) 2017 Microsoft Corporation。保留所有权利。

C:\Users\dell>adb
Android Debug Bridge version 1.0.39
Version 27.0.0-4455170
Installed as E:\Android-Sdk\platform-tools\adb.exe

global options:
 -a         listen on all network interfaces, not just localhost
 -d         use USB device (error if multiple devices connected)
 -e         use TCP/IP device (error if multiple TCP/IP devices available)
 -s SERIAL  use device with given serial (overrides $ANDROID_SERIAL)
 -t ID      use device with given transport id
 -H         name of adb server host [default=localhost]
 -P         port of adb server [default=5037]
 -L SOCKET  listen on given socket for adb server [default=tcp:localhost:5037]

general commands:
 devices [-l]             list connected devices (-l for long output)
 help                     show this help message
 version                  show version num

networking:
 connect HOST[:PORT]      connect to a device via TCP/IP [default port=5555]
 disconnect [HOST[:PORT]]
     disconnect from given TCP/IP device [default port=5555], or all
 forward --list           list all forward socket connections
 forward [--no-rebind] LOCAL REMOTE
     forward socket connection using:
```

图 4-42　ADB 命令行显示

用 miniUSB 线将目标机和宿主机连接后，输入以下命令，查看设备连接状态：

```
> adb devices
```

显示如图 4-43 所示信息，表示成功连接到目标机 Android 平台设备。

```
C:\Documents and Settings\Administrator>adb devices
List of devices attached
SuperIOT4Android        device
```

图 4-43　查看已连接 ADB 设备

4.2.2　ADB 安装软件

视频讲解

在宿主机下，用 Android Studio 创建一个实现输出简单问候语的功能程序，编译之后生成 APK 文件，并复制到某一具体目录下，例如将 hello.apk 文件复制到 D:\hello 目录下。在 DOS 窗口输入以下命令进行安装：

```
> adb install D:\hello\hello.apk
```

DOS 窗口如图 4-44 所示。

```
C:\Documents and Settings\Administrator>adb install D:\hello\hello.apk
1130 KB/s (832051 bytes in 0.718s)
        pkg: /data/local/tmp/hello.apk
Success
```

图 4-44　ADB 命令行安装 APK 程序

查看目标机 Android 平台，找到 hello 应用程序，如图 4-45 所示。

图 4-45　hello 程序

双击 hello 应用程序，运行结果如图 4-46 所示。

图 4-46　hello 程序运行结果界面

4.2.3　ADB 传输文件

确保目标机用 miniUSB 线与宿主机连接，启动目标机采用 xshell 串口终端软件进入到 Android 系统。进入 Android 系统根目录，输入“su”命令获取 root 权限。

将根目录挂载成读写权限，输入如下命令：

```
#mount  -o  remount  , rw  /
```

新建文件夹 source，并用 ls 命令查看，如图 4-47 所示。

```
#  mkdir  source
#  ls
```

以上传 D:\hello\hello.apk 程序为例，在宿主机 DOS 窗口中输入以下命令进行传输，操作界面如图 4-48 所示。

```
>adb  push  D:\hello\hello.apk  source
>  adb  shell
#  cd  source
#  ls
```

文件上传成功，即可在 Android 系统相应目录下看到传输的文件。

ADB 功能非常强大，除了安装软件、调试、向目标机上传文件等，读者可以在 DOS 窗口

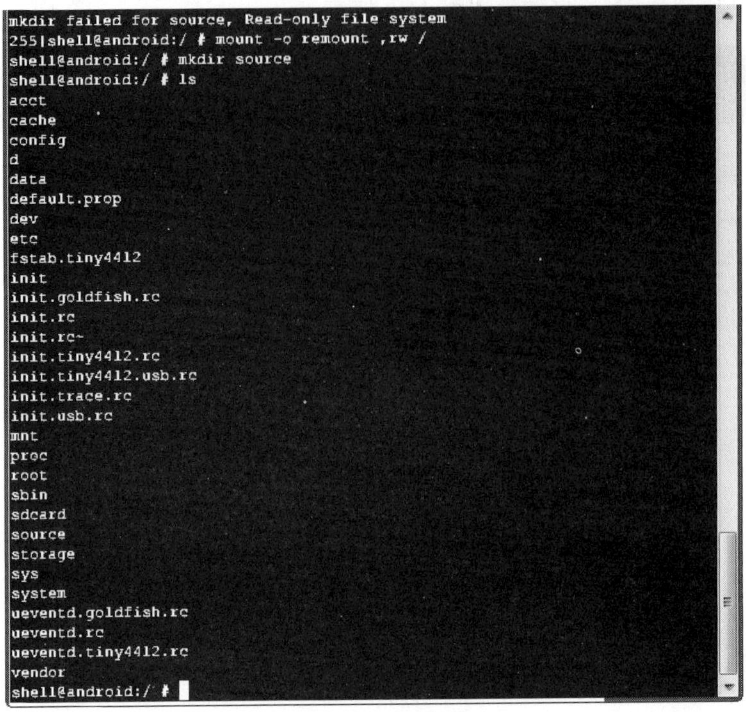

```
mkdir failed for source, Read-only file system
255|shell@android:/ # mount -o remount ,rw /
shell@android:/ # mkdir source
shell@android:/ # ls
acct
cache
config
d
data
default.prop
dev
etc
fstab.tiny4412
init
init.goldfish.rc
init.rc
init.rc~
init.tiny4412.rc
init.tiny4412.usb.rc
init.trace.rc
init.usb.rc
mnt
proc
root
sbin
sdcard
source
storage
sys
system
ueventd.goldfish.rc
ueventd.rc
ueventd.tiny4412.rc
vendor
shell@android:/ #
```

图 4-47 创建 source 文件夹

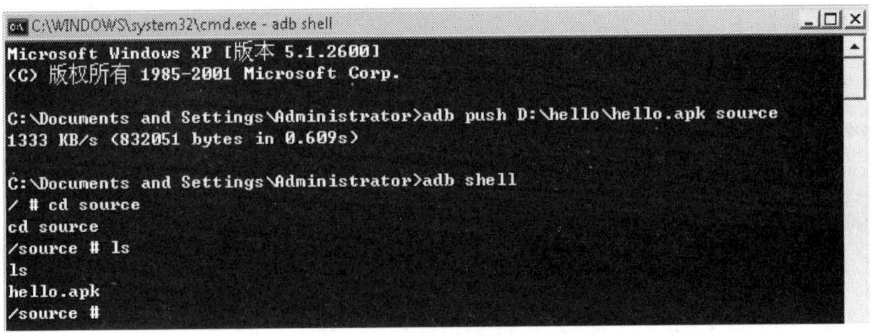

```
C:\WINDOWS\system32\cmd.exe - adb shell
Microsoft Windows XP [版本 5.1.2600]
(C) 版权所有 1985-2001 Microsoft Corp.

C:\Documents and Settings\Administrator>adb push D:\hello\hello.apk source
1333 KB/s (832051 bytes in 0.609s)

C:\Documents and Settings\Administrator>adb shell
/ # cd source
cd source
/source # ls
ls
hello.apk
/source #
```

图 4-48 ADB 命令传输文件操作

输入"adb"查看相关命令来学习 ADB 的其他应用。

4.3 板载 LED 的应用

本节介绍基于目标机 Android 平台，实现对板载 LED 控制的一个应用程序。功能为：在 APP 界面上控制目标机平台上板载的 LED 灯的开关，LED 灯能够根据开关命令进行实时的亮灭。

新建工程 LEDTest，选择 SDK 的版本为 API 17。在工程中放入两张图片 ledon.png 和 ledoff.png，如图 4-49 所示。

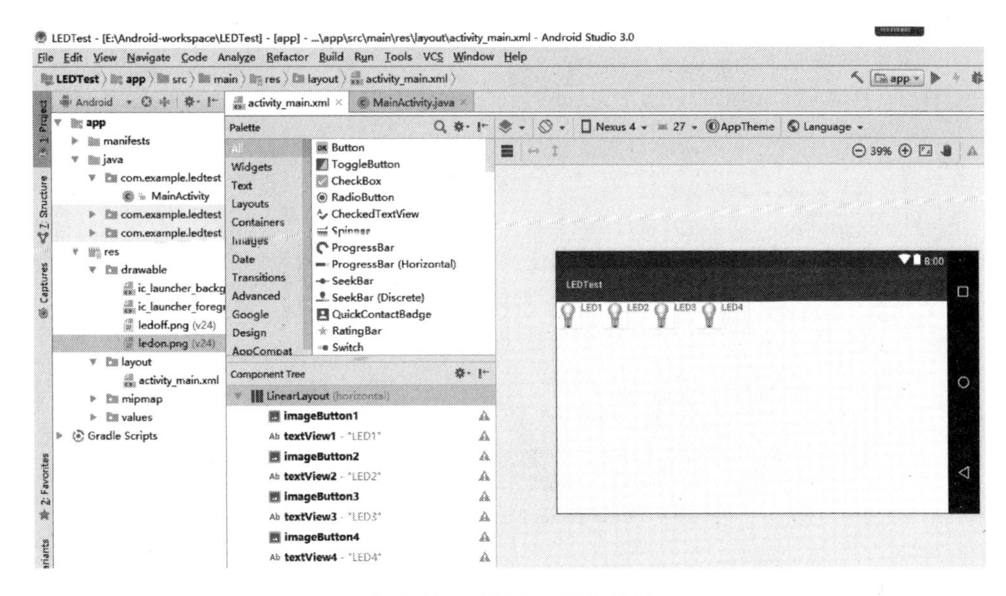

图 4-49　LEDTest 工程界面

双击 layout 目录下的 activity_main. xml 文件，设置页面布局如图 4-50 所示，参考代码如下：

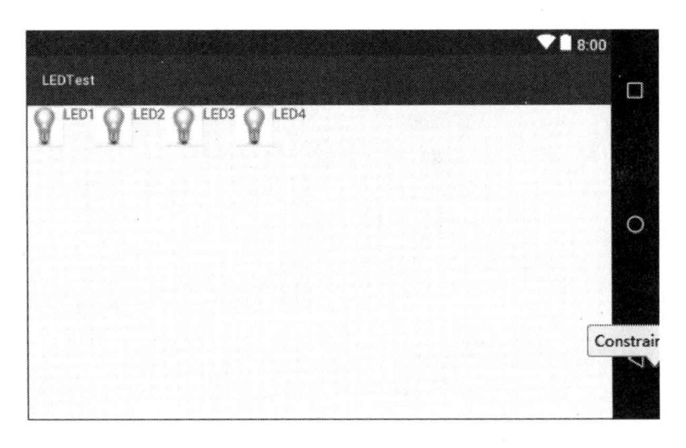

图 4-50　LEDTest 工程 UI 界面图

【程序】　LED 布局文件：activity_main. xml。

```
<?xml version="1.0" encoding="utf-8"?>
<LinearLayout xmlns:android="http://schemas.android.com/apk/res/android"
    xmlns:app="http://schemas.android.com/apk/res-auto"
    xmlns:tools="http://schemas.android.com/tools"
    android:layout_width="match_parent"
    android:layout_height="match_parent"
    tools:context="com.example.ledtest.MainActivity">

<ImageButton
    android:background="#00000000"
    android:src="@drawable/ledoff"
```

```
        android:layout_height = "wrap_content"
        android:id = "@ + id/imageButton1"
        android:layout_width = "wrap_content">
    </ImageButton>
    <TextView
            android:text = "LED1"
            android:id = "@ + id/textView1"
            android:layout_width = "wrap_content"
            android:layout_height = "wrap_content">
    </TextView>
    <ImageButton
            android:background = " #00000000"
            android:src = "@drawable/ledoff"
            android:layout_height = "wrap_content"
            android:id = "@ + id/imageButton2"
            android:layout_width = "wrap_content">
    </ImageButton>
    <TextView
            android:text = "LED2"
            android:id = "@ + id/textView2"
            android:layout_width = "wrap_content"
            android:layout_height = "wrap_content">
    </TextView>
    <ImageButton
            android:background = " #00000000"
            android:src = "@drawable/ledoff"
            android:layout_height = "wrap_content"
            android:id = "@ + id/imageButton3"
            android:layout_width = "wrap_content">
    </ImageButton>
    <TextView
            android:text = "LED3"
            android:id = "@ + id/textView3"
            android:layout_width = "wrap_content"
            android:layout_height = "wrap_content">
    </TextView>
    <ImageButton
            android:background = " #00000000"
            android:src = "@drawable/ledoff"
            android:layout_height = "wrap_content"
            android:id = "@ + id/imageButton4"
            android:layout_width = "wrap_content">
    </ImageButton>
    <TextView
            android:text = "LED4"
            android:id = "@ + id/textView4"
            android:layout_width = "wrap_content"
            android:layout_height = "wrap_content">
    </TextView>
    </LinearLayout>
```

LED 灯的亮灭是通过调用下层函数接口来实现的。接口为：

```
int setLedState(int  ledID, int  ledState)
```

其中，ledID 是指定要开关哪一个 LED（取值 0～3），ledState 为 1 表示亮，0 表示灭。返回值：成功返回 0，失败返回－1。

该接口函数定义在 LedService. java 文件中。Package 为 com. cbtService. AndroidSDK，因为与中间层库的函数有映射，所以文件名及包名不能随意地更改，如图 4-51 所示。

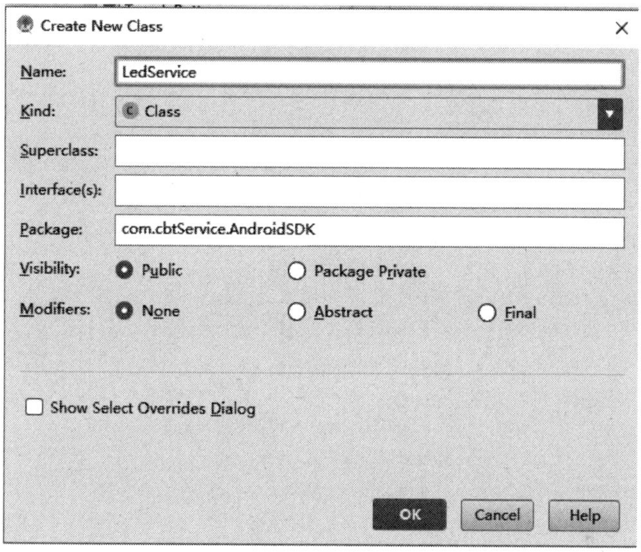

图 4-51　LEDService 类创建过程

LEDService. java 文件的参考代码如下：

```
public class LedService {
    static {
        Log.i("Java Service","Load Native Service LIB");
        System.loadLibrary("led_runtime");     //UI 界面调用下层的函数库 led_runtime
    }
    public LedService(){                       // 硬件接口初始化用的
        _init();
        }
    public static native int _setLedState(int ledID, int ledState);
//调用的函数接口 setLedState ,ledID 为 0、1、2、3,
//分别代表 LED1、LED2、LED3、LED4;
//ledState 为 0 和 1,其中,0 表示 LED 灭,1 表示亮
    public static native boolean _init();
```

打开 LEDTest 工程 src 目录下的 LEDTest. java 文件，编辑代码实现控制 LED 灯的亮灭。参考代码如下：

【程序】 控制 LED：LEDTest.java。

```
package com.example.ledtest;
import android.support.v7.app.AppCompatActivity;
import android.os.Bundle;
import android.view.View;
import android.widget.ImageButton;
import com.cbtService.AndroidSDK.LedService;

public class MainActivity extends AppCompatActivity {
    LedService led_src;                  //定义一个新的调用函数类,为下一步调用函数做准备
    ImageButton btn1,btn2,btn3,btn4;     //定义 4 个新的图片按钮
    static boolean iflag1 = true;        //定义 4 个 false 的布尔类型参数
    static boolean iflag2 = true;
    static boolean iflag3 = true;
    static boolean iflag4 = true;
    @Override
    protected void onCreate(Bundle savedInstanceState) {
        super.onCreate(savedInstanceState);
        setContentView(R.layout.activity_main);
        led_src = new LedService();      //声明 led_src 为新的函数调用接口
        btn1 = (ImageButton)this.findViewById(R.id.imageButton1);
        btn2 = (ImageButton)this.findViewById(R.id.imageButton2);
        btn3 = (ImageButton)this.findViewById(R.id.imageButton3);
        btn4 = (ImageButton)this.findViewById(R.id.imageButton4);
        this.btn1.setOnClickListener(new MyClick());
        this.btn2.setOnClickListener(new MyClick());
        this.btn3.setOnClickListener(new MyClick());
        this.btn4.setOnClickListener(new MyClick());
        btn1.setImageResource(R.drawable.ledoff);
    }
    class MyClick implements View.OnClickListener {
        @Override
        public void onClick(View v) {
            if(btn1.equals(v))           // 判断 btn1 与 Android UI 界面的按钮触发是否相等
            {
                if(iflag1)               //iflag1 在 false 与 true 之间改变
                {
                    led_src._setLedState(0, 1);                  //调用函数,传递参数
                    btn1.setImageResource(R.drawable.ledon);  //设置按钮的图片
                    iflag1 = false;
                }else
                {
                    led_src._setLedState(0, 0);
                    btn1.setImageResource(R.drawable.ledoff);
                    iflag1 = true;
                }
            }
            if(btn2.equals(v))
            {
```

```
                if(iflag2)
                {
                    led_src._setLedState(1, 1);
                    btn2.setImageResource(R.drawable.ledon);
                    iflag2 = false;
                }else
                {
                    led_src._setLedState(1, 0);
                    btn2.setImageResource(R.drawable.ledoff);
                    iflag2 = true;
                }
            }
            if(btn3.equals(v))
            {
                if(iflag3)
                {
                    led_src._setLedState(2, 1);
                    btn3.setImageResource(R.drawable.ledon);
                    iflag3 = false;
                }else
                {
                    led_src._setLedState(2, 0);
                    btn3.setImageResource(R.drawable.ledoff);
                    iflag3 = true;
                }
            }
            if(btn4.equals(v))
            {
                if(iflag4)
                {
                    led_src._setLedState(3, 1);
                    btn4.setImageResource(R.drawable.ledon);
                    iflag4 = false;
                }else
                {
                    led_src._setLedState(3, 0);
                    btn4.setImageResource(R.drawable.ledoff);
                    iflag4 = true;
                }
            }
        }
    }
}
```

在目标机 Android 平台上测试 LED 应用程序，测试结果如图 4-52 所示。

单击相应图标，界面的图标会发生变化，并且目标机上相应的 LED 灯会亮，如图 4-53 所示。

目标机上的 LED 显示效果如图 4-54 所示。

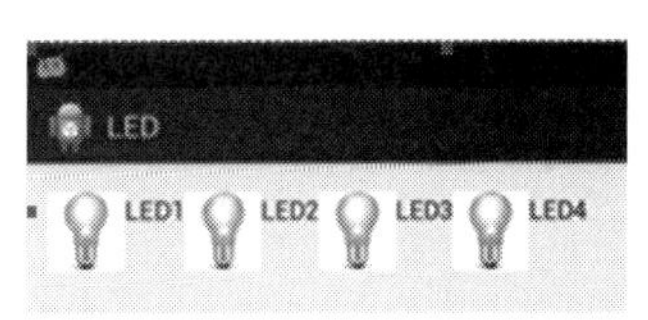

图 4-52　LETTest 工程运行界面 1

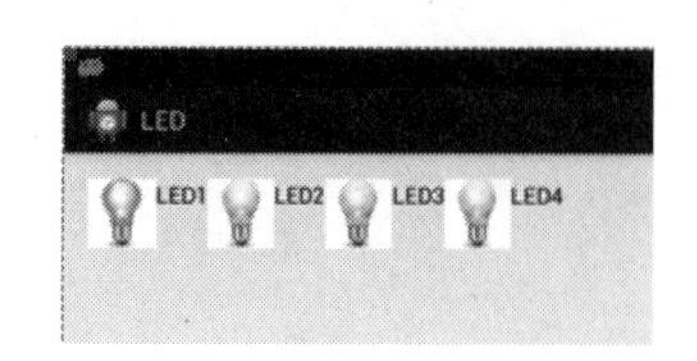

图 4-53 LETTest 工程运行界面 2

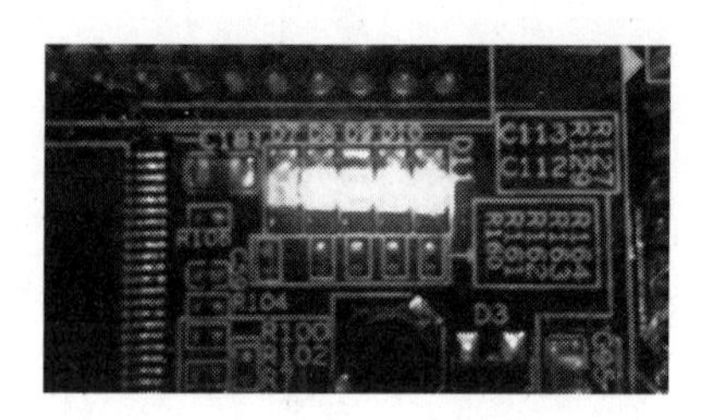

图 4-54 LED 显示效果界面

习题 4

1. 学习 ADB 的其他命令,实现从目标机上下载文件到本地的宿主机。

2. 下载安装 Genymotion 的最新版,并能够在 Android Studio 中加入 Genymotion 的插件,在 Android Studio 中直接启动 Genymotion。

第 5 章 CHAPTER 5 典型物联网系统项目实施方案

为了让读者清晰地了解一个物联网系统的构成及实现过程，从本章开始，以一个典型的物联网项目为例，带领大家逐步学习一个物联网系统的搭建、设计、实施和部署。

基于第 3、4 章介绍的基于 ARM 微处理器的全功能物联网教学实验平台，运用传感器、ZigBee、Android、数据库等技术，本书第 5 章到第 8 章将介绍集物联网网关、Web 服务器、移动终端 3 个子系统为一体的物联网项目——智能教室管理系统的构建和实现。

本章将介绍智能教室管理系统的体系结构、功能需求、数据库设计和通信接口的设计等。

5.1 智能教室管理系统体系结构

智能教室管理系统是集数据库、Web 应用、Android 移动开发、ZigBee、传感器、嵌入式等多种技术于一体的物联网系统。通过本系统，学校老师、学生、管理人员等用户可通过多种方式实现对信息的查看、管理、控制等操作。本系统具有较好的实用性与扩展性。本系统的体系结构如图 5-1 所示。

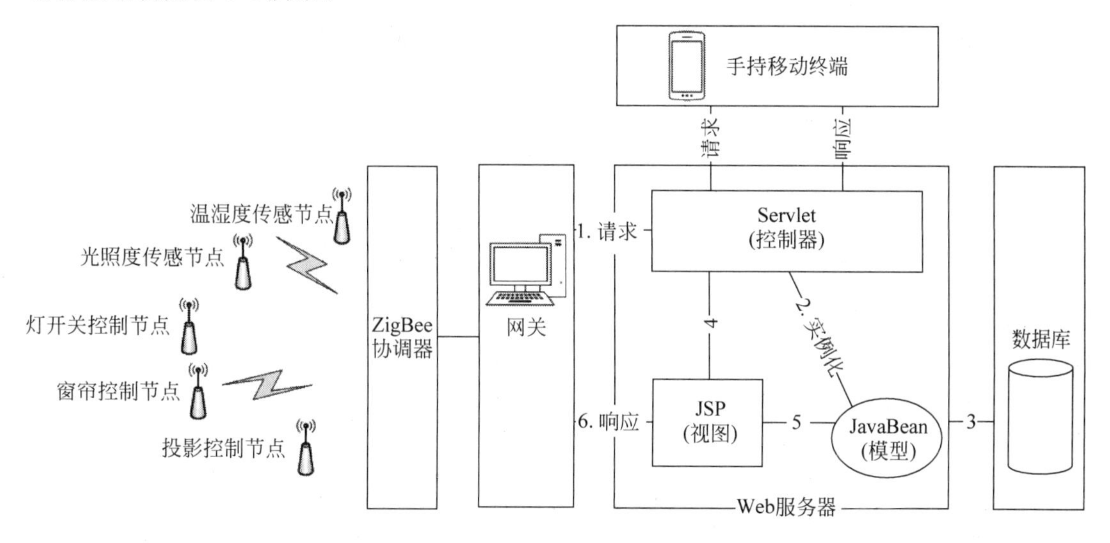

图 5-1 智能教室管理系统体系结构图

本系统中涉及的网关、传感器、ZigBee节点等硬件设备由前面章节所介绍的北京赛佰特科技有限公司开发的全功能物联网教学科研平台提供。

5.2 信息感知端

智能教室管理系统涉及的温湿度、烟雾、人体检测、设备状态、RFID等信息由部署在教室内的相关传感器感知，并通过ZigBee网络汇集后传送给教室的物联网网关设备。具体功能描述如表5-1所示。

表5-1 信息感知端功能描述

模块编号	模块名称	功能描述	类型
1	RFID读卡器	读取RFID射频卡，实现学生考勤	主节点
2	ZigBee协调器	与ZigBee节点和网关进行通信	主节点
3	温湿度传感器	获取环境温湿度数据	传感器
4	烟雾传感器	获取环境烟雾数据	传感器
5	人体检测传感器	检测范围内是否有人	传感器
6	继电器	控制设备开关	执行器

主节点类型为模块直接通过串口和网关设备相连，传感器和执行器类型为ZigBee节点。传感器和执行器部署在ZigBee节点上，与之进行通信，然后传感器和执行器节点与ZigBee协调器构成ZigBee网络，与网关实现信息的交互。

5.3 物联网网关

物联网网关可以实现感知网络与通信网络，以及不同类型感知网络之间的协议转换，同时可实现数据的中转，并可以有管理底层的各感知节点，获取各节点的相关信息，并实现远程控制的功能。

在智能教室管理系统中，学校的每一间教室或每一个门禁间都配备有相应的嵌入式终端，也就是物联网网关。物联网网关主要的业务功能如表5-2所示。

表5-2 物联网网关业务功能描述

功能编号	功能名称	功能描述
1	RFID信息识别	学生上课刷卡，记录出勤信息；教师RFID登录系统
2	教室环境监测	通过传感器采集环境数据，并在终端显示
3	教室设备控制	提供设备控制接口，可对教室内设备进行控制
4	与Web服务器通信	把教室信息传送至Web服务器，并接收Web服务器的控制命令

物联网网关的具体功能如下：

（1）登录模块。设定不同用户登录。

（2）手动控制。可以手动控制教室中的设备。

(3) 自动控制。定时自动控制教室中的设备,如灯光、投影、空调等。可根据设定的温度和传感器监测到的当前环境温度自动开启或关闭空调,并可将控制信息发送给客户端。

(4) 传感器信息显示模块。获取教室中的温湿度、人体检测、烟雾等信息并显示,并能够发送至 Web 服务器存到数据库中。

(5) 考勤模块。能够对学生用户进行 RFID 自动考勤,并对信息进行管理,摆脱传统的上课老师点名的模式。

(6) 报警模块。当教室出现特殊情况时,可以通过 GPRS 或 WiFi 将相关的信息发送给客户端管理员用户,同时网关的报警设备也会启动。

网关系统硬件环境配置为:ARM Cortex A9,RFID 读卡器,ZigBee 节点,ZigBee 协调器,WiFi 模块,各种传感器节点。软件环境为:Android 4.0,SQLite 3 数据库。

5.4 Web 服务器

智能教室管理系统中的 Web 服务器是核心子系统,Web 服务器可实现对系统中涉及的数据进行处理,和网络数据库进行交互,同时提供和网关子系统和移动终端子系统进行信息交互的接口,还可以对用户等基本信息进行管理等。Web 服务器的基本模块功能如表 5-3 所示。

表 5-3　Web 服务器的基本模块功能

功能编号	功能名称	功能描述
1	服务器运行	启动服务器的基础服务
2	应用部署	运行应用,开放应用功能和数据接口
3	数据库管理	使用 DBMS 对系统数据库进行底层管理

Web 服务器的具体功能如下:

(1) 连接数据库服务器,对人员、教室传感器、设备等信息进行存储管理。

(2) 提供教室网关及移动终端远程用户登录验证的接口。

(3) 提供教室网关传感器信息向上传送的接口。

(4) 提供移动终端远程控制教室设备的接口。

(5) 提供移动终端查看传感器信息的接口。

(6) 提供移动终端查看教室设备状态的接口。

(7) 对教室网关及移动终端用户信息进行管理。

本系统中 Web 服务器的软件环境配置为:JDK1.8,Web 服务器 Tomcat9.0,数据库 MySQL5.7。

5.5 移动终端

本系统中移动终端可供用户随时随地对系统网络资源信息进行查看和控制。学生用户可以通过移动终端登录系统、查询个人信息、出勤信息等。管理员用户可以通过移动终端远程控制教室设备、获取教室环境信息等。移动终端业务功能如表 5-4 所示。

表 5-4 Android 移动终端业务功能

功能编号	功能名称	功能描述
1	登录系统	使用用户名和密码登入系统
2	个人信息查询	查询个人信息、出勤信息等
3	控制设备	远程自动和手动控制教室的灯、窗帘等设备
4	报警提示	接收教室网关所传递过来的异常报警信息

移动终端的具体功能如下：

(1) 登录系统。

(2) 查询学生个人信息、出勤信息等。

(3) 实时显示教室的温湿度、人体检测、烟雾等信息。

(4) 实现远程自动和手动控制教室的灯、窗帘等设备。

(5) 实时接收教室网关所传递过来的异常报警信息。

(6) 以图表可视化的形式显示各类信息。

(7) 人员定位模块。通过 GPS 或 WiFi 定位，获取位置信息。

本系统中的移动终端程序基于 Android 系统开发。

5.6 数据库设计

智能教室管理系统中涉及的信息数据有用户信息、传感器信息、设备信息、学生考勤信息等。因此本系统中可设计 5 个数据库表，分别为用户信息表、考勤信息表、RFID 卡信息表、传感器信息表和教室执行器信息表。表 5-5～表 5-9 分别为各个数据表的详细说明。本系统数据库采用 MySQL 5.7。

表 5-5 用户信息表[user]

字段	数据类型	约束	释义
u_id	varchar(20)	[pk]	登录用户名
u_pass	varchar(20)	not null	用户登录密码
u_name	varchar(12)	not null	用户姓名
u_depart	varchar(15)		系部
u_major	varchar(15)		专业
u_class	varchar(10)		班级
u_phone	varchar(15)		联系电话
u_type	int	not null	用户类型 (0=管理员,1=教师,2=学生)

表 5-6 考勤信息表[attend]

字段	数据类型	约束	释 义
a_id	int	[pk]	记录编号
u_id	varchar(20)	[fk]	用户名(外键,参考自用户表 user. u_id)
u_name	varchar(10)	not null	用户姓名
a_status	int	not null	出勤状态
a_time	datetime	not null	考勤记录时间
a_comment	varchar(40)		备注信息

表 5-7 RFID 卡信息表[card]

字段	数据类型	约束	释 义
card_id	varchar(8)	[pk]	RFID 卡号(4 个字节)
u_id	varchar(20)	[pk] [fk]	用户名(外键,参考自用户表 user. u_id)

表 5-8 传感器信息表[sensor]

字段	数据类型	约束	释 义
s_id	int	[pk]	记录编号
s_temp	varchar(10)		温度值
s_hum	varchar(10)		湿度值
s_body	varchar(10)		人体检测信息
s_gas	varchar(10)		烟雾信息
s_time	datetime		记录时间

表 5-9 执行器信息表[actuator]

字段	数据类型	约束	释 义
a_type	varchar(4)	[pk]	执行器类型
a_status	varchar(4)		执行器状态
a_time	datetime		记录时间

5.7 通信接口设计

本系统中感知端、网关、Web 服务器、移动终端之间要进行通信,通信的双方要设定接口协议。本节介绍本系统中各个部分的通信协议及接口标准。

1. 传感器通信协议

传感器信息由微处理器采集处理后经过串口发送给 ZigBee 节点,设置波特率为 115 200bps,数据位 8,停止位 1,无校验位。统一设定传感器发送串口数据包一帧数据为 14 个字节。传感器通信协议的具体格式如表 5-10 所示。

表 5-10 传感器的协议格式

SOF	Sensor Type	Sensor Index	Cmd ID	Data	Extend Data	END
2B	1B	1B	1B	6B	2B	1B

传感器一帧数据中各个字节的说明如表 5-11 所示。

表 5-11 传感器一帧数据格式的说明

协议字段名称	说 明
SOF	固定为 0xEE 0xCC,标志一帧的开始
Sensor Type	传感器类型编号,如表 5-12 所示
Sensor Index	固定为 0x01
Cmd ID	固定为 0x01
Data	6Byte 传感器输出数据,如表 5-12 所示
Extend Data	为 2B 扩展数据域
END	固定为 0xFF,标志一帧数据的结束

为了在协议中区分传感器的类型,对本系统中所用到的传感器进行了类型编号,具体如表 5-12 所示。

表 5-12 传感器信息说明

传感器名称	传感器类型编号(Sensor type)	传感器输出数据(Data:6Byte)
光照传感器	0x02	00 00 00 00 00 00: 无光照 00 00 00 00 00 01: 有光照
人体检测传感器	0x07	00 00 00 00 00 00: 无人 00 00 00 00 00 01: 有人
温湿度传感器	0x0A	00 00 HH HL TH TL
烟雾传感器	0x0B	00 00 00 00 00 00: 无烟雾 00 00 00 00 00 01: 有烟雾
声光报警模块	0x0E	00 00 00 00 00 00: 关闭 00 00 00 00 00 01: 打开
继电器模块	0x0F	00 00 00 00 00 00: 关闭 00 00 00 00 00 01: 打开
风扇模块	0x12	00 00 00 00 00 00: 关闭 00 00 00 00 00 01: 打开 00 00 00 00 00 02: 快速
红外转发	0xFF	00 00 00 00 00 40: 投影开关 00 00 00 00 00 50: 空调开关 00 00 00 00 00 60: 电视开关 00 00 00 00 00 90: 红外窗帘开 00 00 00 00 00 91: 红外窗帘停 00 00 00 00 00 92: 红外窗帘关

2. ZigBee 数据通信协议

本系统感知端通过 ZigBee 网络对传感器信息进行组网，ZigBee 协调器接收到节点信息后通过串口将数据发送给网关。本系统中设置串口通信波特率为 115 200bps。为方便传感器信息的标识，更方便对信息的获取与处理，设置一帧 ZigBee 数据为 26 个字节，具体格式如表 5-13 所示。

表 5-13　ZigBee 一帧数据格式

协议字段类型及名称	说　明
u8 DataHeadH	包头 0xEE
u8 DataDeadL	包头 0xCC
u8 NetID	所属网络标识 01(ZigBee) 02(IPv6)03(WiFi)04(Bluetooth)05(RFID)
u8 NodeAddress[4]	节点网络地址
u8 FamilyAddress[4]	根节点网络地址
u8 NodeState	节点状态(0:掉线; 1:在线)
u8 NodeChannel	ZigBee 物理信道
u8 ConnectPort	ZigBee ENDPOINT ID
u8 SensorType	传感器类型(见表 5-12)
u8 SensorID	相同类型传感器 ID
u8 SensorCMD	传感器命令序号
u8 Sensordata1	节点数据 1
u8 Sensordata2	节点数据 2
u8 Sensordata3	节点数据 3
u8 Sensordata4	节点数据 4
u8 Sensordata5	节点数据 5
u8 Sensordata6	节点数据 6
u8 DataResv1	保留字节 1
u8 DataResv2	保留字节 2
u8 DataEnd	节点包尾 0xFF

3. RFID 通信协议

本系统在网关的外围直接设计一个通过串口和网关进行通信的 RFID 读卡器，RFID 读卡器可以识别卡片以实现教师登录、学生考勤等功能。串口通信波特率为 115 200bps，一帧数据格式为 14 个字节。RFID 通信协议格式如表 5-14 所示。

表 5-14　RFID 通信协议格式

协议字段类型及名称	说　明
u8 DataHeadH	包头 0xEE
u8 DataDeadL	包头 0xCC
u8 SensorType	传感器类型 0xFE
u8 SensorIndex	传感器 ID
u8 SensorCMD	01: 充钱;02: 扣钱

续表

协议字段类型及名称	说　　明
u8 Sensordata1	卡号 ID0
u8 Sensordata2	卡号 ID1
u8 Sensordata3	卡号 ID2
u8 Sensordata4	卡号 ID3
u8 Sensordata5	数据位 0
u8 Sensordata6	数据位 1
u8 DataResv1	数据位 3
u8 DataResv2	数据位 4
u8 DataEnd	节点包尾 0xFF

4. Web 服务器接口

网关系统要将获得的传感器等信息推送给 Web 服务器,移动终端也要向 Web 服务器发出相应的请求以获得或者传送信息。网关和移动终端都要以客户端的身份向服务器发送 http 请求。因此,Web 服务器需要设定相应的 Servlet 接口,以实现对网关及移动终端请求的响应。智能教室管理系统 Web 服务器端提供给客户端的接口如表 5-15 所示。

表 5-15　Web 服务器接口信息

序号	接口功能	url	输入参数	返回参数
1	登录验证(网关、移动终端)	http://ServerIP:8080/SmartClassWeb/Servlet/UserLoginVerificationServlet	username:用户名 password:密码 rfidNo:RFID 卡号	Administrator Teacher Student Failed
2	网关向 Web 服务器上传数据	http://ServerIP:8080/SmartClassWeb/Servlet/SetSensorInfoServlet	temp:温度 hum:湿度 body:是否有人 gas:是否有烟雾	InsertOK InsertErr
3	网关、移动终端查询数据	http://ServerIP:8080/SmartClassWeb/Servlet/GetSensorInfoServlet	无	JSON 数据格式 temp: hum: gas: body:
4	网关上传执行器状态、移动终端设置执行器状态	http:/ServerIP:8080/SmartclassWeb/Servlet/SetActuatorServlet	a_type:执行器类型 a_status:状态	Set Actuator OK. Set Actuator Error.
5	网关查询执行器状态	http://ServerIP:8080/SmartclassWeb/Servlet/GetActuatorServlet	无	JSON 数据格式 type:执行器类型 status:执行器状态 time:时间

注:此表 5-16 中的 url 中的 ServerIP 要根据系统实际的部署来确定为具体的 IP 地址。

习题 5

1. 构思一个典型的物联网项目，包含感知端、网关、Web 服务器、移动终端。
2. 基于题 1 的构思项目，设计感知层具体包含的传感器或设备。
3. 基于题 1 的构思项目，设计数据库，包含具体的表名及表的字段等。
4. 基于题 1 的构思项目，设计各个子系统之间的通信接口。

第6章 CHAPTER 6 Web 服务器子系统

第5章介绍了典型的物联网系统案例——智能教室管理系统的体系结构、功能需求、数据库设计和通信接口设计，接下来就要进入具体的各个子系统的实现。本章介绍 Web 服务器的软件环境配置、数据库的搭建、Web 服务器的接口实现等。

6.1 Web 服务器软件环境配置

在介绍 Web 服务器子系统实现之前，先来配置 Web 服务器的软件环境。本系统中的 Web 端程序采用 Java 开发，软件环境配置中，Web 服务器采用 Tomcat 9.0，数据库为 MySQL 5.7，Java 开发工具集为 JDK 1.8，Java 集成开发环境为 Eclipse 4.7.0。JDK 的安装已经在 4.1.1 节介绍过了。下面介绍其他各个软件的安装及配置过程。

6.1.1 Tomcat 安装配置

视频讲解

从 Tomcat 官网 https://tomcat.apache.org/下载最新的 Tomcat 版本。和下载 JDK 注意事项一样，同样要注意支持的系统和位数，以选择合适的版本。本系统下载的 Tomcat 版本文件为 apache-tomcat-9.0.2-windows-x64.zip，下载界面如图 6-1 所示。

下面介绍 Tomcat 的配置过程，具体步骤如下：

(1) 解压缩 apache-tomcat-9.0.2-windows-x64.zip 文件，配置环境变量，配置的过程参见 4.1.1 节所介绍的 JAVA_HOME 的配置。新建 TOMCAT_HOME 和 CATALINA_HOME 两个系统变量，系统变量的值同为 apache-tomcat-9.0.2 的绝对路径，如图 6-2 和图 6-3 所示。

(2) 编辑环境变量 Path。在如图 4-9 所示界面中选中 Path 变量，单击“编辑”按钮，进入“编辑环境变量”界面，如图 6-4 所示。单击“新建”按钮，加入 Tomcat 的 bin 路径。然后单击“确定”按钮完成环境变量 Path 的编辑。

(3) 安装 Tomcat。运行操作系统程序 cmd.exe。输入“service install Tomcat9”命令，完成 Tomcat 9 的安装，如图 6-5 所示。然后到 Windows 操作系统“计算机管理”|“服务”下找到 Tomcat，开启服务，如图 6-6 所示。

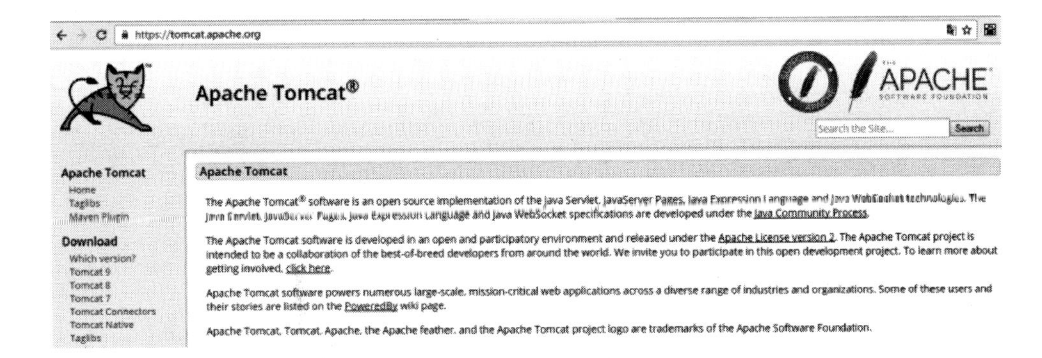

9.0.2 (beta)

Please see the README file for packaging information. It explains what every distribution contains.

Binary Distributions

- Core:
  - zip (pgp, md5, sha1, sha512)
  - tar.gz (pgp, md5, sha1, sha512)
  - 32-bit Windows zip (pgp, md5, sha1, sha512)
  - 64-bit Windows zip (pgp, md5, sha1, sha512)
  - 32-bit/64-bit Windows Service Installer (pgp, md5, sha1, sha512)
- Full documentation:
  - tar.gz (pgp, md5, sha1, sha512)
- Deployer:
  - zip (pgp, md5, sha1, sha512)
  - tar.gz (pgp, md5, sha1, sha512)
- Extras:
  - JMX Remote jar (pgp, md5, sha1, sha512)
  - Web services jar (pgp, md5, sha1, sha512)

图 6-1　Tomcat 的下载界面

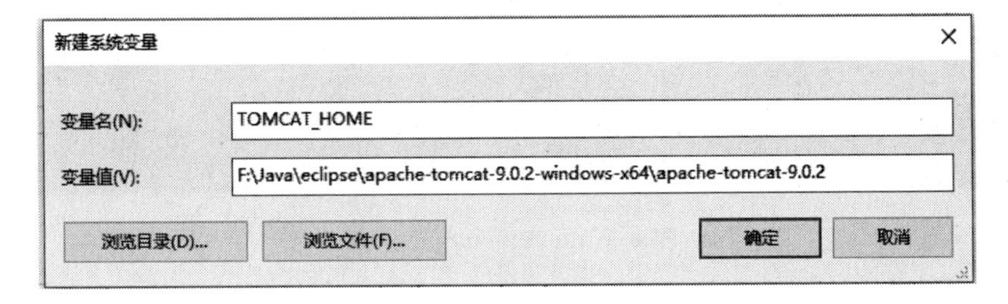

图 6-2　TOMCAT_HOME 变量配置界面

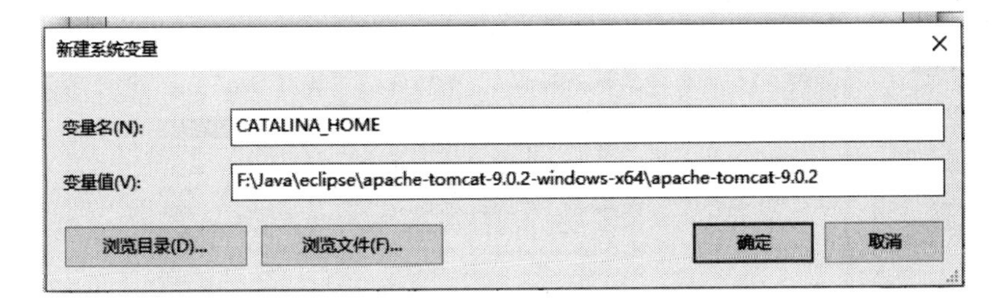

图 6-3　CATALINA_HOME 变量配置界面

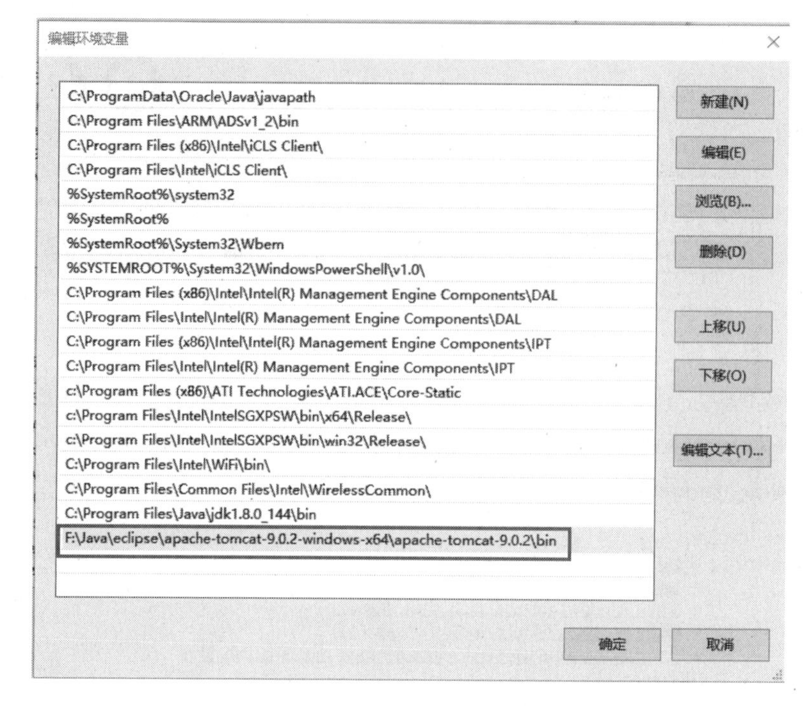

图 6-4 “编辑环境变量”界面

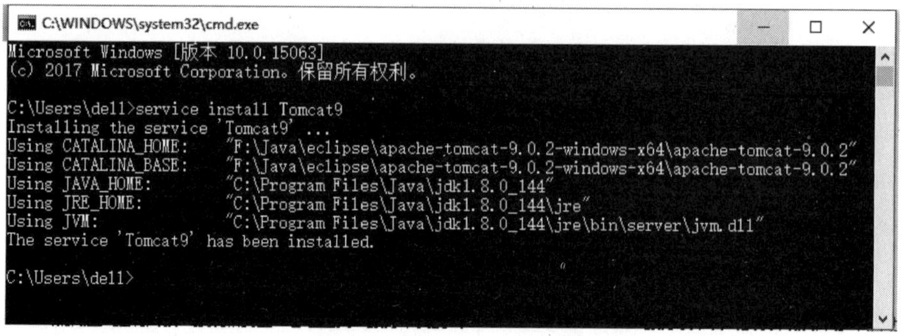

```
C:\WINDOWS\system32\cmd.exe
Microsoft Windows [版本 10.0.15063]
(c) 2017 Microsoft Corporation。保留所有权利。

C:\Users\dell>service install Tomcat9
Installing the service 'Tomcat9' ...
Using CATALINA_HOME:    "F:\Java\eclipse\apache-tomcat-9.0.2-windows-x64\apache-tomcat-9.0.2"
Using CATALINA_BASE:    "F:\Java\eclipse\apache-tomcat-9.0.2-windows-x64\apache-tomcat-9.0.2"
Using JAVA_HOME:        "C:\Program Files\Java\jdk1.8.0_144"
Using JRE_HOME:         "C:\Program Files\Java\jdk1.8.0_144\jre"
Using JVM:              "C:\Program Files\Java\jdk1.8.0_144\jre\bin\server\jvm.dll"
The service 'Tomcat9' has been installed.

C:\Users\dell>
```

图 6-5 安装 Tomcat 9 界面

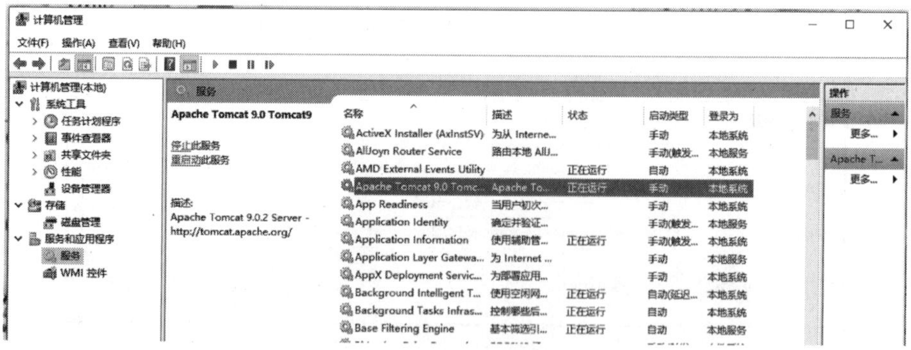

图 6-6 开启 Tomcat 服务界面

(4) 测试 Tomcat 是否配置成功。进入 Tomcat 的 bin 路径下，运行 startup. bat 程序，弹出 Tomcat 启动界面，如图 6-7 所示。

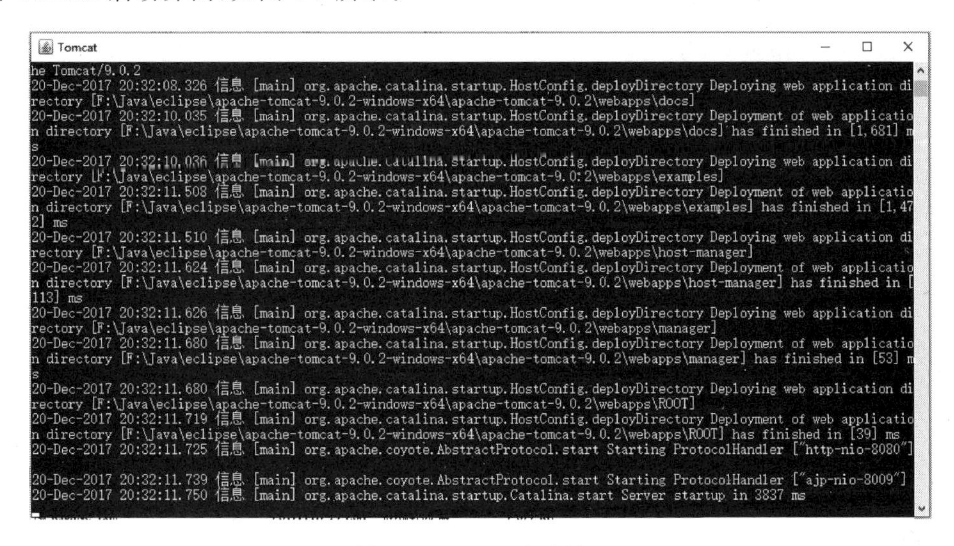

图 6-7　Tomcat 启动界面

(5) 打开浏览器，在地址栏输入"http://127.0.0.1:8080"，如果出现 6-8 所示界面，表示 Tomcat 服务器已经配置成功。

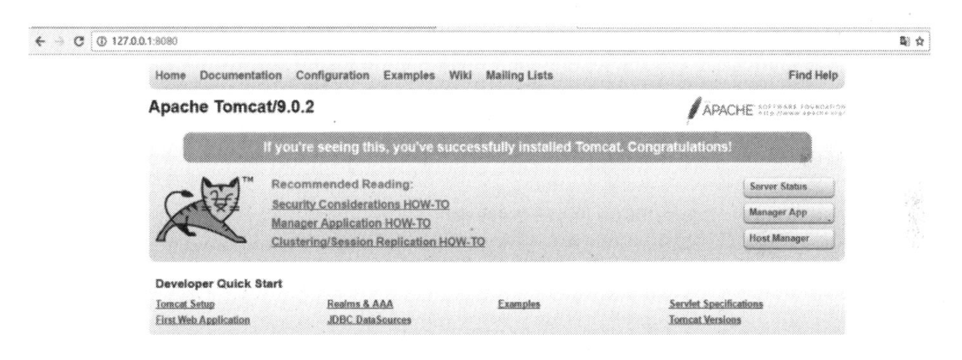

图 6-8　Tomcat 测试页面

6.1.2　Eclipse 安装配置

视频讲解

从官网 https://www.eclipse.org/downloads/下载最新的 Eclipse 安装程序。本系统下载的 Eclipse 版本文件为 eclipse_v4.7.0_win64.exe。

配置 Eclipse 的具体步骤如下：

(1) 选择 Eclipse 的开发类型版本。运行程序 eclipse_v4.7.0_win64.exe，进入图 6-9 所示界面，选择 Eclipse IDE for Java EE Developers 选项，该模式版本包括 Java IDE、Java EE、Java Web 应用等工具集。

(2) 选择 Eclipse 安装路径。在如图 6-10 所示界面中，在 Installation Folder 处选择 Eclipse 的安装路径，单击 INSTALL 按钮进入安装过程，如图 6-11 所示。

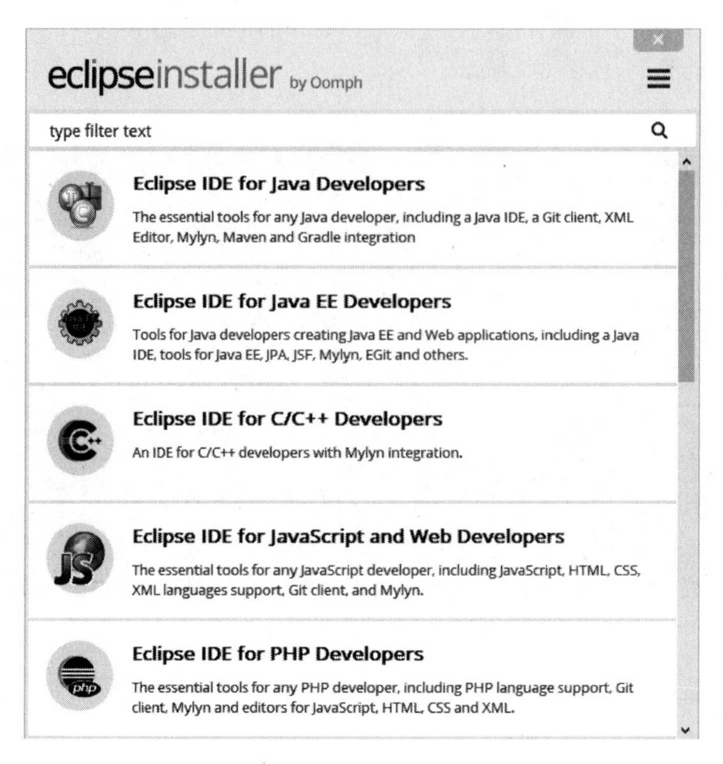

图 6-9　Eclipse 开发类型选择界面

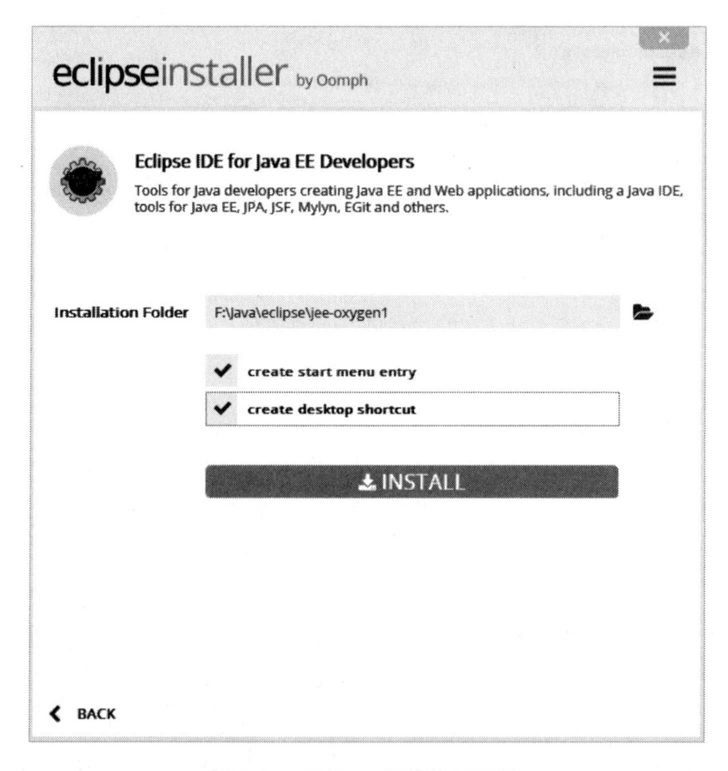

图 6-10　Eclipse 安装路径选择

图 6-11　Eclipse 安装过程

(3) 接受认证。进入图 6-12 所示界面，单击 Accept 按钮，接受 Eclipse 认证。

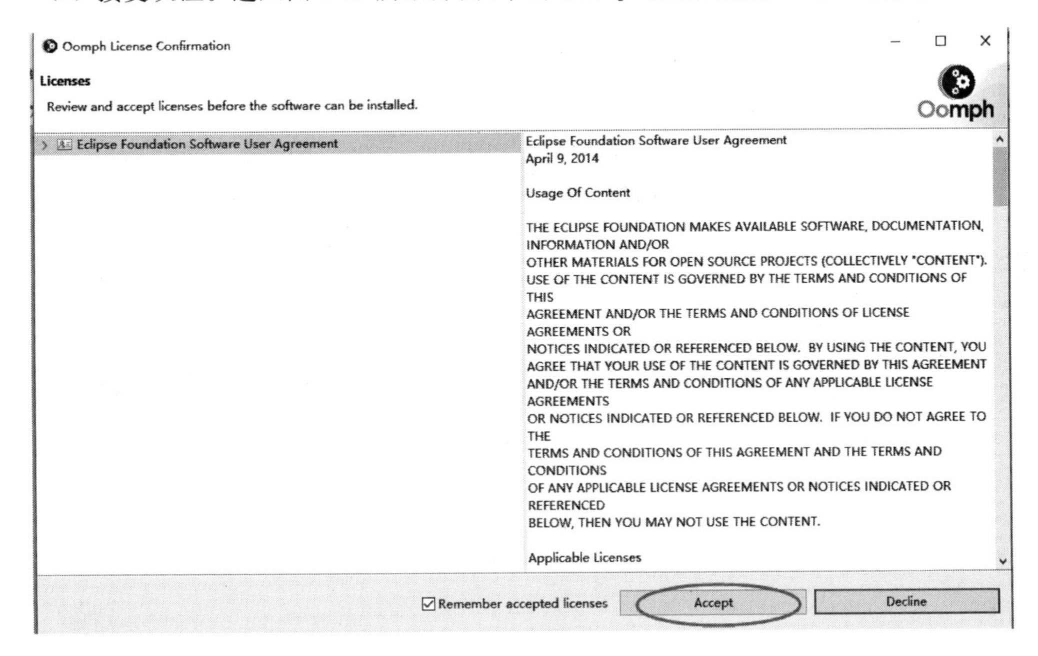

图 6-12　接受认证

(4) 设置工作空间路径。进入图 6-13 所示界面，选择 Eclipse 工程的默认工作空间。

(5) 运行 Eclipse。单击 Launch 按钮后，进入图 6-14 所示的 Eclipse 运行过程界面，如图 6-15 所示为运行起来的界面。

(6) 在 Eclipse 中配置 Tomcat。在 Eclipse 中配置 Tomcat 会让开发 Web 工程更加方便。选择菜单 Window|Preferences|Server|Runtime Environments 命令，如图 6-16 所示。

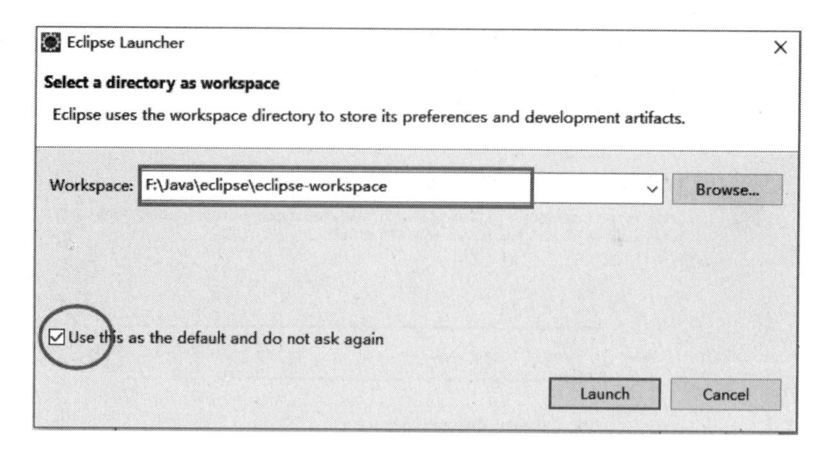

图 6-13　设置工作空间目录

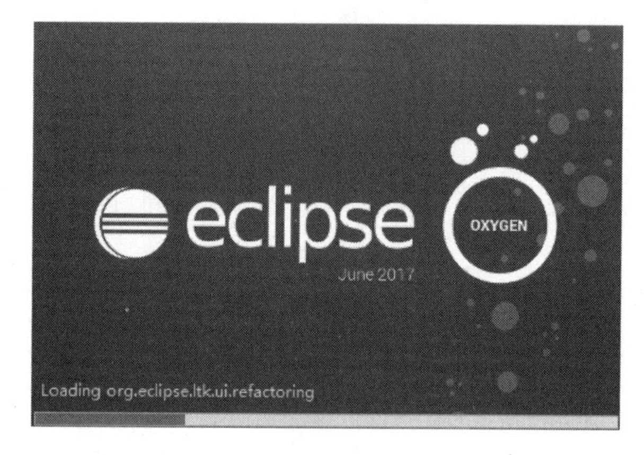

图 6-14　Eclipse 运行过程中

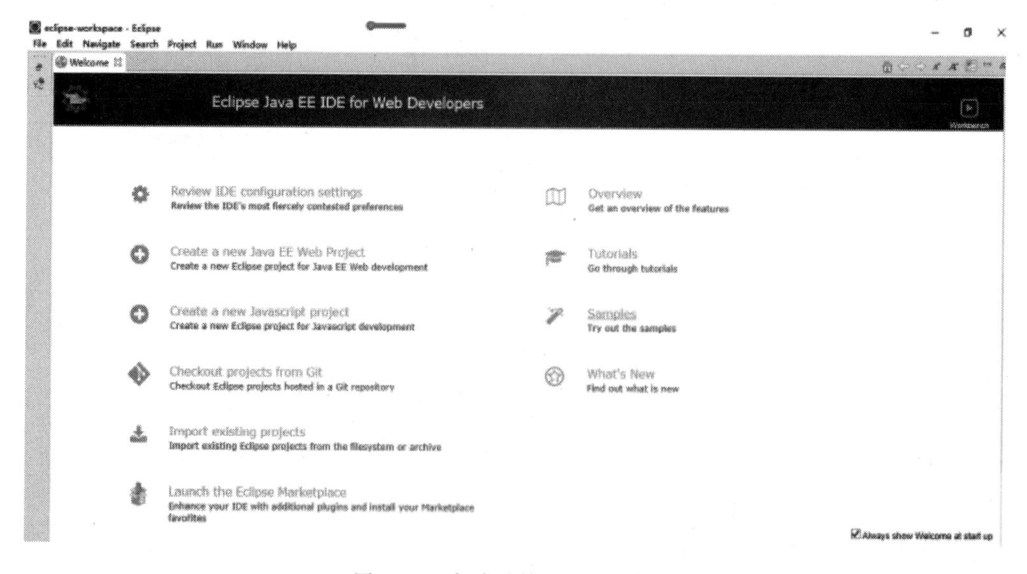

图 6-15　启动后的 Eclipse 界面

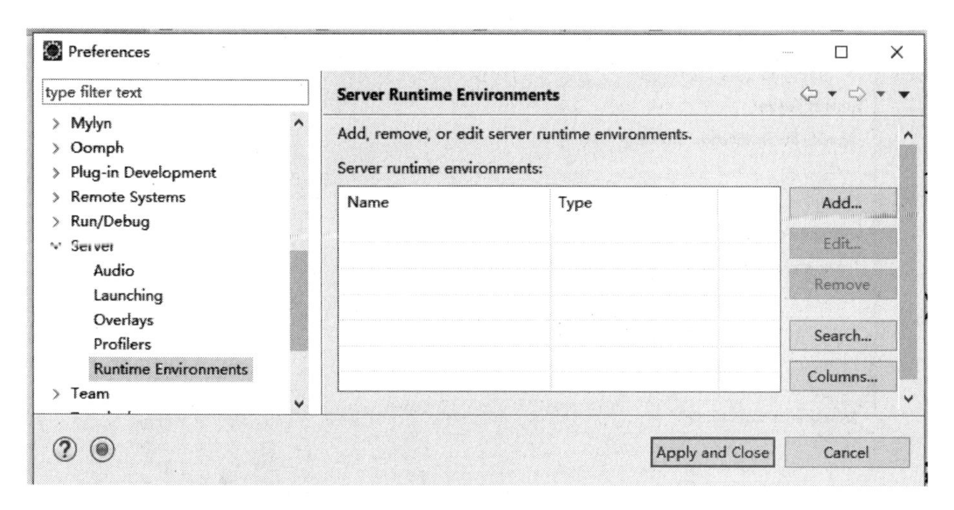

图 6-16　配置 Server Runtime Environments 界面

(7) 单击 Add 按钮，进行 Tomcat 版本的选择，如图 6-17 所示，选择 Apache Tomcat v9.0，单击 Next 按钮。

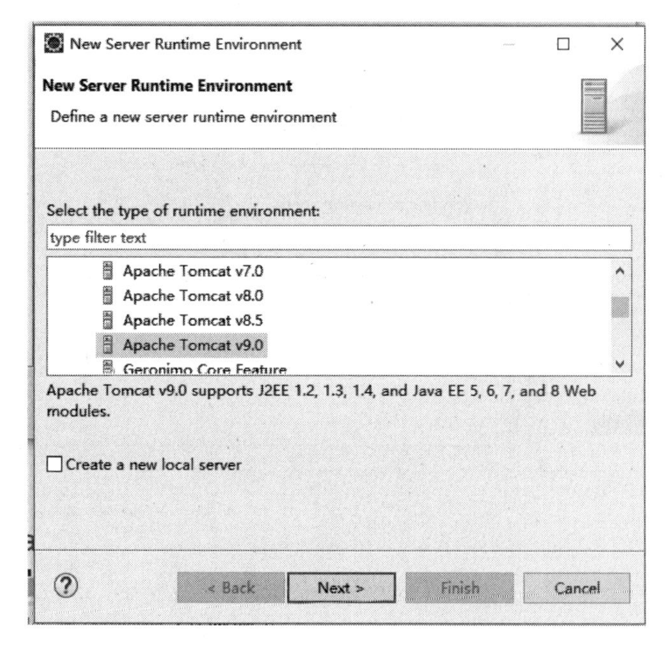

图 6-17　选择 Tomcat 版本

(8) 进入图 6-18 所示界面，在 Name 文本框中输入服务器的名称，在 Tomcat installation directory 列表框中选择本机 Tomcat 所安装的路径，参见 6.1.1 节 Tomcat 的安装。

(9) 单击 Finish 按钮，返回图 6-19 所示的 Server Runtime Environments 界面，在列表下出现刚刚配置的 Tomcat 服务器。单击 Apply and Close 按钮完成 Tomcat 服务器在 Eclipse 中的配置。

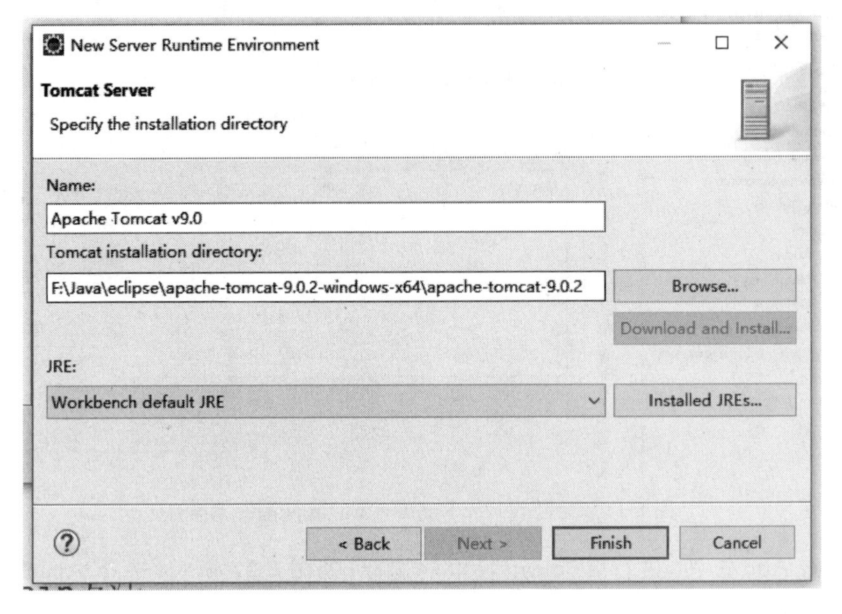

图 6-18　Tomcat Server 创建界面

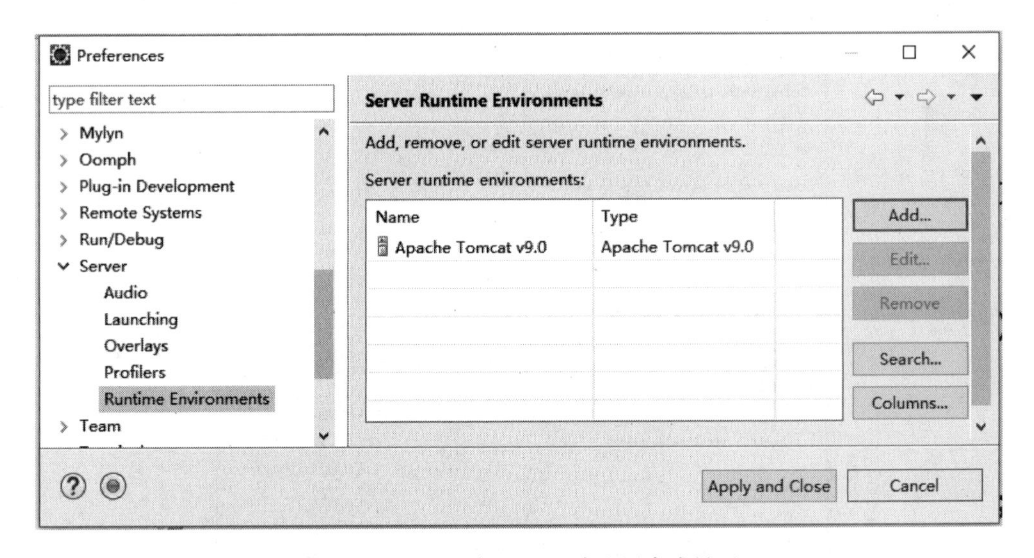

图 6-19　Tomcat 在 Eclipse 中配置完成界面

6.2　数据库搭建

感知端的传感器信息、用户信息、考勤信息等需要存储在网络数据库中。本系统采用 MySQL 数据库对这些数据进行存储和管理。

MySQL 是一种开放源代码的关系型数据库管理系统(RDBMS),MySQL 数据库系统使用最常用的数据库管理语言——结构化查询语言(SQL)进行数据库管理。

由于 MySQL 是开放源代码的，因此任何人都可以在 General Public License 的许可下下载并根据个性化的需要对其进行修改。MySQL 因为其速度快、可靠性高和适应性强而备受人们的关注。大多数人都认为在不需要事务化处理的情况下，MySQL 是管理内容最好的选择。

6.2.1 MySQL 安装配置

视频讲解

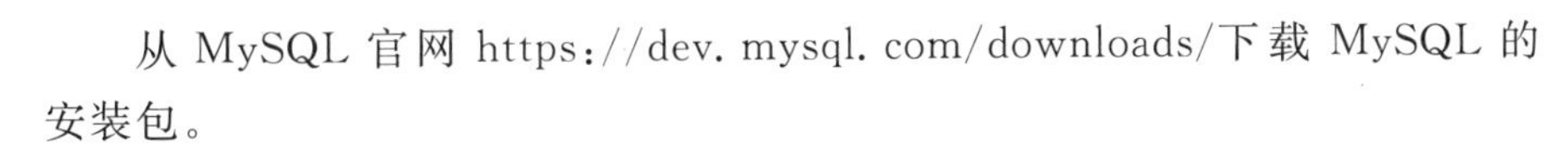

从 MySQL 官网 https://dev.mysql.com/downloads/下载 MySQL 的安装包。

1. MySQL 的安装

(1) 运行 mysql-installer-community-5.7.20.0.msi，在安装向导界面选中 I accept the license terms 复选框，如图 6-20 所示，单击 Next 按钮。

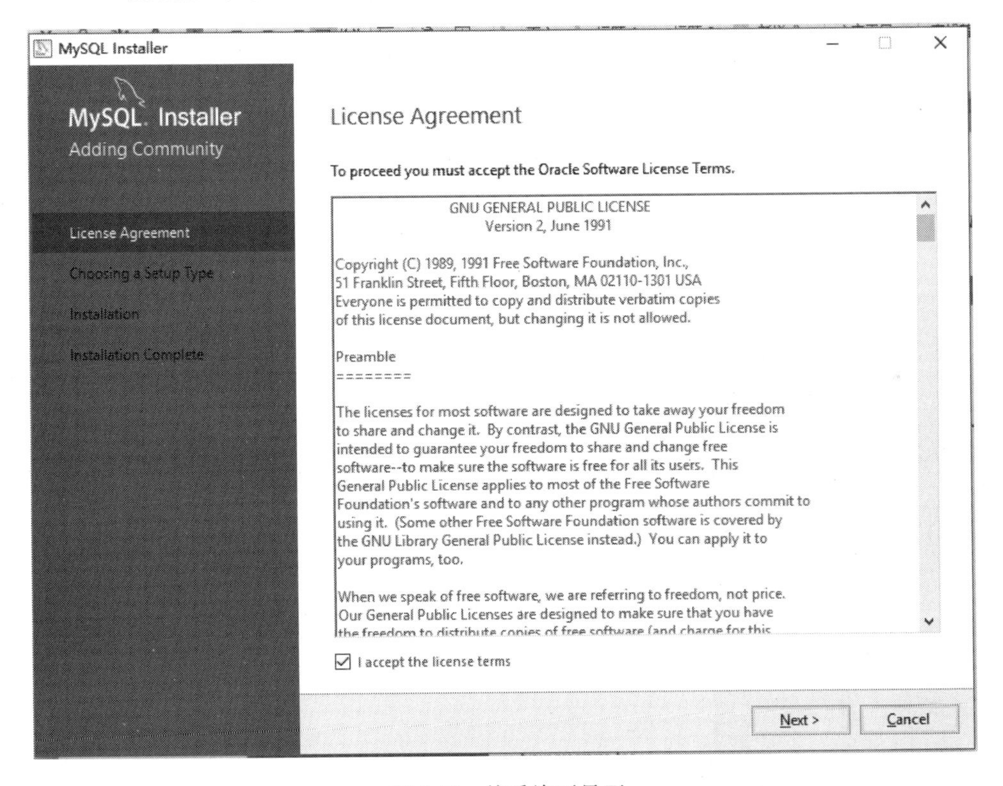

图 6-20 接受许可界面

(2) 选择安装类型。在如图 6-21 所示的界面中选中 Server only 单选按钮，仅安装 MySQL 数据库服务器，然后单击 Next 按钮。

(3) 执行 MySQL 的安装。在如图 6-22 所示界面中，单击 Execute 按钮，可以看到如图 6-23 所示的安装进程。

(4) MySQL 安装成功，如图 6-24 所示，单击 Next 按钮，准备进入 MySQL 配置向导，如图 6-25 所示。

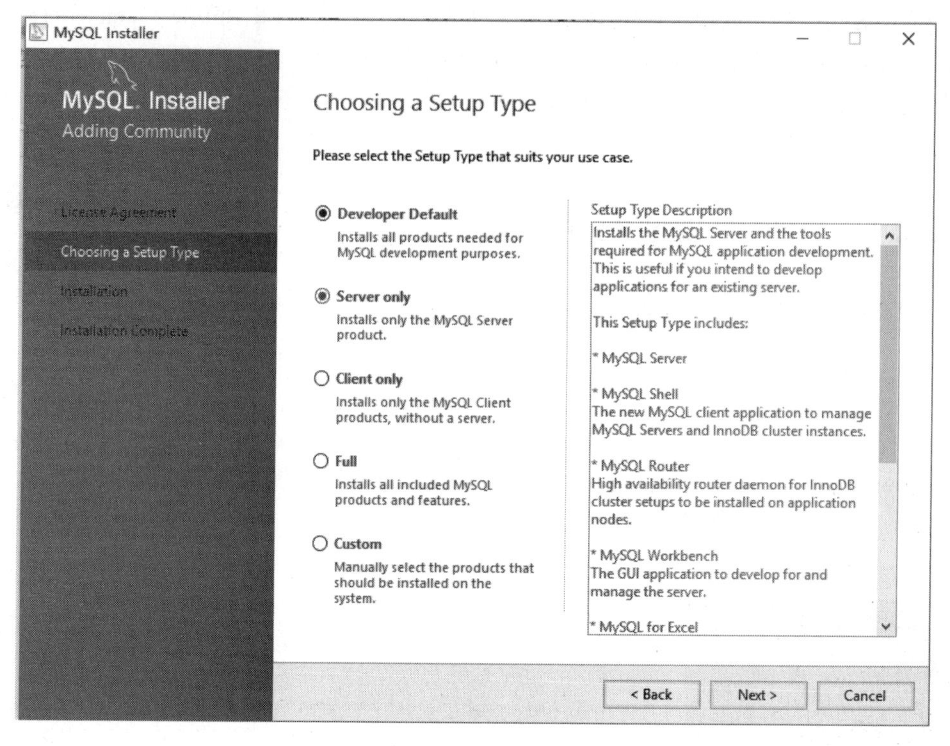

图 6-21 选择安装类型界面

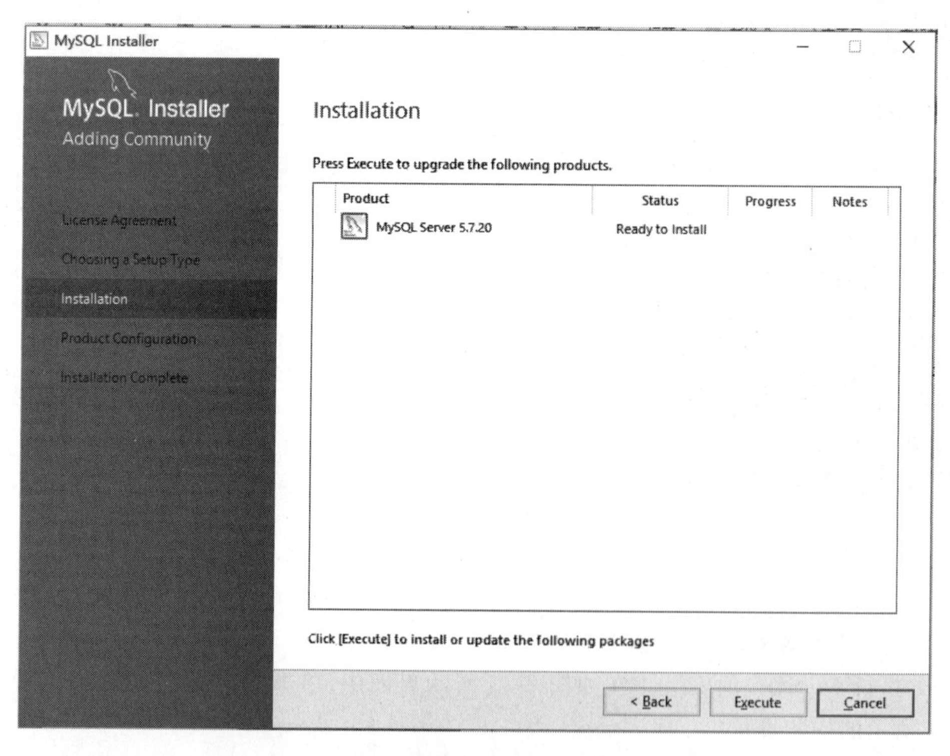

图 6-22 执行 MySQL 的安装

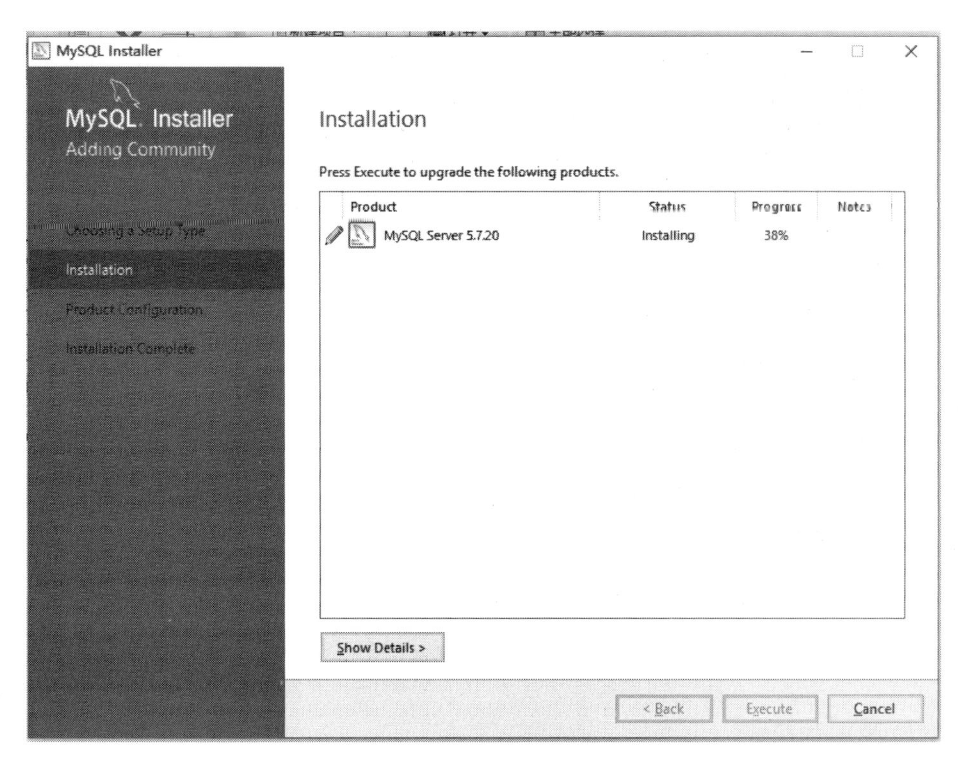

图 6-23　MySQL 的安装进程

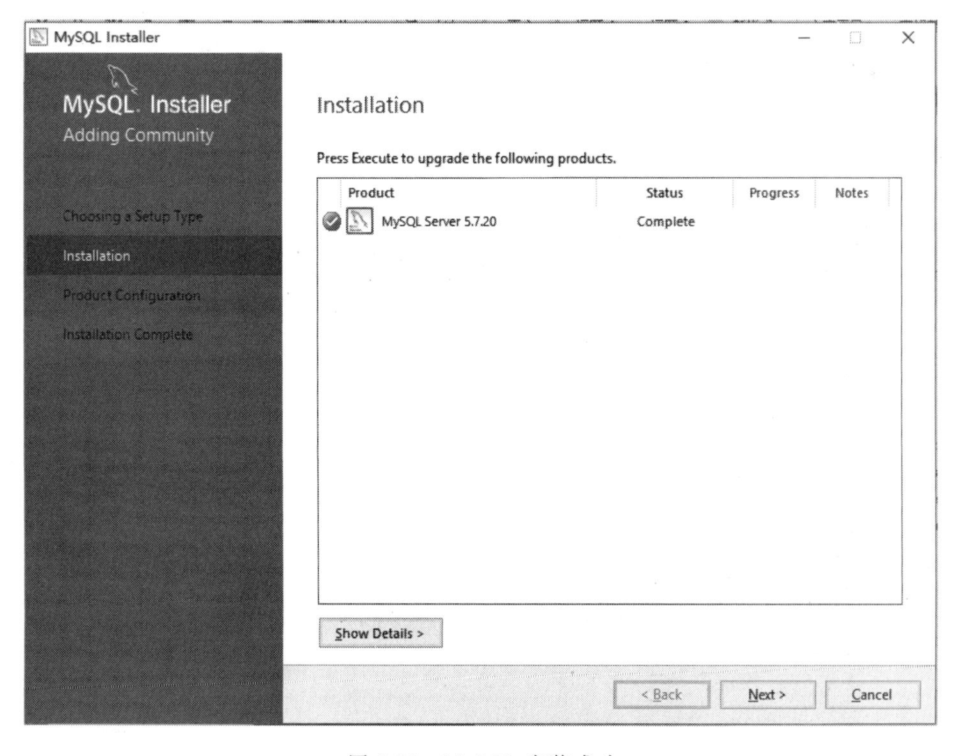

图 6-24　MySQL 安装成功

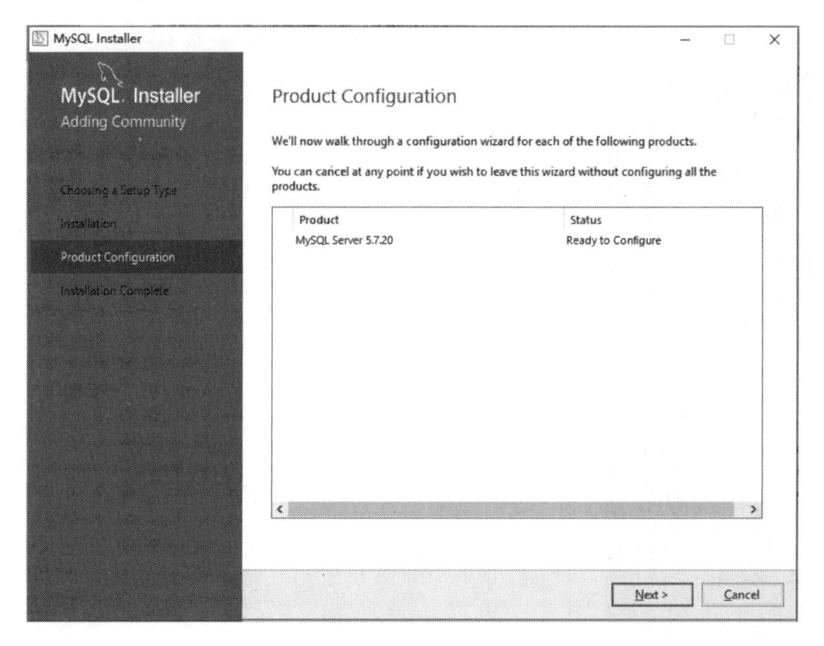

图 6-25 准备配置 MySQL

2. MySQL 的配置

(1) 配置服务器类型和端口号。在如图 6-26 所示界面中，选中 Standalone MySQL Server/Classic MySQL Replication 单选按钮，单击 Next 按钮，打开 MySQL 配置向导，在 Config Type 列表框中选择 Server Machine 选项，将 Port Number 设置为 3306，如图 6-27 所示。

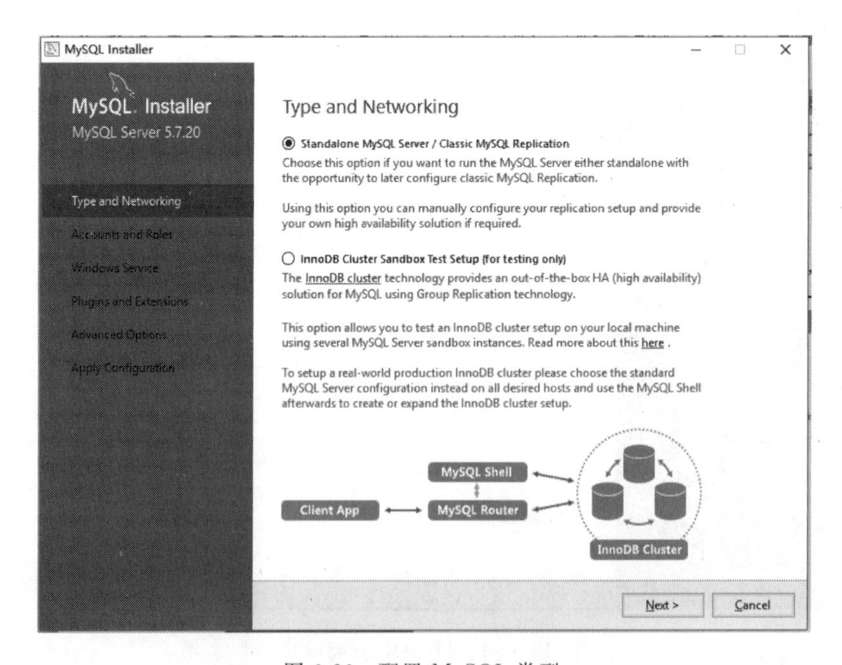

图 6-26 配置 MySQL 类型

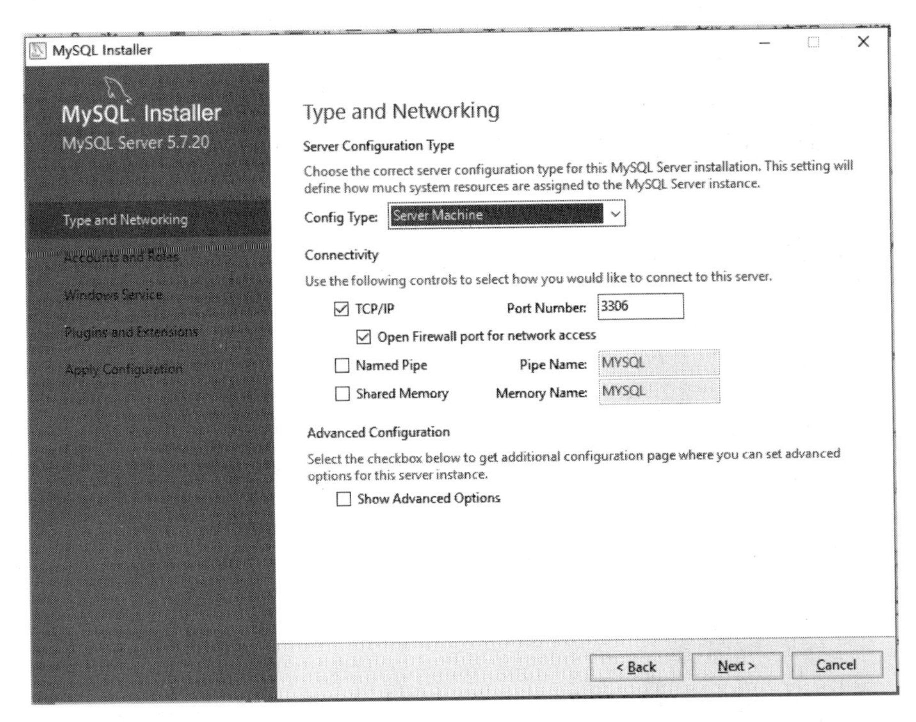

图 6-27　选择服务器类型和端口号

(2) 配置 Root 账号的密码及创建新用户。在如图 6-27 所示界面中，单击 Next 按钮，配置 Root 账号的密码(此处输入的密码是 1234)，也可以选择创建新用户，如图 6-28 所示。

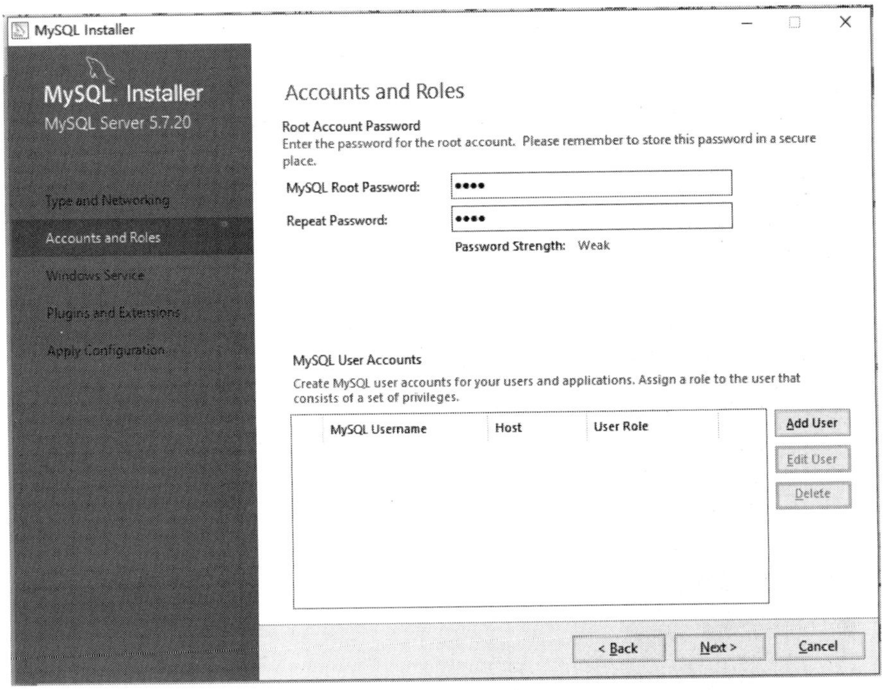

图 6-28　账号和角色配置

(3) 配置 MySQL 为 Windows 服务。在如图 6-28 所示界面中,单击 Next 按钮,进入 Windows 服务配置界面,如图 6-29 所示。

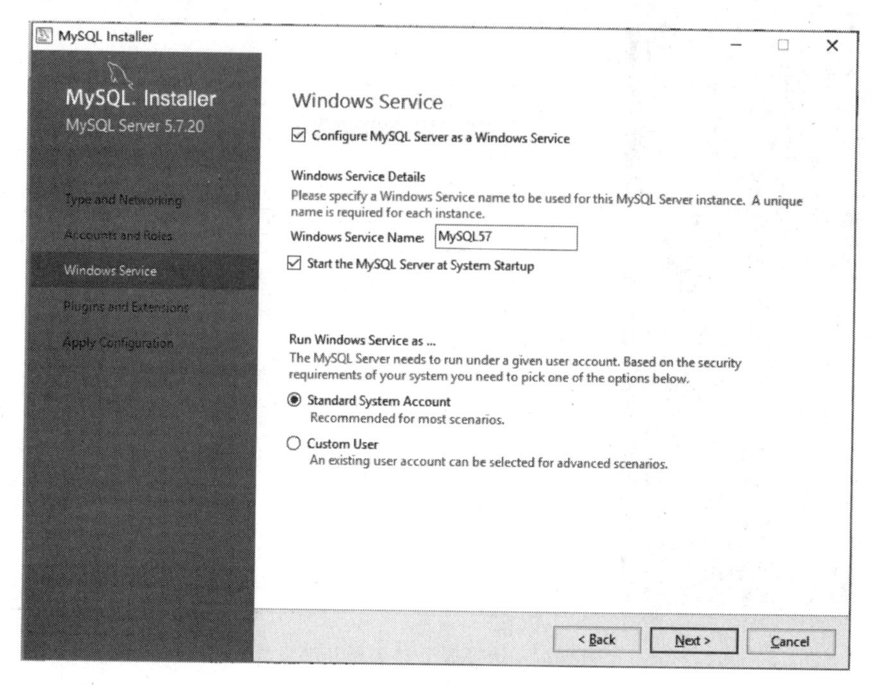

图 6-29 配置 MySQL 服务

(4) 应用服务器配置。在如图 6-29 所示界面中,单击 Next 按钮,进入应用服务器配置界面,如图 6-30 所示。

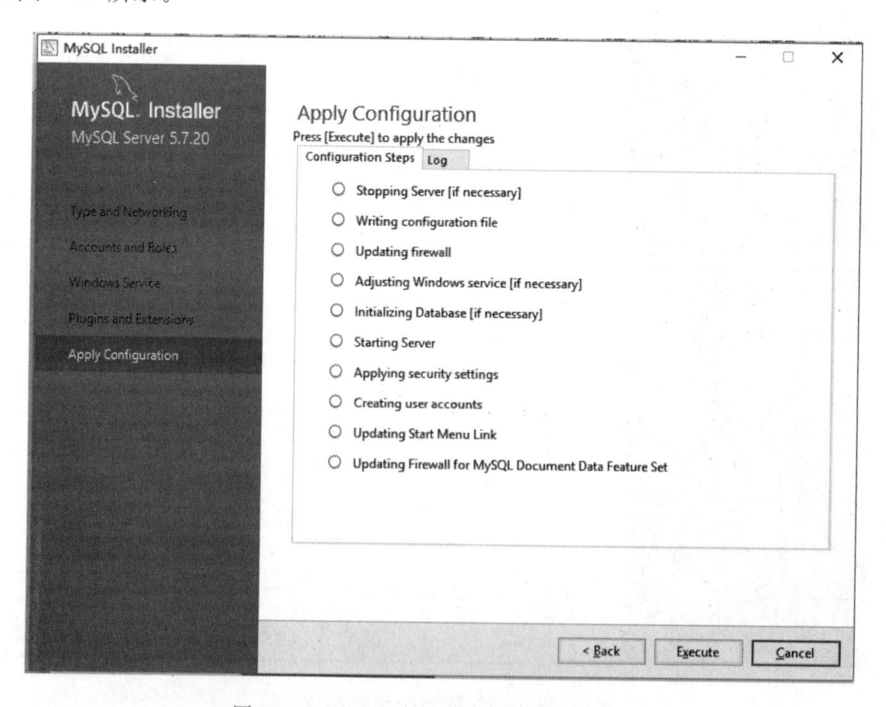

图 6-30 MySQL 的应用服务器配置界面

(5) MySQL 配置成功。在如图 6-30 所示界面中,单击 Execute 按钮,执行所有配置步骤,成功后如图 6-31 所示。

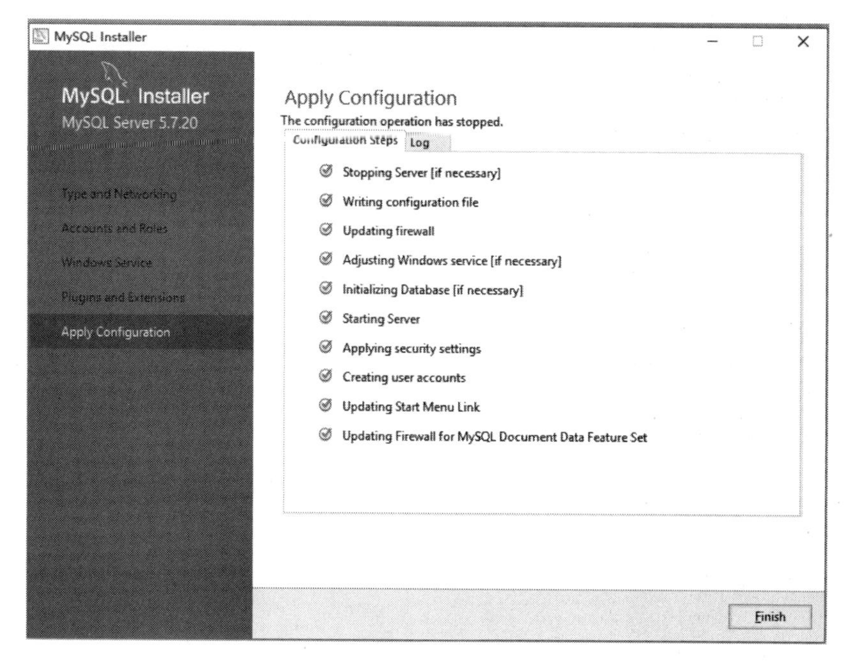

图 6-31 MySQL 配置成功

(6) 配置和安装过程全部结束。在如图 6-31 所示界面中,单击 Finish 按钮,如图 6-32 所示,提示 MySQL 配置完成。单击 Next 按钮,如图 6-33 所示,提示安装过程结束。单击 Finish 按钮,结束 MySQL 配置和安装的全部过程。

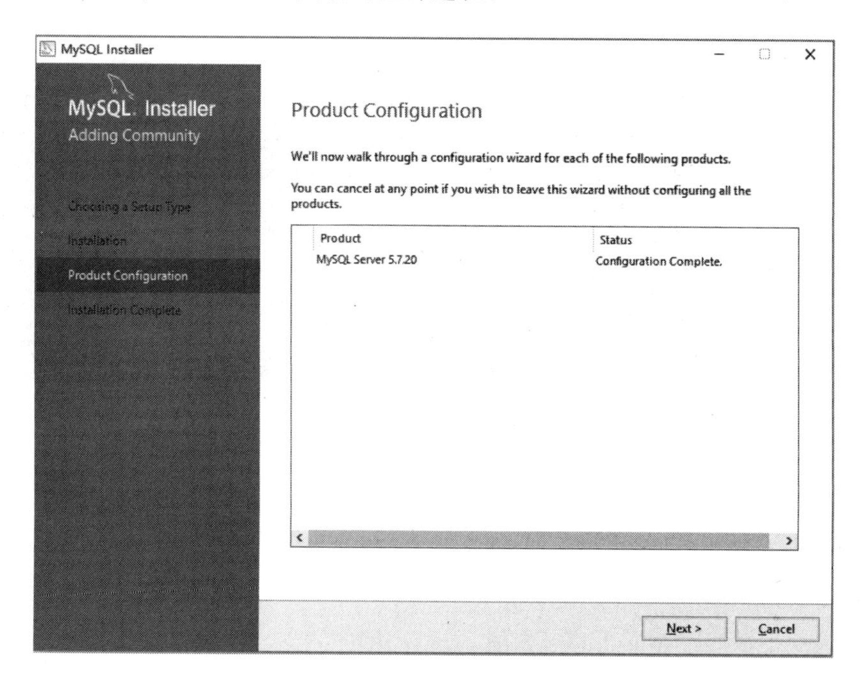

图 6-32 MySQL 配置完成

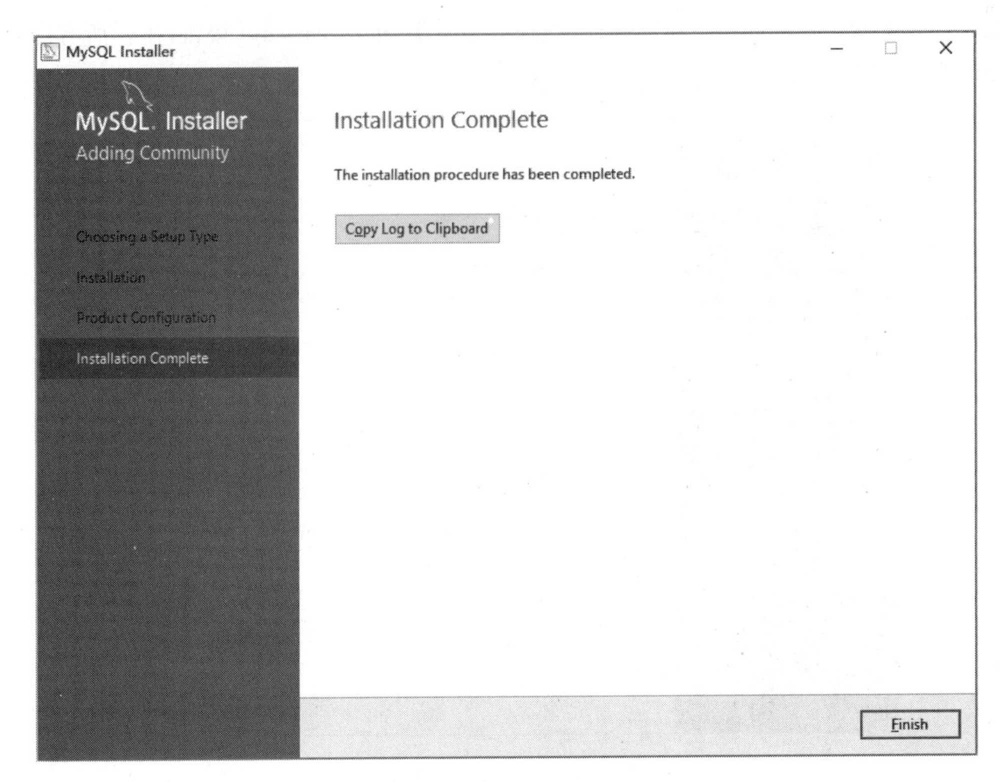

图 6-33　MySQL 安装结束

3. MySQL 测试

(1) 输入密码，进入 MySQL Command Line Client 界面，如图 6-34 所示。

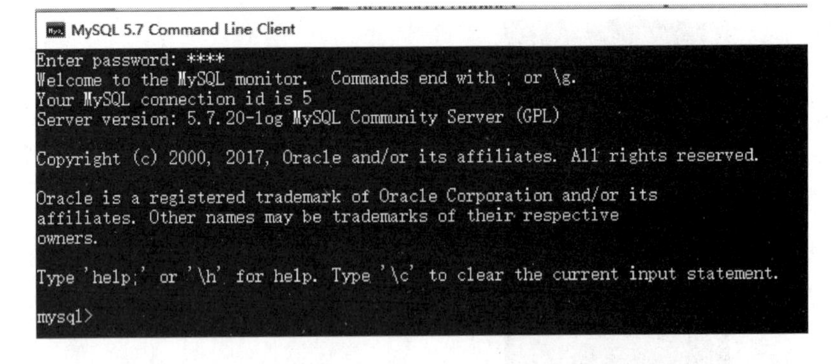

视频讲解

图 6-34　输入密码进入 MySQL Command Line Client

(2) 使用常用 SQL 语句测试 MySQL 数据库。

① 使用 show 语句显示在服务器上当前存在什么数据库，如图 6-35 所示。

```
mysql > show databases;
```

② 创建一个数据库 mysqldata，如图 6-36 所示。

```
mysql > create database mysqldata;
```

```
mysql> show databases;
+--------------------+
| Database           |
+--------------------+
| information_schema |
| book1              |
| db2016             |
| mysql              |
| smartcampus        |
+--------------------+
5 rows in set (0.00 sec)
```

图 6-35　show databases 界面

```
mysql> create database mysqldata;
Query OK, 1 row affected (0.00 sec)

mysql> show databases;
+--------------------+
| Database           |
+--------------------+
| information_schema |
| book1              |
| db2016             |
| mysql              |
| mysqldata          |
| smartcampus        |
+--------------------+
6 rows in set (0.00 sec)
```

图 6-36　创建数据库

③ 选择用户所创建的数据库，如图 6-37 所示。

mysql > use mysqldata;（按回车键出现 Database changed 时说明操作成功!）

④ 查看当前的数据库中存在什么表，如图 6-38 所示。

mysql > show tables;

图 6-37　选择数据库

```
mysql> use mysqldata;
Database changed
mysql> show tables;
Empty set (0.00 sec)
```

图 6-38　查看数据库中的表

⑤ 创建一个数据库表，如图 6-39 所示。

mysql > create table mytable (name VARCHAR(20), password CHAR(10));

```
mysql> create table mytable(name varchar(20),password char(10));
Query OK, 0 rows affected (2.36 sec)
```

图 6-39　创建表

⑥ 显示表的结构，如图 6-40 所示。

mysql > describe mytable;

```
mysql> describe mytable;
+----------+-------------+------+-----+---------+-------+
| Field    | Type        | Null | Key | Default | Extra |
+----------+-------------+------+-----+---------+-------+
| name     | varchar(20) | YES  |     | NULL    |       |
| password | char(10)    | YES  |     | NULL    |       |
+----------+-------------+------+-----+---------+-------+
2 rows in set (0.59 sec)
```

图 6-40　查看表结构

⑦ 往表中加入记录，如图 6-41 所示。

```
mysql > insert into mytable values('zhangsan','123');
```

```
mysql> insert into mytable values('zhangsan','123');
Query OK, 1 row affected (0.06 sec)
```

图 6-41　向表中加入记录

⑧ 查询表中的记录，如图 6-42 所示。

```
mysql > select * from mytable;
```

```
mysql> select * from mytable;
+----------+----------+
| name     | password |
+----------+----------+
| zhangsan | 123      |
+----------+----------+
1 row in set (0.00 sec)
```

图 6-42　查询表中的记录

⑨ 更新表中数据，如图 6-43 所示。

```
mysql > update mytable set password = '111' where name = 'zhangsan';
```

```
mysql> update mytable set password='111' where name='zhangsan';
Query OK, 1 row affected (0.56 sec)
Rows matched: 1  Changed: 1  Warnings: 0

mysql> select * from mytable;
+----------+----------+
| name     | password |
+----------+----------+
| zhangsan | 111      |
+----------+----------+
1 row in set (0.00 sec)
```

图 6-43　更新表中数据

⑩ 清空表，如图 6-44 所示。

```
mysql > delete from mytable;
```

⑪ 删除表，如图 6-45 所示。

```
mysql > drop table mytable;
```

```
mysql> delete from mytable;
Query OK, 1 row affected (0.03 sec)
```

图 6-44　清空表

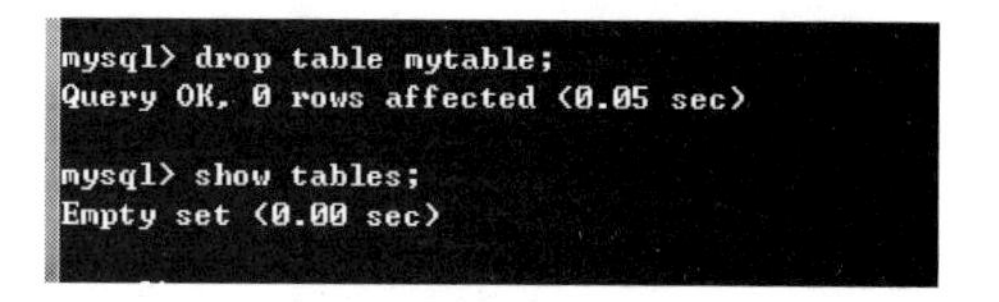

图 6-45　删除表

6.2.2　Navicat 安装配置

视频讲解

为简化数据库开发人员的工作，可视化地对数据库进行操作，在此介绍一个数据库管理工具 Navicat Navicat 支持 MySQL、Oracle、SQL Server 等常用数据库，操作方便、可靠。下面介绍 Navicat 的安装配置过程。

从官网下载最新版的安装包 navicat120_premium_cs_x64. exe，运行安装程序，安装过程如图 6-46～图 6-53 所示。

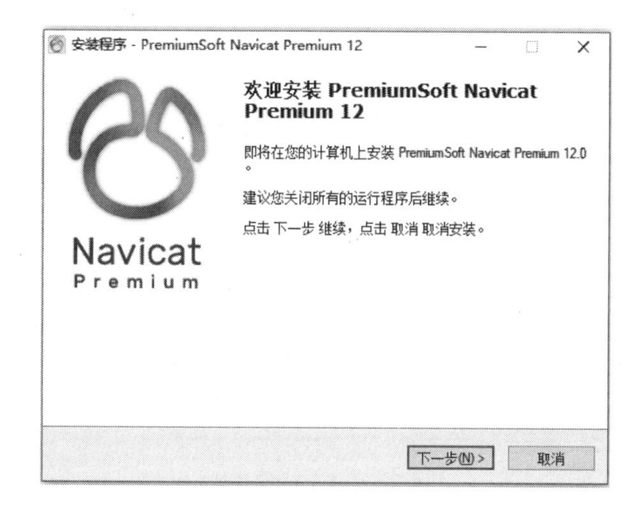

图 6-46　Navicat 安装 1

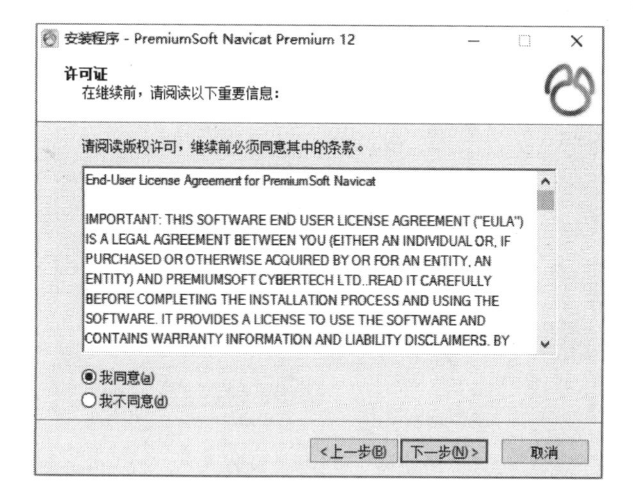

图 6-47　Navicat 安装 2

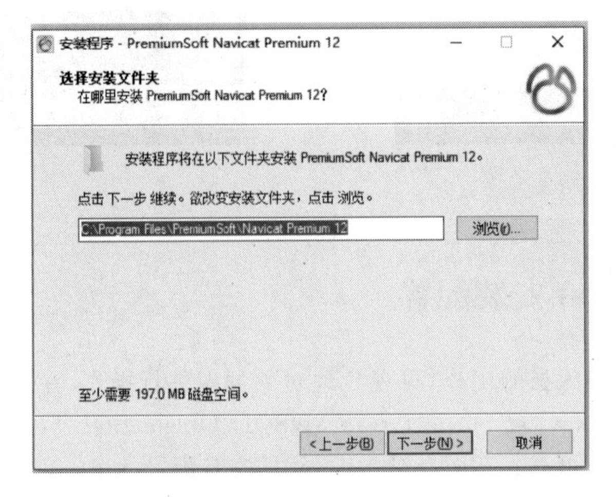

图 6-48　Navicat 安装 3

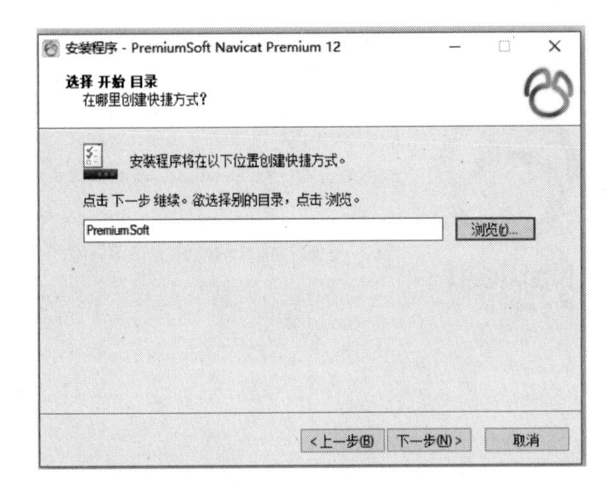

图 6-49　Navicat 安装 4

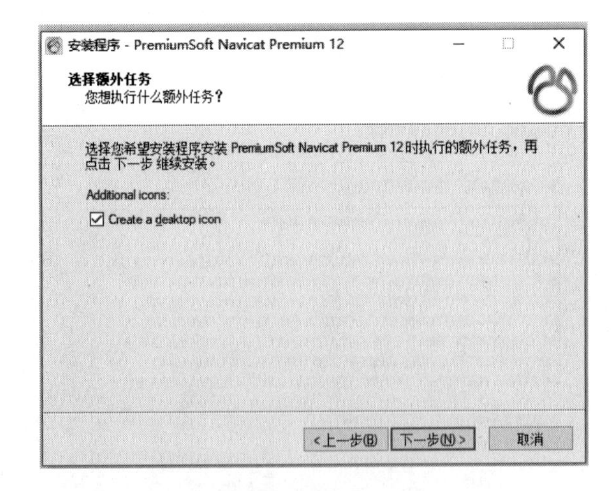

图 6-50　Navicat 安装 5

安装程序 - PremiumSoft Navicat Premium 12

准备安装

安装程序即将安装 PremiumSoft Navicat Premium 12。

点击 安装 继续安装，点击 上一步 检查并改变设置。

安装文件夹：
C:\Program Files\PremiumSoft\Navicat Premium 12

开始菜单：
PremiumSoft

额外任务：
Additional icons:
Create a desktop icon

<上一步(B)　安装(I)　取消

图 6-51　Navicat 安装 6

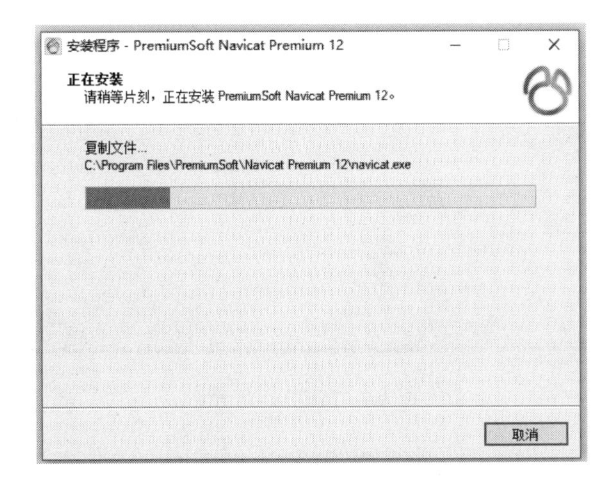

图 6-52　Navicat 安装 7

图 6-53　Navicat 安装 8

6.2.3 Navicat 连接 MySQL

Navicat 连接 MySQL 的具体步骤如下：

(1) 选择连接类型。Navicat 安装成功后，运行界面如图 6-54 所示。选择“连接”|MySQL 选项，建立和 MySQL 数据库的连接，如图 6-55 所示。

图 6-54 Navicat 运行界面

图 6-55 选择连接的数据库的类型

（2）新建连接。输入连接名、主机名、端口号、用户名和密码信息，如图 6-56 所示。单击“确定”按钮，新建连接成功，如图 6-57 所示。

图 6-56　新建连接

图 6-57　新建连接成功

(3) 打开连接。右击新建的连接 SmartClass,选择“打开连接”命令(如图 6-58 所示),显示该连接下的 MySQL 数据库,如图 6-59 所示。

图 6-58 打开连接

图 6-59 该连接下的数据库

(4) 新建数据库。右击 SmartClass,在弹出的快捷菜单中,选择“新建数据库”命令,弹出如图 6-60 所示界面,输入数据库名“class”,字符集“gb2312”,单击“确定”按钮。

(5) 打开数据库。在图 6-60 中单击“确定”按钮,进入图 6-61 所示界面,右击数据库 class,在弹出的快捷菜单中,选择“打开数据库”命令。

图 6-60　创建数据库

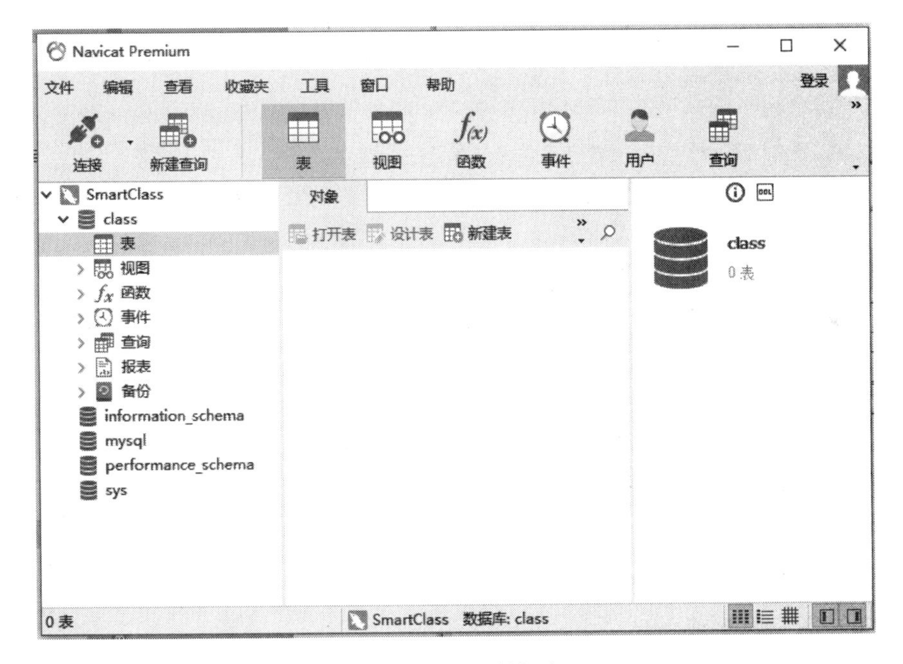

图 6-61　打开数据库

6.2.4　数据库表的建立

视频讲解

本系统中可选择 6.2.3 节建立的 MySQL 数据库 class，根据 5.6 节对本系统的分析设计，在此部分完成数据库表的实现。

在图 6-61 中，右击“表”，选择“新建表”命令，将表命名为“user”，建立如表 5-5 所示的字段名和类型，包括登录用户名、用户登录密码、用户姓名、系部、专业、班级、联系电话、用户类型字段，设置用户名为表的主键，如图 6-62 所示。

user @class (SmartClass)

名	类型	长度	小数点	允许空值	
u_id	varchar	20	0	☐	1
u_pass	varchar	20	0	☐	
u_name	varchar	12	0	☐	
u_depart	varchar	15	0	☑	
u_major	varchar	15	0	☑	
u_class	varchar	10	0	☑	
u_phone	varchar	15	0	☑	
u_type	int	11	0	☐	

图 6-62 用户信息表

建立考勤信息表 attend，如图 6-63 所示。考勤表主要用来存储学生考勤的基本信息，包括记录编号、用户名、用户姓名、出勤状态、考勤记录时间、备注信息字段。记录编号为本表的主键。

attend @class (SmartClass)

名	类型	长度	小数点	允许空值	
a_id	int	11	0	☐	1
u_id	varchar	20	0	☐	
u_name	varchar	10	0	☐	
a_status	int	11	0	☐	
a_time	datetime	0	0	☐	
a_comment	varchar	40	0	☑	

图 6-63 考勤信息表

建立 RFID 卡信息表 card，如图 6-64 所示。在该表中将 RFID 卡号和用户信息表中的用户 ID 进行绑定。

card @class (SmartClass)

名	类型	长度	小数点	允许空值	
card_id	varchar	8	0	☐	1
u_id	varchar	20	0	☐	

图 6-64 RFID 卡信息表

建立传感器信息表，如图 6-65 所示。该表记录感知端传感器的信息，包括记录编号、温度值、湿度值、人体检测信息、烟雾信息和记录时间字段。

建立执行器信息表，如图 6-66 所示。该表记录感知端执行器的信息，包括执行器类型、执行器状态和记录时间字段。

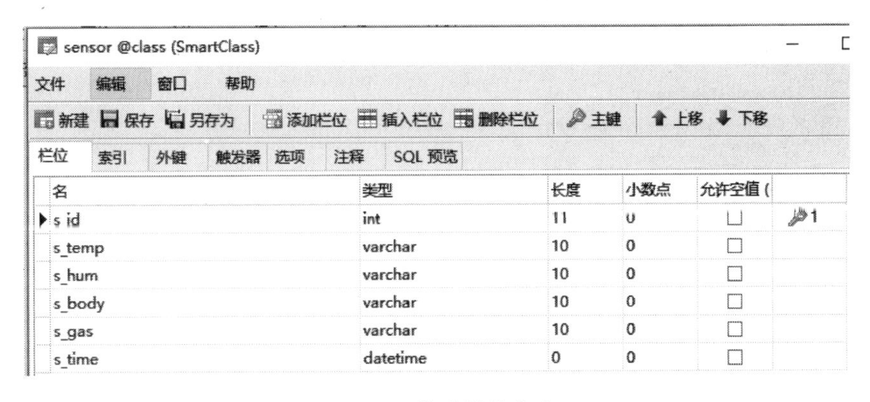

图 6-65　传感器信息表

actuator @class (SmartClass)

文件　编辑　窗口　帮助

新建　保存　另存为　添加栏位　插入栏位　删除栏位　主键　上移　下移

栏位　索引　外键　触发器　选项　注释　SQL 预览

名	类型	长度	小数点	允许空值 (	
a_type	varchar	4	0	☐	1
a_status	varchar	4	0	☐	
a_time	datetime	0	0	☐	

图 6-66　执行器信息表

6.3　Web 服务器连接数据库

视频讲解

Web 服务器和 MySQL 数据库配置好后，接下来建立 Web 端的应用项目。具体操作步骤如下：

(1) 打开 Eclipse，新建 Dynamic Web Project，工程名为 SmartClassWeb，如图 6-67 所示。

(2) 在 src 目录下创建包 JavaBeans，在包下创建 Mydatabase.java 文件，如图 6-68 所示。该文件通过 JDBC 实现和数据库的操作。JDBC(Java Data Base Connectivity，Java 数据库连接)是一种用于执行 SQL 语句的 Java API，可以为多种关系数据库提供统一访问，它由一组用 Java 语言编写的类和接口组成。JDBC 提供了一种基准，据此可以构建更高级的工具和接口，使数据库开发人员能够编写数据库应用程序。如果要使用数据库，就要添加数据库的驱动，不同的数据库有不同的驱动。

(3) 本系统的数据存储采用 MySQL 数据库。将从官网下载的 JDBC 驱动包 mysql-connector-java-5.1.45-bin.jar 放到工程目录下，右击工程名，选择 Properties，在左边选择 Java Build Path，在右边选择 Libraries，单击 Add External JARS 按钮，导入 mysql-connector-java-5.1.45-bin.jar 包，如图 6-69 所示。

(4) 在图 6-69 中，单击 Apply and Close 按钮，在工程的 Referenced Libraries 下就能看

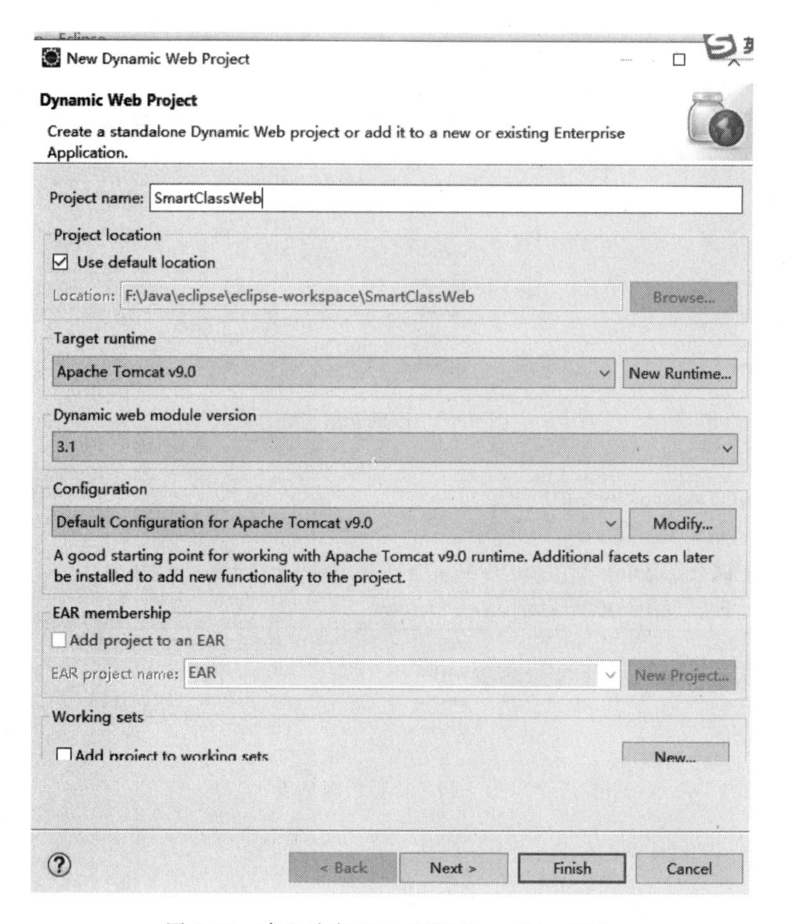

图 6-67 建立动态 Web 工程 SmartClassWeb

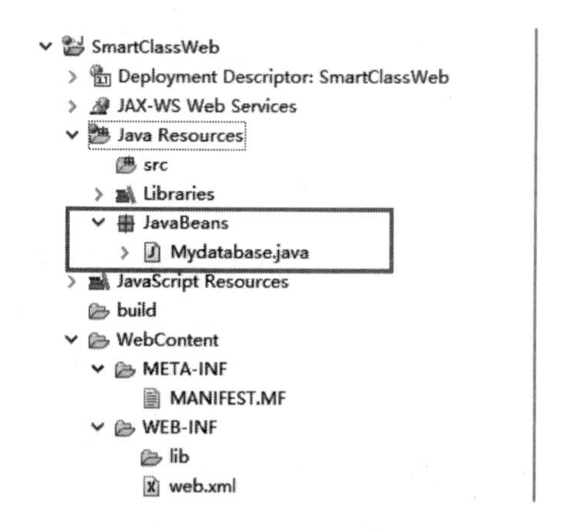

图 6-68 SmartClassWeb 工程目录结构

到 mysql-connector-java-5.1.45-bin.jar 包，如图 6-70 所示，表明引入 MySQL 的驱动程序成功。

(5) 加载 MySQL 的驱动程序之后，就可以调用相应的类接口以实现和数据库的连接。JDBC 连接数据库的基本步骤如下。

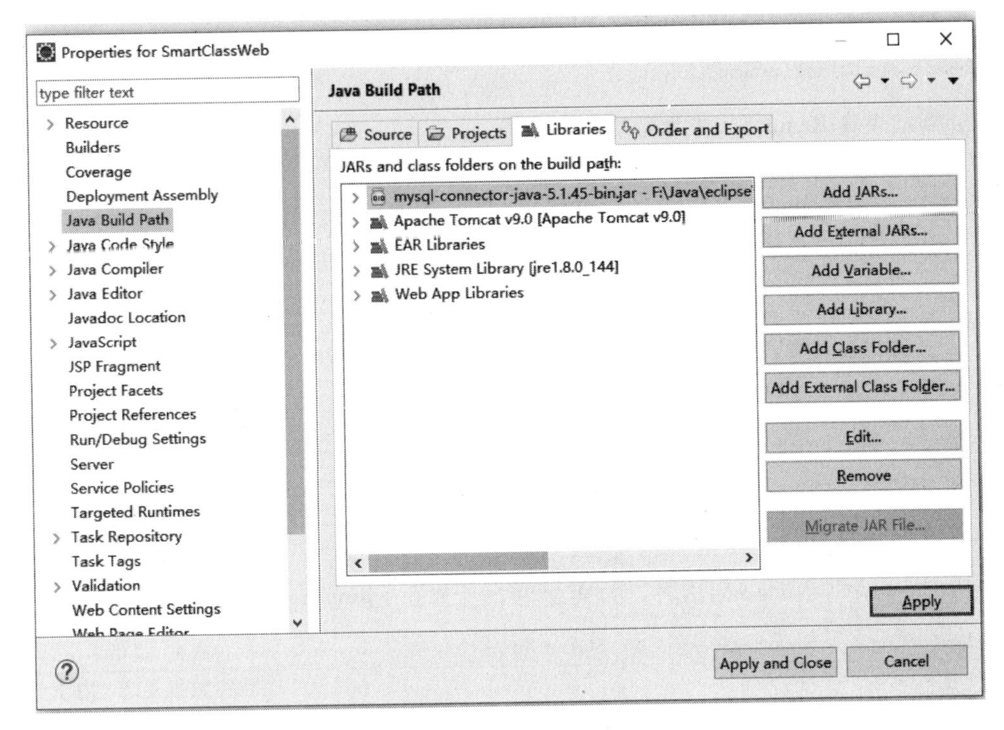

图 6-69　引入 mysql 包

图 6-70　显示引入 mysql 库成功

① 加载数据库驱动。

```
Class.forName("com.mysql.jdbc.Driver");
```

② 建立连接 Connection。

```
Connection conn = DriverManager.getConnection(url, user, pwd);
```

数据库为 MySQL 时，url 参数值为 jdbc:mysql://localhost:3306/class。user、pwd 参数为连接 MySQL 数据库时的用户名和密码。

③ 创建用于向数据库发送 SQL 语句的 PreparedStatement 对象。

```
PreparedStatement pst = conn.prepareStatement(sql);
```

④ 执行 SQL 语句后获得结果集 ResultSet。

```
ResultSet rs = pst.excuteQuery(sql)
```

⑤ 到结果集 ResultSet 中取数据。

(6) 断开与数据库的连接,并释放相关资源。

为统一应用程序对数据库的访问和操作,将对数据库的操作封装在 Mydatabase 类中实现。Mydatabase 类的具体方法如表 6-1 所示。

表 6-1 Mydatabase 类方法

方法名(参数表)	输　入	输出	描　述
Mydatabase()			无参数构造方法,用于连接默认数据库
Mydatabase(…)	各项数据库属性参数		用于连接数据库,可自行指定各项参数
getSelectAll(String sql)	SQL 语句	ResultSet	执行查询,不提供参数
getSelect(String sql, String value)	SQL 语句、一个数值	ResultSet	执行查询,可提供 1 个参数,例如 where 条件
getSelect(String sql, String values[])	SQL 语句、多个数值	ResultSet	执行查询,提供多个参数
update(String sql, String value)	SQL 语句、一个数值	int	执行数据更新(用于删除操作)
update(String sql, String values[])	SQL 语句、多个数值	int	执行数据更新(用于添加操作)
update(String sql, String values[], String condition)	SQL 语句、多个数值条件描述	int	执行数据更新(用于修改操作)
closeDB()	无	无	关闭数据库

Mydatabase.java 参考代码如下。

【程序 6-1】 操作数据库的类: Mydatabase.java。

```
package JavaBeans;
import java.sql.Connection;
import java.sql.DriverManager;
import java.sql.PreparedStatement;
import java.sql.ResultSet;
import java.sql.SQLException;

public class Mydatabase {
    public String url;
    public String IPAddress;
    public String port;
    public String DBname;
    public String user;
    public String passwd;
    public String dirver;
    public Connection conn = null;
    public PreparedStatement pst = null;
```

```
    public ResultSet rSet = null;
    //无参构造函数
    public Mydatabase() {
        url = "jdbc:mysql://";
        IPAddress = "localhost";
        DBname = "class";
        user = "root";
        passwd = "1234";
        dirver = "com.mysql.jdbc.Driver";
        try {
            Class.forName(dirver);
            url = url + IPAddress + ":3306" + "/" + DBname;
            url = url  +  "?useUnicode = true&characterEncoding = utf - 8&useSSL = false";
            conn = DriverManager.getConnection(url, user, passwd);
        } catch (Exception e) {
            // TODO: handle exception
            e.printStackTrace();
        }
    }
    //带参构造函数
    public Mydatabase(String driver, String hostname, String port, String dbname, String
username, String password) {
        url = "jdbc:mysql://";
        this.dirver = driver;
        this.IPAddress = hostname;
        this.port = port;
        this.DBname = dbname;
        this.user = username;
        this.passwd = password;

        try {
            Class.forName(dirver);
            url = url + IPAddress + ":3306" + "/" + DBname;
            url = url  +  "?useUnicode = true&characterEncoding = utf - 8&useSSL = false";
            conn = DriverManager.getConnection(url, user, passwd);
        } catch (Exception e) {
            // TODO: handle exception
            e.printStackTrace();
        }
    }
    //关闭数据库
    public void closeDB() {
        try {
            this.conn.close();
            this.pst.close();
        } catch (Exception e) {
            // TODO: handle exception
            e.printStackTrace();
        }
    }
```

```
//根据 SQL 语句进行查找,返回结果集
public ResultSet getSelectAll(String sql) {
    try {
        pst = conn.prepareStatement(sql);
        rSet = pst.executeQuery();
        return rSet;
    } catch (Exception e) {
        // TODO: handle exception
        e.printStackTrace();
    }
    return null;
}
//根据 SQL 语句(带有 1 个参数)进行查找,返回结果集
public ResultSet getSelect(String sql, String value) {
    try {
        pst = conn.prepareStatement(sql);
        pst.setString(1, value);
        rSet = pst.executeQuery();
        return rSet;
    } catch (Exception e) {
        e.printStackTrace();
    }
    return null;
}
//根据 SQL 语句(带有 n 个参数)进行查找,返回结果集
public ResultSet getSelect(String sql, String values[]) {
    try {
        pst = conn.prepareStatement(sql);
        for(int i = 0; i < values.length; i++)
        {
            pst.setString(i + 1, values[i]);
        }
        rSet = pst.executeQuery();
        return rSet;
    } catch (SQLException e) {
        e.printStackTrace();
    }
    return null;
}
//执行数据更新(用于删除操作)
public int update(String sql, String value) {
    try {
        if(pst!= null) pst.close();
        pst = conn.prepareStatement(sql);
        pst.setString(1, value);
        return pst.executeUpdate();
    } catch (SQLException e) {
        e.printStackTrace();
    }
    return 0;
```

```
        }
        //执行数据更新(用于插入操作)
        public int update(String sql, String values[]) {
            try {
                if(pst!= null) pst.close();
                pst = conn.prepareStatement(sql);
                for(int i = 0; i < values.length; i++)
                {
                    pst.setString(i + 1, values[i]);
                }
                return pst.executeUpdate();
            } catch (SQLException e) {
                e.printStackTrace();
            }
            return 0;
        }
        //执行数据更新(用于修改操作)
        public int update(String sql, String values[], String condition) {
            try {
                if(pst!= null) pst.close();
                pst = conn.prepareStatement(sql);
                for(int i = 0; i < values.length; i++)
                {
                    pst.setString(i + 1, values[i]);
                }
                pst.setString(values.length + 1, condition);
                return pst.executeUpdate();
            } catch (SQLException e) {
                e.printStackTrace();
            }
            return 0;
        }
    }
    }
```

Mydatabase 类实现应用程序和 MySQL 数据库的连接,及对数据进行增删改查等基本操作的方法,具体如下。

(1) 无参构造方法 Mydatabase():加载连接 MySQL 的驱动,并和已经建立好的 MySQL 数据库 class 进行连接,返回 Connection 对象。

(2) 有参构造方法 Mydatabase(String driver, String hostname, String port, String dbname, String username, String password):通过参数传递数据库的驱动、主机名、端口号、数据库名、用户名、密码等信息,并实现和数据库的连接。

(3) getSelectAll()方法:实现执行指定 SQL 语句的查询,并返回结果集。

(4) getSelect(String sql, String value)方法:实现带有一个参数的 SQL 语句的查询,并返回结果集。

(5) getSelect(String sql, String values[])方法:实现带有多个参数的 SQL 语句的查询,并返回结果集。

(6) update(String sql, String value)方法：实现执行数据更新，主要用于删除数据的操作。

(7) update(String sql, String values[])方法：实现执行数据更新，主要用于插入数据的操作。

(8) update(String sql, String values[], String condition)方法：实现执行数据更新，主要用于修改数据的操作。

(9) closeDB()方法：实现关闭数据库的操作。

Web 服务器主要实现和网关、移动终端进行数据的交互，所以对数据的操作接口一定要准确无误。为保证 Mydatabase 类的各个接口方法有效，可以先设计一个测试类，以验证 Mydatabase 类的有效性。

测试数据库是否连接成功及相关接口操作的实现在 TestDB. java 类中实现。

TestDB. java 类的具体参考代码如下所示。

【程序 6-2】 测试数据库的类：TestDB. java。

```
package JavaBeans;
import java.sql.ResultSet;
import java.sql.SQLException;
import java.util.Scanner;

public class TestDB {
    Mydatabase mydatabase;
    ResultSet rSet;
    Scanner scanner;
    public TestDB() {
        mydatabase = new Mydatabase();
        scanner = new Scanner(System.in);
    }
    //显示信息
    public void showMessage() {
        try {
            while(rSet.next()) {
                String uid = rSet.getString(1);
                String passwd = rSet.getString(2);
                int type = rSet.getInt(8);
                String name = rSet.getString(3);
                System.out.println(uid + " -- " + passwd + " -- " +
                type + " -- " + name);
            }
            mydatabase.closeDB();
        } catch (SQLException e) {
            // TODO Auto - generated catch block
            e.printStackTrace();
        }
    }
    //查询所有记录
    public ResultSet selectAll() {
```

```
        String sql = "select * from user";
        rSet = mydatabase.getSelectAll(sql);
        return rSet;
    }
    //根据 ID 查找记录
    public ResultSet selectSomeone() {
        String sql = "select * from user where u_id = ?";
        System.out.println("请输入查找用户 ID: ");
        String id = scanner.next();
        rSet = this.mydatabase.getSelect(sql, id);
        return rSet;
    }
    //增加一条记录
    public int insert() {
        String sql = "insert into user values(?,?,?,?,?,?,?,?)";
        String values[] = {null,null,null,null,null,null,null,null};

        System.out.println("请录入新用户信息: ");
        System.out.println("请输入用户名:");
        values[0] = scanner.next();
        System.out.println("请输入密码:");
        values[1] = scanner.next();
        System.out.println("请输入姓名:");
        values[2] = scanner.next();
        System.out.println("请输入系别:");
        values[3] = scanner.next();
        System.out.println("请输入专业:");
        values[4] = scanner.next();
        System.out.println("请输入班级:");
        values[5] = scanner.next();
        System.out.println("请输入电话:");
        values[6] = scanner.next();
        System.out.println("请输入用户类型(0-管理员,1-教师,2-学生):");
        values[7] = String.valueOf(scanner.nextInt());
        return this.mydatabase.update(sql, values);
    }
    //修改一条记录
    public int update() {
        System.out.println("请输入要修改信息的用户 ID: ");
        String id = scanner.next();
        String sql = "update user set u_phone = ?,u_name = ? where u_id = ?";
        String values[] = {null,null};
        System.out.println("请输入修改后的电话:");
        values[0] = scanner.next();
        System.out.println("请输入修改后的姓名:");
        values[1] = scanner.next();
        return this.mydatabase.update(sql, values, id);
    }
    //删除一条记录
    public int delete() {
```

```
        String sql = "delete from user where u_id = ?";
        System.out.println("请输入要删除的用户 ID: ");
        String id = scanner.next();
        return this.mydatabase.update(sql, id);
    }
    //主方法
    public static void main(String[] args) {
        // TODO Auto - generated method stub
        TestDB tDb = new TestDB();
        System.out.println("1:查询所有记录");
        System.out.println("2:增加一条记录");
        System.out.println("3:修改一条记录");
        System.out.println("4:删除一条记录");
        System.out.println("5:根据条件查询记录");
        System.out.println("请选择操作选项(1 - 5): ");
        Scanner scan = new Scanner(System.in);
        int flag = scan.nextInt();
        switch (flag) {
        case 1:
            tDb.selectAll();
            break;
        case 2:
            if(tDb.insert()!= 0) {
                System.out.println("插入成功!");
                tDb.selectAll();
            }
            else
                System.out.println("插入失败!");
            break;
        case 3:
            if(tDb.update()!= 0) {
                System.out.println("修改成功!");
                tDb.selectAll();
            }
            else
                System.out.println("修改失败!");
            break;
        case 4:
            if(tDb.delete()!= 0) {
                System.out.println("删除成功!");
                tDb.selectAll();
            }
            else
                System.out.println("删除失败!");
            break;
        case 5:
            tDb.selectSomeone();
            break;
        default:
            break;
        }
        tDb.showMessage();
```

```
        tDb.mydatabase.closeDB();
    }
}
```

在 main()方法中，给出操作选择界面，如图 6-71 所示。

在 selectAll()方法中，执行 SQL 语句 select * from user，查询 user 表中的所有数据并显示如图 6-72 所示（显示的数据为事先在数据库后台手动填入的数据）。

```
1:查询所有记录
2:增加一条记录
3:修改一条记录
4:删除一条记录
5:根据条件查询记录
请选择操作选项(1-5):
```

图 6-71　主方法操作界面

```
请选择操作选项(1-5):
1
user1--赵照--软件工程--13978651280
user2--李建--车辆工程--13467657876
user3--周迎--网络工程--15943254637
```

图 6-72　查询操作

在 insert()方法中，执行 SQL 语句 insert into user values(?,?,?,?,?,?,?,?)，并通过 Scanner 对象获得新记录的各个字段的值。输入过程如下所示：

```
请选择操作选项(1-5): 2
请录入新用户信息:
请输入用户名:user4
请输入密码:abc
请输入姓名:刘柳
请输入系别:信息科学学院
请输入专业:物联网工程
请输入班级:17001
请输入电话:13787652390
请输入用户类型(0-管理员,1-教师,2-学生):2
```

输入数据之后，如果操作正常，结果如图 6-73 所示。

在 update()方法中，执行 SQL 语句 update user set u_phone=?,u_name=? where u_id=?，调用 update(String sql, String values[], String condition)方法，实现根据指定的用户 ID 修改用户的电话和姓名信息，如图 6-74 所示。

```
插入成功!
user1--赵照--软件工程--13978651280
user2--李建--车辆工程--13467657876
user3--周迎--网络工程--15943254637
user4--刘柳--物联网工程--13787652390
```

图 6-73　插入操作

```
请选择操作选项(1-5):
3
请输入要修改信息的用户ID:
user4
请输入修改后的电话:
13567654356
请输入修改后的姓名:

陈歌
修改成功!
user1--赵照--软件工程--13978651280
user2--李建--车辆工程--13467657876
user3--周迎--网络工程--15943254637
user4--陈歌--物联网工程--13567654356
```

图 6-74　修改信息操作

在 delete()方法中，执行 SQL 语句 delete from user where u_id=?，调用 update(String sql, String value)方法，实现根据指定的用户 ID 删除用户信息，如图 6-75 所示。

在 selectSomeone()方法中，执行 SQL 语句 select * from user where u_id=?，调用 getSelect(String sql, String value)方法，实现根据指定的用户 ID 查找用户信息，如图 6-76 所示。

```
请选择操作选项(1-5):
4
请输入要删除的用户ID:
user4
删除成功!
user1--赵照--软件工程--13978651280
user2--李建--车辆工程--13467657876
user3--周迎--网络工程--15943254637
```

图 6-75　删除信息操作

```
请选择操作选项(1-5):
5
请输入查找用户ID:
user1
user1--赵照--软件工程--13978651280
```

图 6-76　根据 ID 查找信息操作

6.4　Web 服务器接口

网关系统要将获得的传感器等信息通过 http 请求的形式发送给 Web 服务器，Web 服务器则需要设定相应的 Servlet 接口，以实现对网关及移动终端请求的响应。智能教室管理系统 Web 服务器端需要提供的接口已经在第 5 章中设计完成，如表 5-15 所示。本节介绍各个接口的实现过程。

6.4.1　登录验证接口

视频讲解

在介绍具体 Servlet 接口实现之前，先来介绍在 Web 工程中如何配置 Servlet。

首先在 Web 工程 src 目录下创建 Servlets 包，新建 Servlet，以登录验证接口为例，配置界面如图 6-77 所示，名字为 UserLoginVerificationServlet。

Servlet 接口创建后，可在工程目录下显示，如图 6-78 所示。

登录验证接口的 url 输入参数及返回参数如表 6-2 所示。

表 6-2　登录验证接口信息

接口功能	url	输入参数	返回参数
登录验证（网关、移动终端）	http://192.168.1.105:8080/SmartClassWeb/Servlet/UserLoginVerificationServlet	username：用户名 password：密码 rfidNo：RFID 卡号	Administrator Teacher Student Failed

注：表 6-2 中出现的和后续出现的 IP 地址“192.168.1.105”为本系统在实验部署时服务器的 IP 地址。

Servlet 需要在工程的 Web.xml 文件中进行配置。配置的具体信息如下所示。

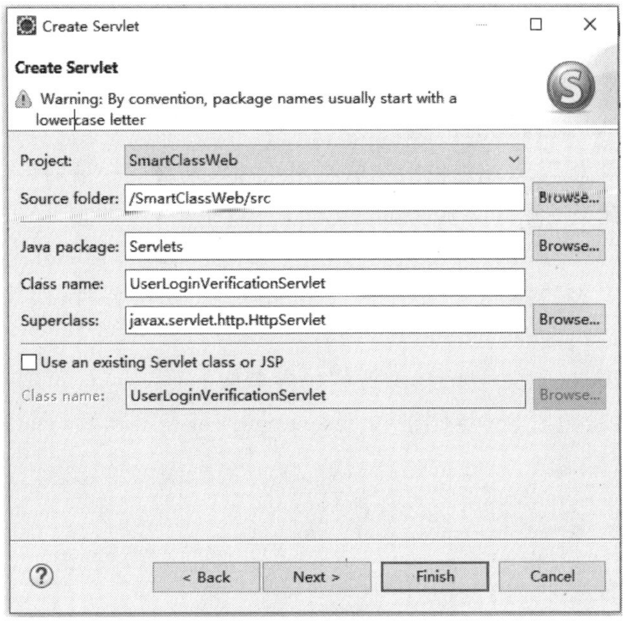

图 6-77　创建 Servlet 界面

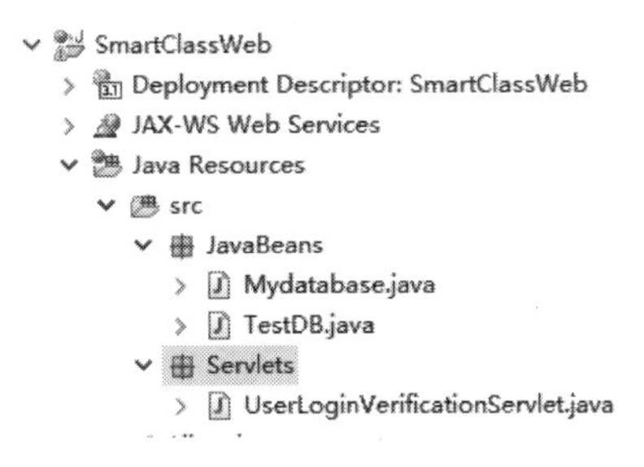

图 6-78　Servlet 工程目录结构

```
<servlet>
    <servlet-name>UserLoginVerificationServlet</servlet-name>
    <servlet-class>Servlets.UserLoginVerificationServlet</servlet-class>
</servlet>
<servlet-mapping>
    <servlet-name>UserLoginVerificationServlet</servlet-name>
    <url-pattern>/Servlet/UserLoginVerificationServlet</url-pattern>
</servlet-mapping>
```

访问 Servlet 需要一个地址，可通过 Web 的地址映射来解决。

<servlet></servlet>标签用来制定 Servlet 的初始化参数，<servlet-name>标签定义 Servlet 的应用名字，<servlet-class>标签定义与 Servlet 应用名字对应的具体 Servlet 文件。

<servlet-mapping></servlet-mapping>标签用来制定 Servlet 应用和 Web 地址的映射。<url-pattern>标签属性值为具体的 url 地址。

Servlet 的工作过程是：客户端通过 url 地址 http://192.168.1.105:8080/SmartClassWeb/

Servlet/UserLoginVerificationServlet 向服务器发出 Servlet 请求，并找到映射文件名 UserLoginVerificationServlet，通过 UserLoginVerificationServlet 找到对应的 <servlet-name> UserLoginVerificationServlet </servlet-name>，然后定位到这个 Servlet 文件 Servlets. UserLoginVerificationServlet。

该登录验证接口为 Web 端提供给物联网网关和移动终端登录的接口，供远程登录。登录接口获取客户端提交的用户名和密码，或者 RFID 卡号，与数据库中的合法用户进行比对，并返回用户的类型。当用户类型为 0 时，服务器向客户端返回 Administrator；当用户类型为 1 时，服务器向客户端返回 Teacher；当用户类型为 2 时，服务器向客户端返回 Student；如是非法用户，返回 Failed。

UserLoginVerificationServlet. java 源代码参考如下。

【程序 6-3】 登录验证 Servlet 接口：UserLoginVerificationServlet. java。

```
package Servlets;
import java.io.IOException;
import java.io.PrintWriter;
import javax.servlet.ServletException;
import javax.servlet.annotation.WebServlet;
import javax.servlet.http.HttpServlet;
import javax.servlet.http.HttpServletRequest;
import javax.servlet.http.HttpServletResponse;
import JavaBeans.User;

@WebServlet("/UserLoginVerificationServlet")
public class UserLoginVerificationServlet extends HttpServlet {
    private static final long serialVersionUID = 1L;
    public UserLoginVerificationServlet() {
        super();
}
     protected void doGet(HttpServletRequest request, HttpServletResponse response) throws
ServletException, IOException {
response.getWriter().append("Served at: ").append(request.getContextPath()); response.
addHeader("Access - Control - Allow - Origin", " * "); // Ajax 跨域访问
        response.setContentType("text/html");
        request.setCharacterEncoding("gb2312");
        response.setCharacterEncoding("gb2312");
        String username = request.getParameter("username");
        String password = request.getParameter("password");
        String rfidNo = request.getParameter("rfidNo");
        PrintWriter out = response.getWriter();
        User u = new User();
    if(u.VerifyUser(username, password) == 0||u.VerifyUserByRfidNo(rfidNo) == 0)
        {
            out.print("Administrator");
        }
        elseif
(u.VerifyUser(username, password) == 1||u.VerifyUserByRfidNo(rfidNo) == 1)
```

```
            {
                out.print("Teacher");
            }
            else if
(u.VerifyUser(username, password) == 2||u.VerifyUserByRfidNo(rfidNo) == 2){
                out.print("Student");
            }
            else {
                out.print("Failed");
            }
        }
        protected void doPost(HttpServletRequest request, HttpServletResponse response) throws
ServletException, IOException {
            doGet(request, response);
        }
}
```

在登录验证接口中，要对数据库的用户信息进行验证，在此设计了用户的实体类User。在User类中，有以下几种方法。

(1) VerifyUser(String user,String passwd)方法：实现用户名和密码的验证，当用户名和密码正确时，返回用户的类型。

(2) VerifyUserByRfidNo(String RfidNo)方法：实现RFID卡号的验证，在数据库card表中，根据卡号查找用户名，再根据用户名在数据库user表中查找用户类型并返回。

(3) selectAllUser()方法：查找用户表user中的所有用户。

(4) selectUserByCondition(String cond)方法：查找符合条件的用户。

(5) addUser(String v[])方法：增加一条用户信息。

(6) deleteUser (String id)方法：根据用户ID删除用户信息。

(7) updateUser (String id, String v[])方法：根据用户ID更新用户信息。

(8) addAttendance(String values[])方法：插入考勤记录。

用户通过网关或移动终端登录系统的同时，系统会将考勤信息记录到数据库表中，实现对考勤信息的存储。考勤信息表包括记录编号、用户名、用户姓名、考勤记录时间、出勤状态、备注字段等信息，可参见6.2.4节。addAttendance(String values[])方法实现插入考勤记录，该方法在通过用户名密码登录和RFID刷卡登录时被调用，根据用户名和卡号从用户表中查找用户的基本信息，并能够获取本地系统时间，把考勤的相关信息插入到数据库考勤表中。

User类的参考代码如下。

【程序6-4】 实体类User：User.java。

```
package JavaBeans;
import java.sql.ResultSet;
import java.sql.SQLException;
public class User {
```

```
    public Mydatabase mydatabase;
    //无参构造
    public User() {
        mydatabase = new Mydatabase();
    }
//插入考勤记录
    public void AddAttendance(String values[]) {
        String sql = "insert into attend values(null,?,?,1,?,null)";
        mydatabase.update(sql, values);
    }
    //根据 RFID 卡号查找数据库,并返回 user 表的用户类型
    public int VerifyUserByRfidNo(String RfidNo) {
        SimpleDateFormat df = new SimpleDateFormat("yyyy-MM-dd HH:mm:ss");
        String data_time = df.format(new Date()).toString();
        String uid = null;
        String sql = "select u_id from card where card_id = ?";
        try {
            ResultSet rSet = mydatabase.getSelect(sql,RfidNo);
            while(rSet.next()) {
                uid = rSet.getString(1);
            }
            sql = "select * from user where u_id = ?";
            ResultSet rSet1 = mydatabase.getSelect(sql,uid);
            while(rSet1.next()) {
                String values[] = {uid,rSet1.getString(3),data_time};
                this.AddAttendance(values);
                return rSet1.getInt(8);
            }
        } catch (Exception e) {
            // TODO: handle exception
        }
        return -1;
    }
    public int VerifyUser(String user,String passwd) {
        SimpleDateFormat df = new SimpleDateFormat("yyyy-MM-dd HH:mm:ss");
        String data_time = df.format(new Date()).toString();
        String sql = "select * from user";
        try {
            ResultSet rSet = mydatabase.getSelectAll(sql);
            while(rSet.next()) {
                if(rSet.getString(1).equals(user)&&rSet.getString(2).equals(passwd))
                {
                    String values[] = {user,rSet.getString(3),data_time};
                    AddAttendance(values);
                    return rSet.getInt(8);
                }
            }
        } catch (SQLException e) {
            // TODO Auto-generated catch block
            e.printStackTrace();
```

```
        }
        return -1;
    }

    /*查找所有数据
     * 如: sql :select * from user;
     * */
    public ResultSet selectAllUser() {
        ResultSet rSet = null;
        String sql = "select * from user";
        rSet = this.mydatabase.getSelectAll(sql);
        return rSet;
    }
    /*根据给定条件查找数据
     * 如:sql: select * from user where u_id = ?;
     * */
    public ResultSet selectUserByCondition(String cond) {
        ResultSet rSet = null;
        String sql = "select * from user where u_id = ?";
        rSet = this.mydatabase.getSelect(sql, cond);
        return rSet;
    }
    //增加一条记录
    public int addUser(String v[]) {
        String sql = "insert into user values(?,?,?,?,?,?,?,?)";
        return mydatabase.update(sql, v);
    }
    //删除一条记录
    public int deleteUser (String id) {
        String sql = "delete from user where u_id = ?";
        return mydatabase.update(sql, id);
    }
    //修改一条记录
    public int updateUser (String id, String v[]){
String sql =
"update user set u_pass = ?,u_name = ?,u_depart = ?,u_major = ?,u_class = ?,u_phone = ?,u_type
= ? where u_id = ?";
        return mydatabase.update(sql, v, id);
    }
}
```

登录验证接口实现之后，为保证客户端能够正常访问，接下来在浏览器中输入 url 地址以验证该接口。该接口的输入参数有用户名、密码、RFID 卡号。数据库中现有的用户信息如图 6-79 所示。

下面分别以 Administrator、Teacher、Student 用户身份，以用户名和密码作为参数进行验证。

1）Administrator 用户验证

在浏览器端输入传递参数的 url 以验证，在 url 中输入“username＝user3，password＝

user @class (SmartClass)

文件 编辑 查看 窗口 帮助

导入向导 导出向导 筛选向导 网格查看 表单查看 备注 十六进位 图像

u_id	u_pass	u_name	u_depart	u_major	u_class	u_phone	u_type
user1	111	赵照	软件工程系	软件工程	16003	13978651280	1
user2	123	李建	交通运输学院	车辆工程	17001	13467657876	2
user3	456	周迎	计算机系	网络工程	17002	15943254637	0

图 6-79 用户表 user 的信息

456”,是数据库中已有的管理员用户信息,如正常,则向客户端返回 Administrator 信息。url 的信息如下:

```
http://192.168.1.105:8080/SmartClassWeb/Servlet/UserLoginVerificationServlet?username=user3&password=456
```

提交请求后,页面显示:Served at:/SmartClassWebAdministrator,表明验证成功,如图 6-80 所示。

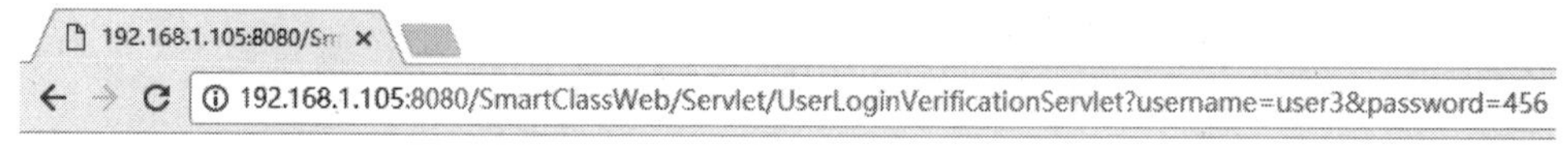

图 6-80 Administrator 用户验证成功

2) Teacher 用户验证

在 url 中输入“username=user1,password=111”,是数据库中已有的教师用户信息,如正常,则向客户端返回 Teacher 信息。url 的信息如下:

```
http://192.168.1.105:8080/SmartClassWeb/Servlet/UserLoginVerificationServlet?username=user1&password=111
```

提交请求后,页面显示:Served at:/SmartClassWebTeacher,表明验证成功,如图 6-81 所示。

图 6-81 Teacher 用户验证成功

3) Student 用户验证

在 url 中输入“username=user2,password=123”,是数据库中已有的学生用户信息,如正常,则向客户端返回 Student 信息。url 的信息如下:

```
http://192.168.1.105:8080/SmartClassWeb/Servlet/UserLoginVerificationServlet?username=user2&password=123
```

提交请求后,页面显示:Served at:/SmartClassWebStudent,表明验证成功,如图 6-82 所示。

图 6-82　Student 用户验证成功

下面以 RFID 卡号作为参数来验证登录接口。图 6-83 为数据库 card 表的信息，card_id 为 RFID 卡号，和 u_id 用户名对应。

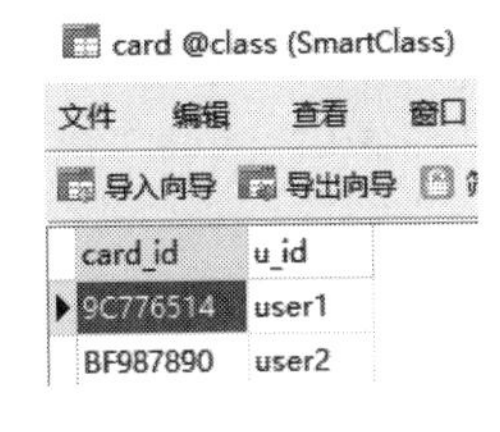

图 6-83　RFID 表信息

在 url 中输入“rfidNo=9C776514”，是数据库中已有的老师用户 user1，如正常，则向客户端返回 Teacher 信息。url 的信息如下：

```
http://192.168.1.105:8080/SmartClassWeb/Servlet/UserLoginVerificationServlet?rfidNo = 9C776514
```

提交请求后，页面显示：Served at:/SmartClassWebTeacher，表明验证成功，如图 6-84 所示。

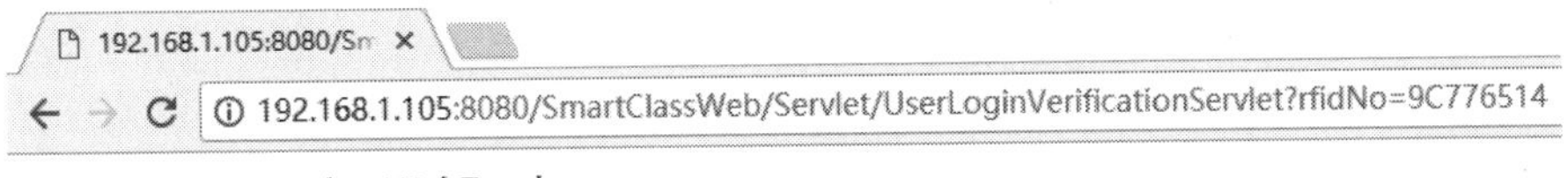

图 6-84　Teacher 用户以 RFID 方式验证成功

由此验证 UserLoginVerificationServlet 接口功能有效，可为网关及移动终端提供用户验证。

6.4.2　网关上传数据接口

视频讲解

网关需要将传感器节点的数据实时传送到网络数据库中，接口提供的输入参数有温度、湿度、人体检测、烟雾、时间等。网关上传数据接口的 url、输入参数、返回参数如表 6-3 所示。

表 6-3　网关上传数据接口信息

接口功能	url	输入参数	返回参数
网关上传数据	http://192.168.1.105:8080/SmartClassWeb/Servlet/SetSensorInfoServlet	temp：温度 hum：湿度 body：是否有人 gas：是否有烟雾	InsertOK InsertErr

网关上传数据的参考代码如下。

【程序 6-5】　网关上传数据 Servlet 接口：SetSensorInfoServlet.java。

```
package Servlets;
import java.io.IOException;
import java.io.PrintWriter;
```

```
import java.util.Date;
import javax.servlet.ServletException;
import javax.servlet.annotation.WebServlet;
import javax.servlet.http.HttpServlet;
import javax.servlet.http.HttpServletRequest;
import javax.servlet.http.HttpServletResponse;
import JavaBeans.Mydatabase;

@WebServlet("/SetSensorInfoServlet")
public class SetSensorInfoServlet extends HttpServlet {
    private static final long serialVersionUID = 1L;
    public SetSensorInfoServlet() {
        super();
        // TODO Auto - generated constructor stub
    }
    protected void doGet(HttpServletRequest request, HttpServletResponse response) throws
ServletException, IOException {
        // TODO Auto - generated method stub
        response.getWriter().append("Served at: ").append(request.getContextPath());
        response.addHeader("Access - Control - Allow - Origin", " * "); // Ajax 跨域访问
        response.setContentType("text/html");
        request.setCharacterEncoding("gb2312");
        response.setCharacterEncoding("gb2312");
        Date dt = new Date();
        String time = dt.toLocaleString();
        String temp = request.getParameter("temp");
        String hum = request.getParameter("hum");
        String body = request.getParameter("body");
        String gas = request.getParameter("gas");
        String[] values = {temp,hum,gas,body,time};
        Mydatabase db = new Mydatabase();
        String sql = "insert into sensor values(null,?,?,?,?,?)";
        int res = db.update(sql, values);
        PrintWriter out = response.getWriter();
        if(res!= 0)
        {
            out.println("InsertOK");
        }
        else
        {
            out.println("InsertErr");
        }
    }
    protected void doPost(HttpServletRequest request, HttpServletResponse response) throws
ServletException, IOException {
        // TODO Auto - generated method stub
        doGet(request, response);
    }
}
```

该接口的主要功能是接收客户端的 temp、hum、body、gas 参数值，并获取本地的时间 Date dt=new Date()，然后插入到数据库的 sensor 表中。

为测试数据传送接口是否可用，可在浏览器端输入 url 和传递参数以验证，在 url 中输入"temp=20，hum=15，body=0，gas=1"，插入一条传感器信息记录，插入成功，则返回 InsertOK，否则返回 InsertErr。url 的信息如下：

http://192.168.1.105:8080/SmartClassWeb/Servlet/SetSensorInfoServlet? temp=20&hum=15&body=0&gas=1

提交请求后，页面显示：Served at:/SmartClassWebInsertOK，表明验证成功，如图 6-85 所示。

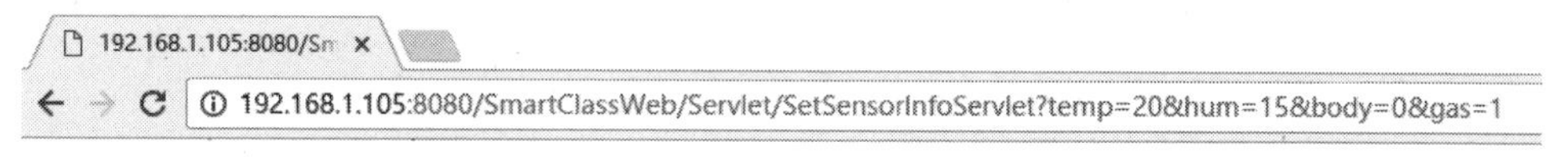

Served at: /SmartClassWebInsertOK

图 6-85 网关上传数据验证结果

由此验证 SetSensorInfoServlet 接口功能有效，可为网关传送传感器信息提供接口。

6.4.3 查询数据接口

视频讲解

网关和移动终端需要从 Web 数据库中查询温度、湿度、人体检测、烟雾等传感器节点的信息。查询数据接口的 url、输入参数、返回参数如表 6-4 所示。

表 6-4 查询数据接口信息

接口功能	url	输入参数	返回参数
网关、移动终端查询数据	http://192.168.1.105:8080/SmartClassWeb/Servlet/GetSensorInfoServlet	无	JSON 数据格式 temp: hum: gas: body

查询数据接口的返回参数为 JSON 数据格式。JSON(JavaScript Object Notation，JS 对象标记)是一种轻量级的数据交换格式，它采用完全独立于编程语言的文本格式来存储和表示数据，特点是简洁、层次结构清晰、易于阅读和编写，同时也易于解析和生成。

JSON 可以将 JavaScript 对象中表示的一组数据转换为字符串，然后在网络或者程序之间传递这个字符串，并在需要的时候将它还原为各编程语言所支持的数据格式。

JSON 最常用的格式是对象的键值对，如下所示。

```
{"temp": "20", "hum": "15","gas": "1","body": "0"}
```

该接口中采用 JsonObject 对象来组合 JSON 数据，JsonObject 类定义在 com.google.gson.JsonObject 包中，可以从网上下载 gson 包，本系统采用的是 gson-2.7.jar。

查询数据接口的参考代码如下。

【程序 6-6】 查询数据 Servlet 接口：GetSensorInfoServlet.java。

```
package Servlets;
import java.io.IOException;
import java.io.PrintWriter;
import java.sql.ResultSet;
import java.sql.SQLException;
import javax.servlet.ServletException;
import javax.servlet.annotation.WebServlet;
import javax.servlet.http.HttpServlet;
import javax.servlet.http.HttpServletRequest;
import javax.servlet.http.HttpServletResponse;
import com.google.gson.JsonObject;
import JavaBeans.Mydatabase;
import JavaBeans.Sensor;

@WebServlet("/GetSensorInfoServlet")
public class GetSensorInfoServlet extends HttpServlet {
    private static final long serialVersionUID = 1L;
    public GetSensorInfoServlet() {
        super();
    }
    protected void doGet(HttpServletRequest request, HttpServletResponse response) throws
ServletException, IOException {
response.getWriter().append("Served at: ").append(request.getContextPath());
    response.addHeader("Access-Control-Allow-Origin", "*"); // Ajax跨域访问
        response.setContentType("text/html");
        request.setCharacterEncoding("GBK");
        response.setCharacterEncoding("GBK");
        PrintWriter out = response.getWriter();
        Mydatabase db = new Mydatabase();
        Sensor sensor = new Sensor();
        String sql = "select * from sensor order by s_time desc limit 1";
        ResultSet rSet = db.getSelectAll(sql);
        try{
            while(rSet.next()){
                sensor.setTemp(rSet.getString(2));
                sensor.setHum(rSet.getString(3));
                sensor.setGas(rSet.getString(4));
                sensor.setBody(rSet.getString(5));
                }
            }catch(SQLException e){
        e.printStackTrace();
            }
        db.closeDB();
        JsonObject jsobj = new JsonObject();
        jsobj.addProperty("temp", sensor.getTemp());
        jsobj.addProperty("hum", sensor.getHum());
        jsobj.addProperty("gas", sensor.getGas());
        jsobj.addProperty("body", sensor.getBody());
        out.print(jsobj);
    }
```

```
    protected void doPost(HttpServletRequest request, HttpServletResponse response) throws
ServletException, IOException {
        doGet(request, response);
    }
}
```

为方便在该接口中访问及生成数据，在此构造了实体类 Sensor，在 Sensor 类中实现了对温度、湿度、人体检测、烟雾等传感器信息的管理。Sensor 实体类的参考代码如下：

```
package JavaBeans;
public class Sensor {
    private String temp = null;
    private String hum = null;
    private String gas = null;
    private String body = null;
    private String datetime = null;
    public String getTemp() {
        return temp;
    }
    public void setTemp(String temp) {
        this.temp = temp;
    }
    public String getHum() {
        return hum;
    }
    public void setHum(String hum) {
        this.hum = hum;
    }
    public String getGas() {
        return gas;
    }
    public void setGas(String gas) {
        this.gas = gas;
    }
    public String getBody() {
        return body;
    }
    public void setBody(String body) {
        this.body = body;
    }
    public String getDatetime() {
        return datetime;
    }
    public void setDatetime(String datetime) {
        this.datetime = datetime;
    }
}
```

为测试获取数据接口是否可用，可在浏览器端输入 url，如获取成功，则会以 JSON 格式返回温度、湿度、人体检测、烟雾的信息值。url的信息如下：

```
http://192.168.1.105:8080/SmartClassWeb/Servlet/GetSensorInfoServlet
```

提交请求后，页面显示传感器值的JSON数据格式，表明验证成功，如图6-86所示。

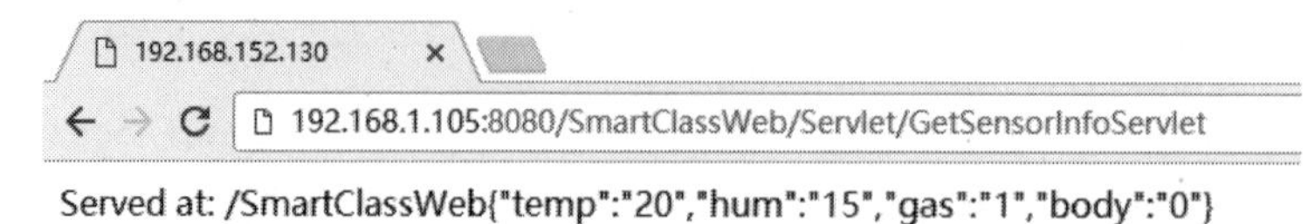

Served at: /SmartClassWeb{"temp":"20","hum":"15","gas":"1","body":"0"}

图6-86　数据查询接口验证结果

由此验证GetSensorInfoServlet接口功能有效，可为网关和移动终端获取传感器JSON格式的信息，在网关和移动终端再根据具体需要实现对JSON数据的解析和处理。

6.4.4　设置执行器状态接口

视频讲解

网关需要上传执行器的状态，同时移动终端也需提供设置执行器控制的接口，以达到更改数据库信息远程控制的目的。因此需要设计设置执行器状态的接口。设置执行器状态接口的url、输入参数、返回参数如表6-5所示。

表6-5　设置执行器状态接口信息

接口功能	url	输入参数	返回参数
网关上传执行器状态、移动终端设置执行器的状态	http://192.168.1.105:8080/SmartClassWeb/Servlet/SetActuatorServlet	a_type:执行器类型 a_status:状态	Set Actuator OK. Set Actuator Error.

设置执行器状态接口的参考代码如下。

【程序6-7】 设置执行器状态Servlet接口：SetActuatorServlet.java。

```java
package Servlets;
import java.io.IOException;
import java.io.PrintWriter;
import java.util.Date;

import javax.servlet.ServletException;
import javax.servlet.annotation.WebServlet;
import javax.servlet.http.HttpServlet;
import javax.servlet.http.HttpServletRequest;
import javax.servlet.http.HttpServletResponse;

import JavaBeans.Mydatabase;

@WebServlet("/SetActuatorServlet")
public class SetActuatorServlet extends HttpServlet {
    private static final long serialVersionUID = 1L;
```

```
    public SetActuatorServlet() {
        super();
    }
    protected void doGet(HttpServletRequest request, HttpServletResponse response) throws
ServletException, IOException {
response.getWriter().append("Served at: ").append(request.getContextPath());
        response.addHeader("Access-Control-Allow-Origin", "*");
        response.setContentType("text/html");
        request.setCharacterEncoding("gb2312");
        response.setCharacterEncoding("gb2312");
        Date dt = new Date();
        String time = dt.toLocaleString();
        String et = request.getParameter("a_type");
        String st = request.getParameter("a_status");
        Mydatabase db = new Mydatabase();
        String sql = "update actuator set a_time = ?,a_status = ? where a_type = ?";
        String[] values1 = {time,st,et};
        int res = db.update(sql, values1);
        PrintWriter out = response.getWriter();
        if(res!= 0)
        {
            out.print("Set Actuator OK.");
        }
        else
        {
            out.print("Set Actuator Error.");
        }
    }
    protected void doPost(HttpServletRequest request, HttpServletResponse response) throws
ServletException, IOException {
        // TODO Auto-generated method stub
        doGet(request, response);
    }
}
```

为测试设置执行器接口是否可用，可在浏览器端输入 url，如上传或设置成功，数据库中执行器信息表 actuator 的数据会更新，并向移动终端或网关返回 Set Actuator OK 信息，否则返回 Set Actuator Error 信息。url 的信息如下：

http://192.168.1.105:8080/SmartClassWeb/Servlet/SetActuatorServlet? a_type=0F&a_status=1

提交请求后，页面显示：Served at:/SmartClassWebSet Actuator OK，表明验证成功，如图 6-87 所示。

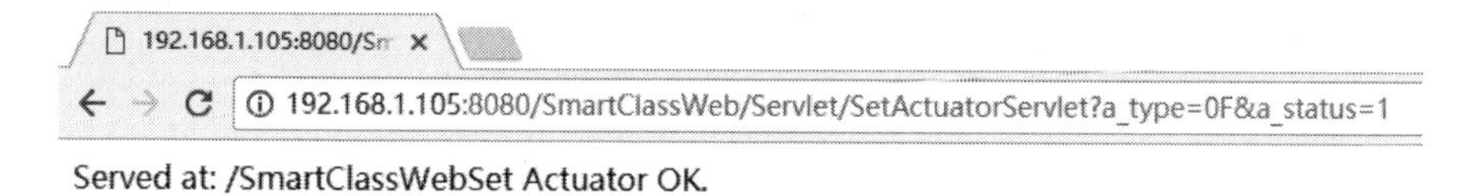

图 6-87 设置执行器接口验证结果

由此验证 SetActuatorServlet 接口功能有效，可为网关和移动终端上传及设置执行器的状态提供接口。

6.4.5 查询执行器状态接口

视频讲解

网关需要实时查看 Web 数据库执行器的状态，并将更新后的状态信息通过串口发送给执行器，以达到远程控制的目的。查询执行器状态接口的 url、输入参数、返回参数如表 6-6 所示。

表 6-6 查询执行器状态接口信息

接口功能	url	输入参数	返回参数
网关、移动终端查询执行器的状态	http://192.168.1.105:8080/SmartClassWeb/Servlet/GetActuatorServlet	无	JSON 格式： type：执行器类型 status：执行器状态 time：时间

查询执行器状态接口的参考代码如下。

【程序 6-8】 查询执行器状态 Servlet 接口：GetActuatorServlet.java。

```
package Servlets;

import java.io.IOException;
import java.io.PrintWriter;
import java.sql.ResultSet;
import java.sql.SQLException;

import javax.servlet.ServletException;
import javax.servlet.annotation.WebServlet;
import javax.servlet.http.HttpServlet;
import javax.servlet.http.HttpServletRequest;
import javax.servlet.http.HttpServletResponse;

import com.google.gson.JsonArray;
import com.google.gson.JsonObject;

import JavaBeans.Actuator;
import JavaBeans.Mydatabase;

@WebServlet("/GetActuatorServlet")
public class GetActuatorServlet extends HttpServlet {
    private static final long serialVersionUID = 1L;

    public GetActuatorServlet() {
        super();
    }
```

```
    protected void doGet(HttpServletRequest request, HttpServletResponse response) throws
ServletException, IOException {
        response.getWriter().append("Served at: ").append(request.getContextPath());
            response.setContentType("application/json");
            request.setCharacterEncoding("gb2312");
            response.setCharacterEncoding("gb2312");
            PrintWriter out = response.getWriter();
            Mydatabase db = new Mydatabase();
            Actuator as = new Actuator();
            String sql = "select * from actuator";
            ResultSet rs = db.getSelectAll(sql);
            JsonArray mjsonarray = new JsonArray();
            try{
                while(rs.next()){
                    as.setEtype(rs.getString(1));
                    as.setStatus(rs.getString(2));
                    as.setTime(rs.getString(3));
                    JsonObject jsonObj = new JsonObject();
                    jsonObj.addProperty("type", as.getEtype());
                    jsonObj.addProperty("status", as.getStatus());
                    jsonObj.addProperty("time", as.getTime());
                    mjsonarray.add(jsonObj);
                    }
                }catch(SQLException e){
                    e.printStackTrace();
                }
                db.closeDB();
                out.print(mjsonarray);
    }
    protected void doPost(HttpServletRequest request, HttpServletResponse response) throws
ServletException, IOException {
            // TODO Auto - generated method stub
            doGet(request, response);
    }
}
```

为测试查询执行器状态接口是否可用，可在浏览器端输入 url，如查询成功，则向移动终端或网关返回 JSON 格式的执行器信息。url 的信息如下：

```
http://192.168.1.105:8080/SmartClassWeb/Servlet/GetActuatorServlet
```

提交请求后，页面显示执行器状态的 JSON 数据格式，表明验证成功，如图 6-88 所示。

192.168.1.105:8080/SmartClassWeb/Servlet/GetActuatorServlet

Served at: /SmartClassWeb[{"type":"OF","status":"1","time":"2018-01-10 19:48:01.0"}]

图 6-88　查询执行器状态接口验证结果

由此验证 GetActuatorServlet 接口功能有效，可为网关和移动终端查询执行器的状态提供接口。

习题 6

1. 简述在 Web 服务器端建立 Servlet 接口的基本流程。
2. 简述客户端向 Web 服务器提交网络请求的几种方式以及它们的区别。
3. 简述应用 JDBC 连接 MySQL 数据库的过程及所用到的方法。
4. 什么是 JSON？JSON 有哪些特点？

第7章 CHAPTER 7 物联网网关子系统

第6章介绍了智能教室管理系统 Web 服务器子系统的环境配置、与数据库的连接、Web 服务器接口的实现等。在 Web 服务器搭建与网关和移动终端交互的接口后，接下来介绍该系统网关子系统基本功能的实现。

网关子系统要完成从感知层获得传感器的信息，然后上传到 Web 服务器，同时实时查询远程的命令，以实现对执行器的控制。

本章介绍本系统如何从感知端获得数据，又如何实时查询远程的控制命令，涉及的主要内容有串口操作接口、多线程的实现、Volley 框架、ZigBee 数据解析、GPS、GPRS 应用等。

7.1 串口操作接口

本系统网关基于北京赛佰特全功能物联网教学科研平台，应用程序的开发基于 Android 系统。本系统从感知层获得数据的物理通道主要是串口。从串口过来的数据有 ZigBee、RFID、GPS、GPRS 信息等。

有关串口的基本原理在 3.6.1 小节已经介绍，在此重点介绍基于 Android 的串口应用。该平台底层的串口已经驱动完成，在中间层提供了访问串口的类 HardwareControler，包名为 com.cbtService.AndroidSDK。网关的应用程序可以直接调用该类的方法来实现对串口的操作。HardwareControler 类在网关子系统工程中的位置如图 7-1 所示。

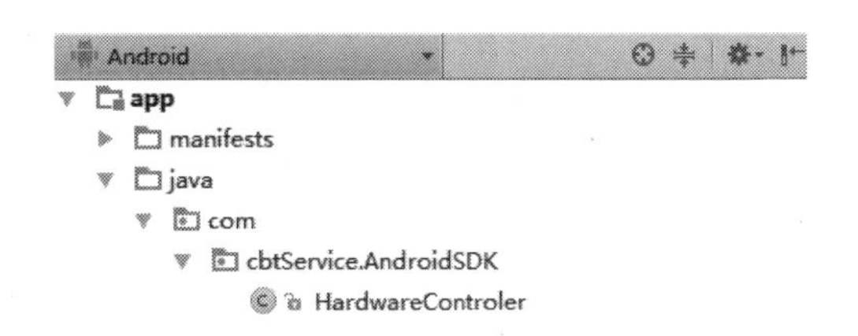

图 7-1 HardwareControler 类在工程中的结构位置

HardwareControler 串口类的参考代码如下。

【程序 7-1】 串口操作接口：HardwareControler.java。

```
package com.cbtService.AndroidSDK;
public class HardwareControler {
    static {
        System.loadLibrary("serialtest_runtime");
    }
    public static native boolean _init();
    /* Serial Port */
     static public native int openSerialPort(String devName, long baud, int dataBits, int
stopBits);
    static public native int write(int fd, byte[] data);
    static public native int read(int fd, byte[] buf, int len);
    static public native int select(int fd,int sec,int usec);
}
```

串口操作接口类中的主要方法有以下几种。

(1) _init():初始化串口。

(2) openSerialPort():打开串口。

(3) write():写串口,实现从串口发送数据。

(4) read():读串口,实现从串口接收数据。

7.2 线程

本系统中需要实时获取感知层的传感器信息、RFID信息、GPS定位信息等。实时信息的获取可通过线程来实现。

Java提供了线程类Thread来创建线程。其实,创建线程与创建普通类的对象操作是一样的,线程就是Thread类或其子类的实例对象。产生一个线程有两种方法:

(1) 从Java.lang.Thread类派生一个新的线程类,重载它的run()方法。

(2) 实现Runnable接口,重载Runnable接口中的run()方法。

Java中,类仅支持单继承,也就是当定义一个新类时,它只能扩展一个外部类。如果创建的自定义线程类是通过扩展Thread类的方法来实现的,那么这个类就不能再去扩展其他的类,也就无法实现更加复杂的功能。因此,如果自定义类需要扩展其他的类,那么就可以使用实现Runnable接口的方法来定义该类为线程类,这样就可以避免Java单继承所带来的局限性。还有一点就是使用实现Runnable接口的方式创建的线程可以处理同一资源,可以实现资源的共享。

下面分别介绍采用这两种方法创建多线程的实例。

7.2.1 继承Thread类创建多线程

实例:模拟一个电影院3个售票窗口出售电影票,3个窗口分别放有20张电影票,分别面向孩子、老人、成年人售票。3个窗口同时卖票,而只有一个售票员。

使用继承Thread类创建多线程的方法实现该实例的代码如下。

【程序 7-2】 继承 Thread 类创建多线程：MutliThreadDemo.java。

```
public class MutliThreadDemo {
    public static void main(String[] args) {
        MutliThread m1 = new MutliThread("Window 1");
        MutliThread m2 = new MutliThread("Window 2");
        MutliThread m3 = new MutliThread("Window 3");
        m1.start();
        m2.start();
        m3.start();
    }
}
public class MutliThread extends Thread {
    private int ticket = 50;
    public MutliThread (){}
    public MutliThread (String name){
        super(name);
    }
    @Override
    public void run() {
        while(ticket > 0){
                                    System.out.println(ticket -- + " is saled by " + Thread.currentThread().
                                    getName());
        }
    }
}
```

运行结果如图 7-2 所示。由于运行结果条目较多，此处只是截取部分结果。

```
20 is saled by Window 2
20 is saled by Window 3
20 is saled by Window 1
19 is saled by Window 3
19 is saled by Window 2
18 is saled by Window 3
17 is saled by Window 3
19 is saled by Window 1
16 is saled by Window 3
18 is saled by Window 2
15 is saled by Window 3
14 is saled by Window 3
18 is saled by Window 1
13 is saled by Window 3
17 is saled by Window 2
12 is saled by Window 3
17 is saled by Window 1
11 is saled by Window 3
16 is saled by Window 2
10 is saled by Window 3
16 is saled by Window 1
9 is saled by Window 3
```

图 7-2　继承 Thread 类创建多线程实例运行结果

实例中的售票员就相当于一个 CPU,3 个窗口就相当于 3 个线程。

该程序中定义一个继承 Thread 类的线程类 MutliThread,在 MutliThreadDemo 类的 main()方法中创建了 3 个 MutliThread 线程对象,并通过 start()方法将它们分别启动。

从结果可以看到,每个线程分别对应 20 张电影票,每个线程之间是平等的,都有机会得到 CPU 的处理;这 3 个线程并不是依次交替执行,有的线程被分配时间片的机会多,而有的线程被分配时间片的机会少;利用继承 Thread 类创建多线程的方式,各个线程执行相同的代码,但彼此相互独立,且各自拥有自己的资源,互不干扰。

7.2.2 实现 Runnable 接口创建多线程

对于上述的售票实例,采用实现 Runnable 接口的方式来创建多线程,参考代码如下。

【程序 7-3】 实现 Runnable 接口创建多线程:MutliThreadDemo.java。

```
public class MutliThreadDemo {
    public static void main(String[ ] args) {
        MutliThread m1 = new MutliThread("Window 1");
        MutliThread m2 = new MutliThread("Window 2");
        MutliThread m3 = new MutliThread("Window 3");
        Thread t1 = new Thread(m1);
        Thread t2 = new Thread(m2);
        Thread t3 = new Thread(m3);
        t1.start();
        t2.start();
        t3.start();
    }
}
public class MutliThread implements Runnable{
    private int ticket = 20;
    private String name;
    MutliThread(String name){
        this.name = name;
    }
    public void run(){
        while(ticket > 0){
            System.out.println(ticket --+ " is saled by " + name);
        }
    }
}
```

该程序中的 3 个线程也彼此独立,各自拥有自己的资源,程序的运行结果和采用继承 Thread 类创建多线程实例的输出结果基本类似。

由此可知,只需新建线程彼此相互独立,各自拥有资源且互不影响,采用这两种方式创建的多线程程序能够实现相同的功能。

7.2.3 实现 Runnable 接口使线程间的资源共享

如果在实际的应用中所有的线程对资源是共享的，那么只能通过实现 Runnable 接口的方式来实现。下面来举一个实例。

实例：模拟一个电影院 3 个售票窗口，只有 20 张电影票，3 个窗口同时出售。

分析：每一个窗口相当于一个线程，但是所有线程处理的是同一个资源，即 20 张票。

该实例的参考代码如下。

【程序 7-4】 实现 Runnable 接口使线程间的资源共享：MutliThreadShareRes. java。

```
public class MutliThreadShareRes {
    public static void main(String[ ] args) {
        MutliThread m = new MutliThread();
        Thread t1 = new Thread(m);
        Thread t2 = new Thread(m);
        Thread t3 = new Thread(m);
        t1.start();
        t2.start();
        t3.start();
    }
}
public class MutliThread implements Runnable{
    private int ticket = 20;
    public void run(){
        while(ticket > 0){
            System.out.println(ticket --+ " is saled by " + Thread.currentThread());
        }
    }
}
```

运行结果如图 7-3 所示。

```
20 is saled by Thread[Thread-1,5,main]
19 is saled by Thread[Thread-2,5,main]
17 is saled by Thread[Thread-2,5,main]
18 is saled by Thread[Thread-1,5,main]
15 is saled by Thread[Thread-2,5,main]
16 is saled by Thread[Thread-0,5,main]
12 is saled by Thread[Thread-0,5,main]
13 is saled by Thread[Thread-2,5,main]
14 is saled by Thread[Thread-1,5,main]
10 is saled by Thread[Thread-2,5,main]
11 is saled by Thread[Thread-0,5,main]
8 is saled by Thread[Thread-2,5,main]
9 is saled by Thread[Thread-1,5,main]
6 is saled by Thread[Thread-2,5,main]
7 is saled by Thread[Thread-0,5,main]
4 is saled by Thread[Thread-2,5,main]
5 is saled by Thread[Thread-1,5,main]
2 is saled by Thread[Thread-2,5,main]
3 is saled by Thread[Thread-0,5,main]
1 is saled by Thread[Thread-1,5,main]
```

图 7-3　实现线程间的资源共享实例运行结果

正如前面分析的那样，程序只创建了一个资源——20 张票，而 3 个线程都是访问这一资源的，每个线程运行的是相同的代码，执行的功能也相同。

由此可知，如果要求创建多个线程来执行同一任务，而且多个线程之间还共享同一资源，那么就可以使用实现 Runnable 接口的方式来创建多线程程序。

视频讲解

7.3 Volley 框架

本系统中网关、移动终端和 Web 服务器之间要进行信息的交互，网关和移动终端作为客户端向 Web 服务器发送网络请求。Android SDK 中提供了 HttpClient 和 HttpUrlConnection 两种方式处理网络操作，但当应用比较复杂的时候，需要编写大量的代码来处理，如果不进行适当的封装，就很容易写出不少重复代码。

Volley 框架就是为解决这些问题而产生的，它于 2013 年在 Google I/O 大会上被提出。Volley 的出现使得 Android 应用网络操作更方便、更快捷；抽象了底层 HttpClient 等实现的细节；在不同的线程上异步执行所有请求，避免了主线程阻塞。

Volley 主要通过 CacheDispatcher 和 NetworkDispatcher 两种 Diapatch Thread 不断从 RequestQueue 中取出请求，根据是否已缓存调用 Cache 或 Network 这两类数据获取接口之一，从内存缓存或是服务器取得请求的数据，然后交由 ResponseDelivery 去做结果分发及回调处理。Volley 框架的总体设计图如图 7-4 所示。

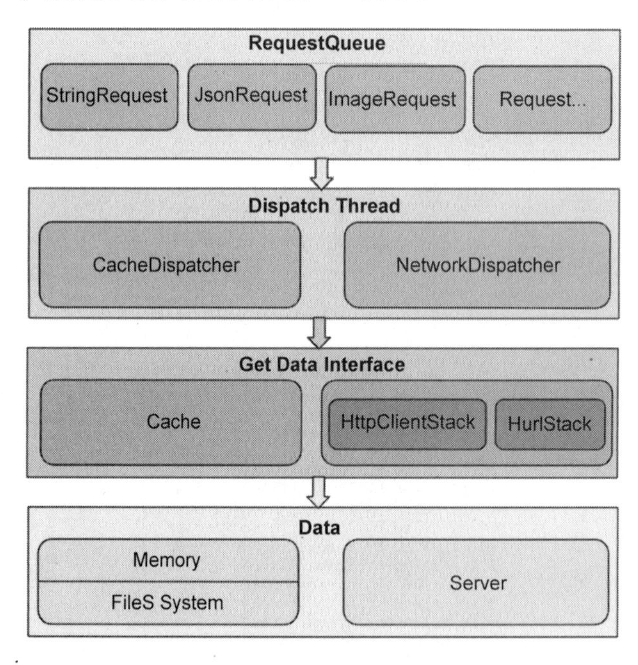

图 7-4 Volley 框架的总体设计图

7.3.1 Volley 的特点

Volley 具有以下特点：

(1) 自动调度网络请求。

(2) 有多个并发的网络连接。

(3) 通过使用标准的 HTTP 缓存机制保持磁盘和内存响应的一致。

(4) 支持请求优先级。

(5) 支持取消请求的强大 API,可以取消单个或多个请求。

(6) 易于定制。

(7) 健壮性：便于正确地更新 UI 和获取数据。

(8) 包含调试和追踪工具。

7.3.2　Volley 中的 RequestQueue 和 Request

Volley 框架中有两个主要的类：RequestQueue 和 Request。RequestQueue 是请求队列；Request 是请求对象。

Request 对象主要有以下几种。

(1) StringRequest：发送和接收的主体为字符串。

(2) JsonArrayRequest：发送和接收 JSON 数组。

(3) JsonObjectRequest：发送和接收 JSON 对象。

(4) ImageRequest：发送和接收 Image。

7.3.3　Volley 的基本使用

首先要从网上下载 Volley 框架的库包,并将库包加入到工程中。本系统的网关子系统工程名称为 SmartClassGateway,下载 Volley 库包名为 library-1.0.19.jar。库包的加载过程如下：

(1) 将 Volley 的库 library-1.0.19.jar 放到工程所在目录 libs 下,如图 7-5 所示。

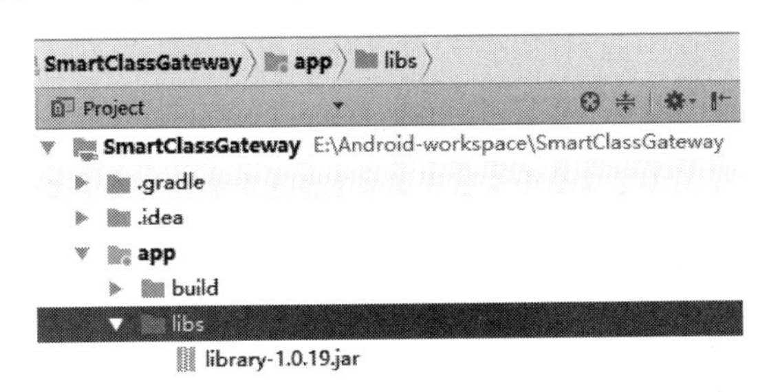

图 7-5　Volley 库包在工程中的位置

(2) 在图 7-6 中,在工程名称上右击,选择 Open Module Settings,进入图 7-7 所示界面。

(3) 在图 7-7 中,选择 app | Dependencies | + | Jar-dependency,选择依赖库加入到工程中。

(4) 进入图 7-8 所示界面,选择 library-1.0.19.jar 库包加入到工程中。

Volley 框架库包导入到工程中后,在应用 Volley 框架实现具体的网关程序前,先来介绍 Volley 框架应用的流程。首先创建一个 RequestQueue 对象,即为网络请求的队列；然

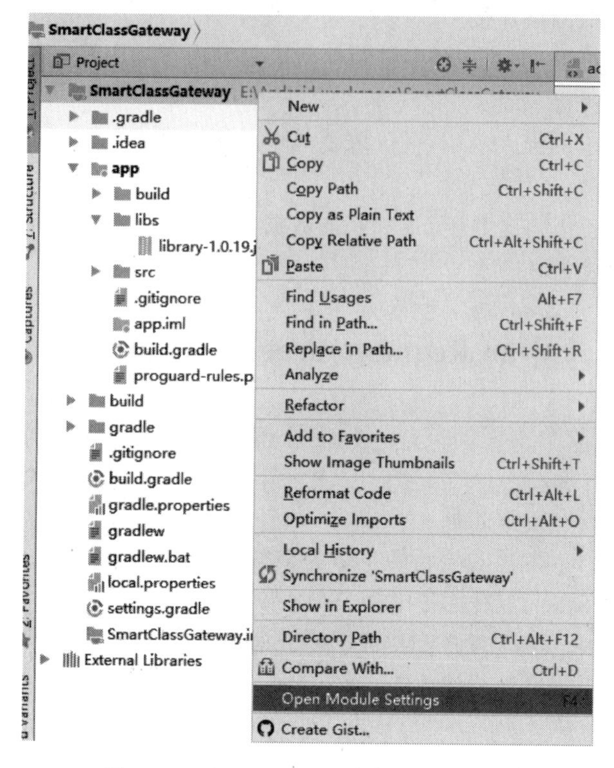

图 7-6 选择 Open Module Settings 命令

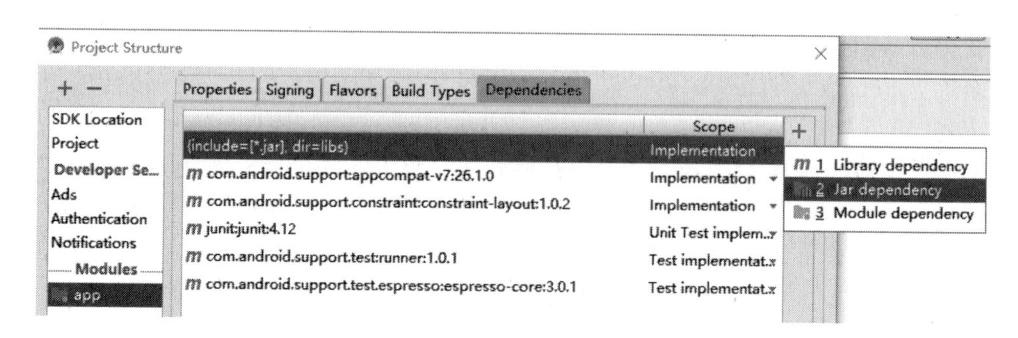

图 7-7 选择依赖库加入到工程中

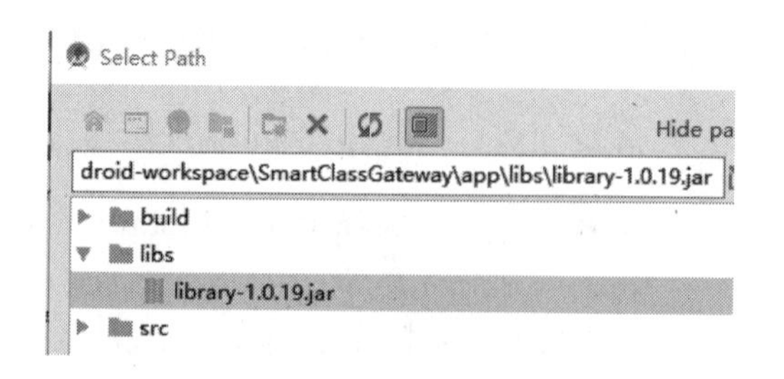

图 7-8 选择 library-1.0.19.jar 库包加入到工程中

后构建一个网络请求对象 XXRequest，请求对象的类型已在 7.3.2 节介绍；之后把网络请求的对象添加到请求队列中。具体过程的参考代码如下。

1）构建一个 RequestQueue 对象

```
RequestQueue requestQueue = Volley.newRequestQueue(this);
```

通过 Volley 类中的 newRequestQueue()方法创建网络请求队列对象 requestQueue，此处 this 参数指当前的应用程序 Context。

2）创建一个 Request 对象

以 JsonObjectRequest 为例，创建过程的具体代码如下。

```
private final String url = "http:/xxxxx"
    JsonObjectRequest req =
new JsonObjectRequest(Request.Methad.GET,url,new Response.Listener<JsonObject>){
        @Override
        public void onResponse(JsonObject response){
            //添加自己的响应逻辑
        }
    },
    new ResponseError.Listener(){
        @Override
        public void onResponseError(VollerError error){
            //错误处理
            L.d("Error Message:","Error is" + error);
        }
    });
```

构建 JsonObjectRequest 对象 req，第一个参数为 Request 请求的方式；第二个参数为网络请求的 url；第三个参数和第四个参数分别是响应监听和响应错误监听，分别需要重写 onResponse()和 onResponseError()方法。当网络请求发出，服务器处理响应后，客户端将响应回调 onResponse()方法，在该方法中实现自己的业务逻辑。

3）将 req 添加到 requestQueue

```
requestQueue.add(req)
```

将 JsonObjectRequest 网络请求的对象 req 添加到 requestQueue 请求队列中。

本系统网关子系统的程序中，有多处需要通过 Volley 框架实现向 Web 服务器发送请求，具体的实例代码在后续的章节中会陆续介绍。

7.4 登录功能

网关子系统实现和感知端信息的交互，同时也要和 Web 服务器进行交互。为方便用户对系统的管理与维护，网关设计为有用户界面的系统。

本系统有管理员、教师和学生 3 种用户。网关子系统的主界面设计为登录界面，不同的用户登录系统后会切换到不同的界面。

管理员用户登录网关系统，进入显示及控制教室环境信息界面。

学生用户和教师用户登录网关系统，实现考勤信息的记录，并进入欢迎界面。

不同用户登录网关系统有两种方式：一种是输入用户名和密码，一种是RFID刷卡认证。

登录是网关子系统的启动程序。登录功能的布局代码为activity_main.xml，逻辑实现代码为MainActivity.java。登录界面如图7-9所示。

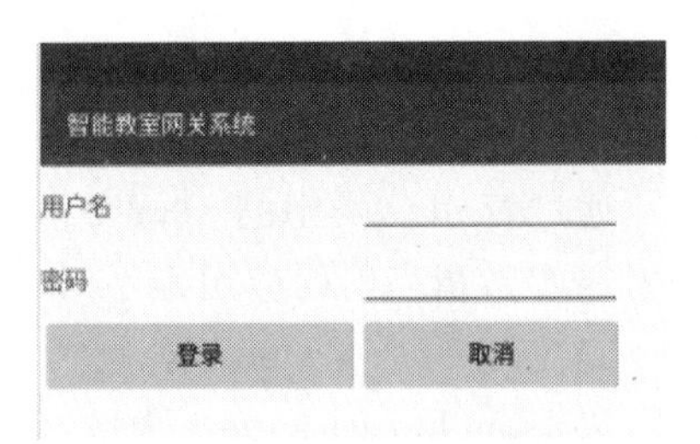

图7-9 登录界面

7.4.1 用户名密码验证

视频讲解

登录系统验证的第一种方式是输入用户名密码验证，在如图7-9所示的登录界面中输入用户名和密码，单击“登录”按钮后，根据用户的类型会进入相应的界面。登录主界面的布局代码参考如下。

【程序7-5】 登录界面的布局：activity_main.xml。

```
<?xml version = "1.0" encoding = "utf - 8"?>
<TableLayout xmlns:android = "http://schemas.android.com/apk/res/android"
    android:gravity = "center_horizontal"
    android:layout_width = "match_parent"
    android:layout_height = "match_parent">
<TableRow
        android:layout_width = "match_parent"
        android:layout_height = "match_parent">
<TextView
            android:id = "@ + id/textView1"
            android:layout_width = "170dp"
            android:layout_height = "wrap_content"
            android:text = "用户名" />
<EditText
            android:id = "@ + id/editText_user"
            android:layout_width = "162dp"
            android:layout_height = "wrap_content"
            android:ems = "10"
            android:inputType = "textPersonName" />
</TableRow>
<TableRow
        android:layout_width = "match_parent"
        android:layout_height = "match_parent" >
<TextView
            android:id = "@ + id/textView4"
            android:layout_width = "171dp"
            android:layout_height = "wrap_content"
            android:text = "密码" />
<EditText
```

```
            android:id = "@ + id/editText_passwd"
            android:layout_width = "156dp"
            android:layout_height = "wrap_content"
            android:ems = "10"
            android:inputType = "textPassword" />
</TableRow>
<TableRow
        android:layout_width = "match_parent"
        android:layout_height = "match_parent" >
<Button
            android:id = "@ + id/button_login"
            android:layout_width = "165dp"
            android:layout_height = "wrap_content"
            android:text = "登录" />
<Button
            android:id = "@ + id/button_cancle"
            android:layout_width = "158dp"
            android:layout_height = "wrap_content"
            android:text = "取消" />
</TableRow>
</TableLayout>
```

登录主界面的逻辑实现代码如 MainActivity. java 所示。

【程序 7-6】 登录业务逻辑：MainActivity. java。

```
package com.iot.smartclassgateway
import android.content.Intent;
import android.support.v7.app.AppCompatActivity;
import android.os.Bundle;
import android.view.View;
import android.widget.Button;
import android.widget.EditText;
import android.widget.TextView;
import com.android.volley.Request;
import com.android.volley.RequestQueue;
import com.android.volley.Response;
import com.android.volley.VolleyError;
import com.android.volley.toolbox.StringRequest;
import com.android.volley.toolbox.Volley;

public class MainActivity extends AppCompatActivity {
    EditText user;
    EditText passwd;
    Button confirm;
    Button cancle;
    String userString;
    String passwdString;
    RequestQueue requestQueue;
```

```
    @Override
    protected void onCreate(Bundle savedInstanceState) {
        super.onCreate(savedInstanceState);
        setContentView(R.layout.layout);
        user = (EditText)findViewById(R.id.editText_user);
        passwd = (EditText)findViewById(R.id.editText_passwd);
        confirm = (Button)findViewById(R.id.button_login);
        cancle = (Button)findViewById(R.id.button_cancle);
        confirm.setOnClickListener(new View.OnClickListener() {
            @Override
            public void onClick(View view) {
                userString = user.getText().toString();
                passwdString = passwd.getText().toString();
                login(userString,passwdString);
            }
        });
       requestQueue = Volley.newRequestQueue(this);
    }
    public void login(String name,String passwd){
        String ip = "192.168.1.105";
        String url =
"http://" + ip + ":8080/SmartClassWeb/Servlet/UserLoginVerificationServlet?username = " +
name + "&password = " + passwd;
          StringRequest stringRequest = new StringRequest(Request.Method.GET, url, new
Response.Listener<String>() {
            @Override
            public void onResponse(String s) {
                if(s.contains("Administrator")){
                    Intent intent = new Intent(MainActivity.this,
                            AdminActivity.class);
                    // 用 Bundle 携带数据
                    Bundle bundle = new Bundle();
                    // 传递 name 参数为 username
                    bundle.putString("UserID", userString);
                    intent.putExtras(bundle);
                    startActivity(intent);
                }
                else if(s.contains("Teacher")||s.contains("Student")){
                    Intent intent = new Intent(MainActivity.this,
                            UserActivity.class);
                    // 用 Bundle 携带数据
                    Bundle bundle = new Bundle();
                    // 传递 name 参数为 username
                    bundle.putString("UserID", userString);
                    intent.putExtras(bundle);
                    startActivity(intent);
                }
                else
;
            }
```

```
            }, new Response.ErrorListener() {
                @Override
                public void onErrorResponse(VolleyError volleyError) {
                Log.e("ERROR",volleyError.getMessage());
                }
            });
            requestQueue.add(stringRequest);
        }
    }
```

在 onCreate()方法中，首先初始化界面的控件，再次设置"登录"按钮的监听器，然后创建 Volley 请求对象。

当按钮监听到有事件发生时，会触发 onClick()方法，获取用户名和密码信息，作为参数传递给 login()方法，在 login()方法中实现向 Web 服务器发出网络请求，以实现远程的用户名和密码验证。

login()方法中，首先创建 Volley 框架中的网络请求 StringRequest 对象。实例化 StringRequest 对象时，有以下 4 个参数。

第 1 个参数为网络请求的方式，设置为 GET 方式。

第 2 个参数为网络请求的 URL，要实现用户验证登录，对应的地址为 Web 服务器设置的用户验证的 servlet 接口 http://" + ip + ": 8080/SmartClassWeb/Servlet/UserLoginVerificationServlet? username="+name+"&password="+passwd。

第 3 个参数为请求成功回调的接口对象。对网络请求返回的 String 类型数据进行解析，具体参考 6.4.1 节的 Web 服务器登录验证 Servlet 接口。当返回 Administrator 时，启动 AdminActivity，进入管理员界面；当返回 Teacher 或 Student 时，启动 UserActivity，进入一般用户界面，同时将用户名信息作为参数传递到下一个界面。

第 4 个参数为请求失败回调的接口对象。当网络请求异常时，实现相应的处理，在此输出 Volley 的错误信息，以供用户排查网络请求错误的原因。

在用户表中查看现有用户的信息，如图 7-10 所示。

u_id	u_pass	u_name	u_depart	u_major	u_class	u_phone	u_type
user1	111	赵照	软件工程系	软件工程	16003	13978651280	1
user2	123	李建	交通运输学院	车辆工程	17001	13467657876	2
user3	456	周迎	计算机系	网络工程	17002	15943254637	0

图 7-10　用户表记录

程序运行后，在登录界面输入用户名为"user1"、密码为"111"，如图 7-11 所示，单击"登录"按钮，进入用户界面，如图 7-12 所示。

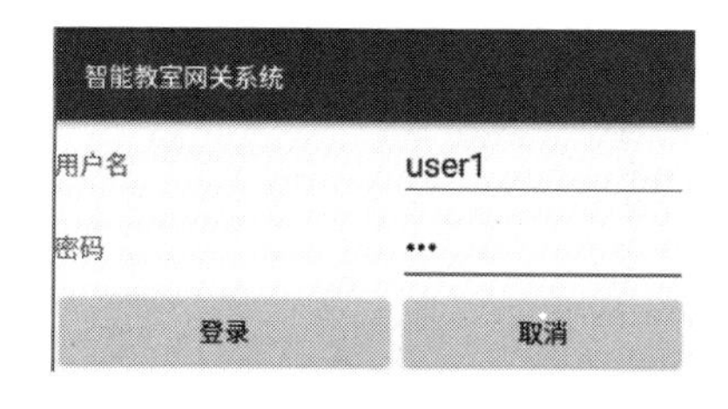

图 7-11　在登录界面输入用户名和密码

图 7-12　UserActivity 用户界面

用户界面的参考代码如下。

【程序 7-7】 登录后进入的用户界面：UserActivity.java。

```
package com.iot.smartclassgateway

import android.support.v7.app.AppCompatActivity;
import android.os.Bundle;
import android.widget.TextView;

public class UserActivity extends AppCompatActivity {

    TextView show;
    @Override
    protected void onCreate(Bundle savedInstanceState) {
        super.onCreate(savedInstanceState);
        setContentView(R.layout.activity_user);
        show = (TextView)findViewById(R.id.textView_welcome);
        // 新页面接收数据
        Bundle bundle = this.getIntent().getExtras();
        // 接收 name 值
        String sname = bundle.getString("UserID");
        show.setText("欢迎" + sname + "登录该系统!");
    }
}
```

这里讲解的只是一般用户登录验证成功的欢迎语的显示，其他功能将在后面的章节中继续讲解。

7.4.2 RFID 卡号验证

RFID(Radio Frequency Identification，射频识别技术)，又称电子标签、无线射频识别。它是一种非接触式的自动识别技术，通过射频信号自动识别目标对象，并按照预定的通信协议获取相关数据，识别工作无须人工干预，可工作于各种恶劣环境。

RFID 是一种简单的无线系统，由一个阅读器和很多应答器(标签)组成，用于控制、检测和跟踪物体。RFID 阅读器通过天线与 RFID 电子标签进行无线通信，实现对标签内数据的读写操作。RFID 的具体技术介绍可参见 2.1 节。

在物联网系统中通常采用 RFID 来完成身份的认证。本系统另外一种登录方式为 RFID 验证。首先给每个用户开卡，分配卡号，并在数据库中卡号和用户信息进行绑定，具体参见 6.2.4 节中所介绍的 card 表。当用户持有效 RFID 卡片刷卡登录后，如成功则进入相应的用户界面。

下面介绍在本系统中采用 RFID 进行登录验证的过程。

1. RFID 通信协议

本系统网关硬件平台集成了频率为 13.56MHz 的 RFID 读卡器。RFID 通信协议参见

表 5-14,一帧数据格式为 14B,波特率为 115 200bps。

DataHeadH、DataHeadL 为两个字节的包头,分别为 0xEE、0xCC;DataEnd 为一个字节的包尾,为 0xFF;Sensordata1、Sensordata2、Sensordata3、Sensordata4 为四个字节的卡号。

2. RFID 信息解析

系统中 RFID 读卡器要实时获取标签信息,因此将 RFID 信息的解析过程放到一个线程中来完成,实时从串口获取 RFID 的 14 个字节数据,并进行解析,根据卡号的不同,赋予不同的权限。RFID 信息采集及处理流程如下。

1) 串口设置

线程需要实时从指定的串口获取数据解析。线程启动前需要对串口进行初始化。串口的基本操作在 7.1 节已介绍。此处使用串口 1,在 MainActivity.java 的 onCreate()方法中调用自定义方法 InitSerial()进行串口初始化;调用 HardwareControler._init()方法实现硬件控制层初始化;调用 HardwareControler.openSerialPort()方法实现打开串口、设置波特率、一帧数据、停止位信息,返回文件描述符 serial_fd。参考代码如下。

```
private void InitSerial(){
HardwareControler._init();
    serial_fd = HardwareControler.openSerialPort("/dev/s3c2410_serial1",115200, 8, 1);
}
```

2) 创建解析 RFID 数据线程并启动

实例化线程并启动,线程中循环从串口中读取数据,并按照 RFID 的通信协议进行解析。在 MainActivity 的 onCreate()方法实例化 RFID 刷卡线程,并启动。参考代码如下。

```
RfidThread = new LoginThread();
RfidThread.start();
```

解析 RFID 数据的线程的参考代码如下。

【程序 7-8】 解析 RFID 数据的线程:含在 MainActivity.java 中。

```
class LoginThread extends Thread{
        @Override
        public void run() {
            while(!Thread.interrupted()){
                HardwareControler.read(serial_fd,buf,1);
                if((buf[0] &0xff) == 0xEE)
                {
                    HardwareControler.read(serial_fd,buf,1);
                    if((buf[0] &0xff) == 0xCC)
                    {
                        HardwareControler.read(serial_fd,buf,1);
```

```
                    if((buf[0] &0xff) == 0xFE)
                    {
                        HardwareControler.read(serial_fd,buf,1);
                        if((buf[0] &0xff) == 0x01)
                        {
                            HardwareControler.read(serial_fd,buf,10);
                            if((buf[9] &0xff) == 0xFF)
                            {
                                cardid = MainActivity.toHexString1(buf);
                                cardid = cardid.substring(2,10);
                                Message msg = Message.obtain();
                                msg.what = MSG_RFID;
                                handler.sendMessage(msg);
                            }
                        }
                    }
                }
            }
        }try {
            Thread.sleep(3000);
        } catch (InterruptedException e) {
            // TODO Auto - generated catch block
            e.printStackTrace();
        }
    }
}
```

解析出来的一帧数据遵从 14 个字节格式通信协议,第 6、7、8、9 四个字节为 RFID 的卡号,解析获得后存在全局变量 cardid 中。

3) 发送消息

从线程中解析出卡号后,发送 Message 消息给 Handler 进行后续的处理,在此携带消息参数为 MSG_RFID。

```
Message msg = Message.obtain();
msg.what = MSG_ RFID;
handler.sendMessage(msg);
```

4) 消息处理

Handler 接收到消息后,判断消息类型,进行相应的处理,例如在指定的控件位置显示卡号,或根据卡号的权限进入不同的界面。参考代码如下。

【程序 7-9】 handler 捕获 msg 消息:含在 MainActivity.java 中。

```
public Handler handler = new Handler(){
        @Override
        public void handleMessage(Message msg) {
            switch (msg.what){
                case MSG_ RFID:
```

```
                CheckCardIdAndLogin(cardid);
                break;
            default:
                break;
        }
    }
};
```

CheckCardIdAndLogin()方法实现根据解析出的卡号,到数据库中进行比对,确定卡号的权限,进入不同的界面。参考代码如下:

【程序 7-10】 根据 RFID 卡号进行验证的 CheckCardIdAndLogin( )方法: 含在 MainActivity. java 中。

```
public void CheckCardIdAndLogin(String rfidNo){
    String ip = "192.168.1.105";
    String url =
" http://" + ip + ": 8080/SmartClassWeb/Servlet/UserLoginVerificationServlet? rfidNo = " +
rfidNo;
    StringRequest stringRequest =
new StringRequest(Request.Method.GET,url, new Response.Listener<String>() {
        @Override
        public void onResponse(String s) {
            if(s.contains("Administrator")){
                Intent intent = new Intent(MainActivity.this,
                        AdminActivity.class);
                // 用 Bundle 携带数据
                Bundle bundle = new Bundle();
                bundle.putString("UserID", userString);
                intent.putExtras(bundle);
                startActivity(intent);
            }
            else if(s.contains("Teacher")||s.contains("Student")){
                Intent intent = new Intent(MainActivity.this,
                        UserActivity.class);
                // 用 Bundle 携带数据
                Bundle bundle = new Bundle();
                bundle.putString("UserID", userString);
                intent.putExtras(bundle);
                startActivity(intent);
            }
            else
                show.setText("nothing");
        }
    }, new Response.ErrorListener() {
        @Override
        public void onErrorResponse(VolleyError volleyError) {
        }
    });
```

```
        requestQueue.add(stringRequest);
    }
```

在数据库表 card 中查看信息，用户 ID 与 RFID 卡号绑定，如图 7-13 所示。

当用户持有授权的 RFID 标签卡片，在 RFID 读卡器端刷卡时，会进入相应的用户界面，如图 7-14 所示。

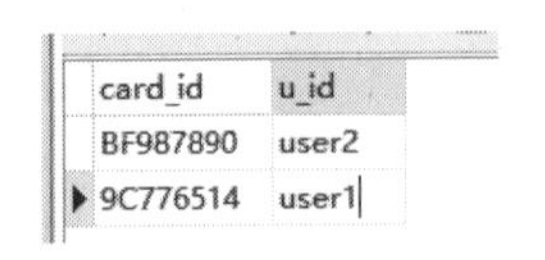

card_id	u_id
BF987890	user2
9C776514	user1

图 7-13 RFID 信息表记录

图 7-14 用户界面

7.5 ZigBee 数据获取及处理

本智能教室管理系统中，需要实时显示教室的环境信息，如温湿度、光照、人体检测等，还要实现对教室设备的控制。北京赛佰特实验平台上提供的传感器有光照、红外线、红外对射、红外反射、结露、酒精、人体检测、温湿度、烟雾等，提供的执行器有声光报警器、继电器、步进电机、风扇模块等。传感器通信协议参见 5.7 节通信接口设计。

传感器部件部署在教室的各个角落，需要通过短距离的无线通信协议实现对传感器信息的获取，这里选择 ZigBee 通信协议来实现。基于北京赛佰特实验平台，设计了 ZigBee 的通信协议，一帧 ZigBee 的数据为定长 26 个字节，各个字节数据的含义参见 5.7 节，ZigBee 终端节点与协调器之间信息的传送解析都基于该协议。

7.5.1 ZigBee 数据的解析

传感器信息通过 ZigBee 终端节点发送给 ZigBee 协调器，协调器再通过串口将数据传送给网关。传感器的信息需要实时获得，所以也需要在线程中实现对数据的获取和解析。

传感器信息采集及处理流程与 RFID 信息的处理过程类似，基本操作步骤如下：

(1) 串口设置。串口初始化，打开与 ZigBee 协调器进行通信的串口，设置波特率等信息。

(2) 线程启动。实例化线程，实现从指定的串口接收 ZigBee 协调器所发过来的数据，并按照 ZigBee 的通信协议进行解析，根据传感器类型确定不同的处理分支，保存各个终端节点的信息，如数据信息、短地址等。

(3) 发送消息。判断出传感器类型后，采集到相应的数据，并存储，发送消息给 Handler。

(4) 处理消息。Handler 接收到消息后，判断消息类型，进入处理逻辑。例如在指定的位置显示传感器的信息，或把传感器的信息发送到 Web 端的数据库进行存储等。

在登录网关子系统后，根据用户类型的不同进入不同的管理操作界面。管理员有权限查看传感器信息并能对执行器进行控制。所以对 ZigBee 数据的解析过程在管理员的 AdminActivity 中实现。参考代码如下。

【程序 7-11】 ZigBee 数据解析及处理：AdminActivity.java。

```
import android.os.Handler;
import android.os.Message;
import android.support.v7.app.AppCompatActivity;
import android.os.Bundle;
import android.util.Log;
import android.widget.TextView;

import com.android.volley.Request;
import com.android.volley.RequestQueue;
import com.android.volley.Response;
import com.android.volley.VolleyError;
import com.android.volley.toolbox.JsonArrayRequest;
import com.android.volley.toolbox.StringRequest;
import com.cbtService.AndroidSDK.HardwareControler;

import org.json.JSONArray;
import org.json.JSONException;
import org.json.JSONObject;

public class AdminActivity extends AppCompatActivity {

    TextView tv_welcome;
    TextView tv_temperature;
    TextView tv_humidity;
    TextView tv_gas;
    TextView tv_body;
    int serial_fd;
    ZigBeeThread zigBee_th;
    final static String hostname = "192.168.1.105";
    public static byte[] buf = new byte[26];
    public static byte[] buf_relay = new byte[26];
    public static byte[] buf_fan = new byte[26];
    public static byte[] buf_alarm = new byte[26];
    public static byte[] buf_irda = new byte[26];
    public static String body_s = null;
    public static String gas_s  =  null;
    public static int temperature;
    public static int humity;

    String etype;
    String estatus;
    String estatus_relay;
    String estatus_fans;
    String estatus_alarm;
    private final static int MSG_REFRESH = 1,MSG_Relay = 2,MSG_Alarm = 3,MSG_Fans = 4;
```

```
    RequestQueue request_q;

    @Override
    protected void onCreate(Bundle savedInstanceState) {
        super.onCreate(savedInstanceState);
        setContentView(R.layout.activity_admin);
        InitUI();
        ShowWelcomeMessage();
        //初始化串口
        InitSerial();
        //启动获取 ZigBee 数据线程
        zigBee_th = new ZigBeeThread();
        zigBee_th.start();
        //启动获取 Web 服务器执行器状态线程
        GetWebActuatorInfo();
    }
}
```

在 AdminActivity 的 onCreate()方法中，主要实现以下功能。

(1) 初始化界面控件 InitUI()。

```
public void InitUI(){
        tv_welcome = (TextView)findViewById(R.id.textView_welcome);
        tv_temperature = (TextView)findViewById(R.id.textView_T);
        tv_humidity = (TextView)findViewById(R.id.textView_H);
        tv_gas = (TextView)findViewById(R.id.textView_G);
        tv_body = (TextView)findViewById(R.id.textView_B);
}
```

初始化显示欢迎语、温度、湿度、人体检测、烟雾信息的控件。

(2) 显示欢迎语 ShowWelcomeMessage()。

```
public void ShowWelcomeMessage(){
        Bundle bundle = this.getIntent().getExtras();
        String sname = bundle.getString("UserID");
        tv_welcome.setText("欢迎" + sname + "登录该系统!");
}
```

接收从登录界面传过来的参数 UserID，在该界面显示相应的欢迎语。

(3) 初始化串口 InitSerial()。

```
public void InitSerial(){
        HardwareControler._init();
        serial_fd = HardwareControler.openSerialPort("/dev/s3c2410_serial2",
            115200, 8, 1);
}
```

ZigBee 协调器通过串口和网关进行通信，在此初始化串口 2，/dev/s3c2410_serial2 为网关系统中的串口设备节点，设置波特率为 115 200，8 位数据位，1 位停止位。

（4）启动获取 ZigBee 数据线程。

在 ZigBeeThread 线程中，实时读取通过串口 2 的数据，然后依据 5.7 节通信接口设计中所介绍的 ZigBee 协议数据进行解析。用串口调试工具可以查看从 ZigBee 协调器传送过来的 ZigBee 节点的数据，如图 7-15 所示。

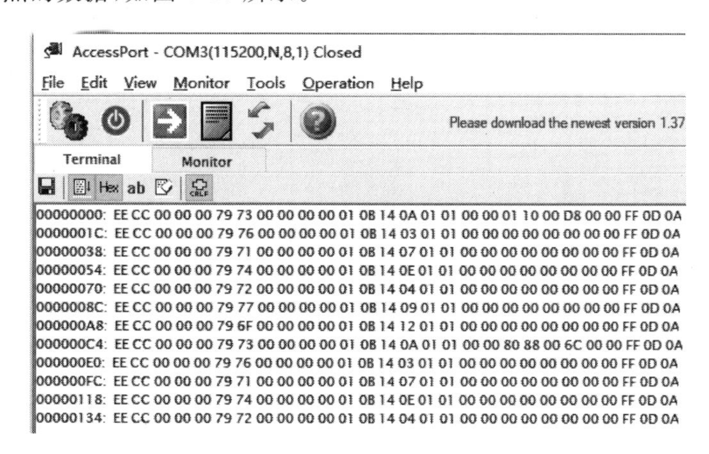

图 7-15　ZigBee 节点数据格式

```
public class ZigBeeThread extends Thread{
    @Override
    public void run() {
        while (!Thread.interrupted()){
            HardwareControler.read(serial_fd,buf,1);
            if((buf[0] & 0xFF) == 0xEE){
                HardwareControler.read(serial_fd,buf,1);
                if((buf[0]&0xFF) == 0xCC){
                    HardwareControler.read(serial_fd,buf,1);
                    if((buf[0]&0xFF) == 0x00){
                        HardwareControler.read(serial_fd,buf,23);
                        if((buf[22]&0xFF) == 0xFF){
                            switch ((buf[11]&0xFF)){
                                //温湿度
                                case 0x0A:
                            temperature = (int)(buf[18]&0xFF)<<8|(buf[19]&0xFF);
                            humity = (int)(buf[16]&0xFF)<<8|(buf[17]&0xFF);
                                    break;
                                //烟雾
                                case 0x0B:
                                    if((buf[19]&0xFF) == 0x01)
                                        gas_s = "有烟雾";
                                    else
                                        gas_s = "无烟雾";
                                    break;
                                //人体监测
                                case 0x07:
```

```
                                    if((buf[19]&0xFF) == 0x01)
                                        body_s = "有人";
                                    else
                                        body_s = "无人";
                                    break;
                                //继电器控制灯光
                                case 0x0F:
                                    for(int i = 0;i < 23;i++)
                                        buf_relay[i + 3] = buf[i];
                                    break;
                                //声光报警器
                                case 0x0E:
                                    for(int i = 0;i < 23;i++)
                                        buf_alarm[i + 3] = buf[i];
                                    break;
                                //风扇
                                case 0x12:
                                    for(int i = 0;i < 23;i++)
                                        buf_fan[i + 3] = buf[i];
                                    break;
                                //红外转发模块
                                case 0xFF:
                                    for(int i = 0;i < 23;i++)
                                        buf_irda[i + 3]  =  buf[i];
                                    break;
                            }
                            Message msg = Message.obtain();
                            msg.what = MSG_REFRESH;
                            mHandler.sendMessage(msg);
                        }
                    }
                }
            }
            try {
                Thread.sleep(3000);
            }catch (InterruptedException e){
                e.printStackTrace();
            }
        }
    }
}
```

(5) 启动获取 Web 服务器执行器状态线程 GetWebActuatorInfo()。

启动线程实时查询网络数据库执行器的状态，实现网络远程对执行器的控制。

```
public void GetWebActuatorInfo(){
        Thread getActuatorThread = new Thread(new Runnable() {
            @Override
            public void run() {
```

```
            Log.v("Thread","getExeValueThread ");
        String url = "http://" + hostname + ":8080/SmartClassWeb/Servlet/GetActuatorServlet";
            while(!Thread.interrupted()){
                Log.v("url","== == " + url);
                JsonArrayRequest jar = new JsonArrayRequest(Request.Method.GET,
                        url,
                        new Response.Listener<JSONArray>() {
                            @Override
                            public void onResponse(JSONArray jsonArray) {

                                for(int i = 0;i < jsonArray.length();i++){
                                    try {
                                        JSONObject myjObject = jsonArray.getJSONObject(i);
                                        etype = myjObject.getString("type");
                                        estatus = myjObject.getString("status");
                                        if(etype.equals("0F")){
                                            estatus_relay = estatus;
                                            Message msg = Message.obtain();
                                            msg.what = MSG_Relay;
                                            mHandler.sendMessage(msg);
                                        }
                                        else if(etype.equals("0E")){
                                            estatus_alarm = estatus;
                                            Message msg = Message.obtain();
                                            msg.what = MSG_Alarm;
                                            mHandler.sendMessage(msg);
                                        }
                                        else if(etype.equals("12")){
                                            estatus_fans = estatus;
                                            Message msg = Message.obtain();
                                            msg.what = MSG_Fans;
                                            mHandler.sendMessage(msg);
                                        }
                                    } catch (JSONException e) {
                                        e.printStackTrace();
                                    }
                                }
                            }
                        },
                        new Response.ErrorListener() {
                            @Override
                            public void onErrorResponse(VolleyError volleyError) {
                                Log.e("ERROR", volleyError.getMessage());
                            }
                        }
                );
```

```
                    request_q.add(jar);
                    try {
                        Thread.sleep(3000);
                    } catch (InterruptedException e) {
                        e.printStackTrace();
                    }
                }
            }
        });
        getExeValueThread.start();
    }
```

(6) 信息处理。

获取 ZigBee 数据和获取执行器状态的两个线程对数据进行解析后，会发送 Message 消息到消息队列 Message Queue 中，Handler 是 Message 的处理者，负责对消息队列中的 Message 进行处理。

```
    private Handler mHandler = new Handler(){
        @Override
        public void handleMessage(Message msg) {
            switch (msg.what){
                case MSG_REFRESH:
                    DisposeSensor();
                    break;
                case MSG_Relay:
                    ControlRelay();
                    break;
                case MSG_Alarm:
                    ControlAlarm();
                    break;
                case MSG_Fans:
                    ControlFans();
                    break;
            }
        }
    };
    //在界面显示温湿度信息并将传感器信息传送到 Web 服务器
    public void DisposeSensor(){
        String temp = String.valueOf(temperature/10.0);
        String hum = String.valueOf(humity/10.0);
        tv_temperature.setText(temp + "℃");
        tv_humidity.setText(hum + "%");
        tv_body.setText(body_s);
        tv_gas.setText(gas_s);
```

```
        /*
         * 插入温湿度、人体监测、烟雾信息到 Web 数据库表中
         * */
        String url = "http://" + hostname + ":8080/SmartClassWeb/Servlet/SetSensorInfoServlet";
        url =
url + "?temp = " + temp + "&hum = " + hum + "&body = " + body_s + "&gas = " + gas_s;
        StringRequest srcq = new StringRequest(Request.Method.GET,
                url, new Response.Listener<String>() {
            @Override
            public void onResponse(String s) {
                Log.i("Response"," == == " + s);
            }
        }, new Response.ErrorListener() {
            @Override
            public void onErrorResponse(VolleyError volleyError) {
            }
        });
       request_q.add(sreq);
}
```

7.5.2　执行器控制

网关要实现对继电器(外接电灯)、声光报警器、风扇等执行器进行控制，通过串口发送控制命令给 ZigBee 协调器，协调器再根据短地址发送控制命令给对应的执行器。具体操作流程如下。

(1) ZigBee 组网：硬件 ZigBee 终端节点和 ZigBee 协调器组网。协调器分配短地址给各个终端节点。

(2) 串口设置：初始化串口，指定和 ZigBee 协调器进行通信的串口，设置波特率等信息。

(3) 启动线程：根据执行器的类型确定处理分支，保存终端节点地址和执行器的状态，并组合成 26 个字节的一帧数据并保存。

(4) 发送控制命令：根据项目需要，确定执行器控制命令发送的事件，例如单击某个按钮进行手动控制，或根据传感器信息值的变化进行自动控制等。

【程序 7-12】　控制继电器：含在 AdminActivity.java 中。

```
public void ControlRelay(){
        buf_relay[0] = (byte) 0xEE;
        buf_relay[1] = (byte) 0xCC;
        buf_relay[2] = (byte) 0x00;
        if(estatus_relay.equals("0")) {
            buf_relay[22] = (byte) 0x00;
        }
        else if(estatus_relay.equals("1")){
```

```
            buf_relay[22] = (byte)0x01;
        }
        else{
        }
        int i1;
        for (i1 = 0; i1 < buf_relay.length; i1++) {
            System.out.printf("buf_relay[ %d] --------->% X\n",i1,buf_relay[i1] & 0xFF);
        }
        HardwareControler.write(serial_fd,buf_relay);
    }
}
```

【程序 7-13】 控制声光报警器：含在 AdminActivity.java 中。

```
public void ControlAlarm(){
        buf_alarm[0] = (byte) 0xEE;
        buf_alarm[1] = (byte) 0xCC;
        buf_alarm[2] = (byte) 0x00;
        if(estatus_alarm.equals("0")) {
            buf_alarm[22] = (byte) 0x00;
        }
        else if(estatus_alarm.equals("1")){
            buf_alarm[22] = (byte)0x01;
        }
        else{
        }
        int i1;
        for (i1 = 0; i1 < buf_alarm.length; i1++) {
            System.out.printf("buf_alarm[ %d] --------->% X\n",i1,buf_alarm[i1] & 0xFF);
        }
        HardwareControler.write(serial_fd,buf_alarm);
    }
```

【程序 7-14】 控制风扇：含在 AdminActivity.java 中。

```
public void ControlFans(){
    buf_fan[0] = (byte) 0xEE;
    buf_fan[1] = (byte) 0xCC;
    buf_fan[2] = (byte) 0x00;
    if(estatus_fans.equals("0")) {
        buf_fan[22] = (byte) 0x00;
    }
    else if(estatus_fans.equals("1")){
        buf_fan[22] = (byte)0x01;
    }
```

```
        else{
        }
        int i1;
        for ( i1 = 0; i1 < buf_fan.length; i1++) {
            System.out.printf("buf_fan[ %d] -------------> %X\n",i1,buf_fan[i1] & 0xFF);
        }
        HardwareControler.write(serial_fd,buf_fan);
    }
```

以上程序中，buf_fan、buf_alarm、buf_relay 的值在获取 ZigBee 数据线程中已经进行了解析和初值的设置，是 26 个字节的数据，数据格式参见 5.7 节中的 ZigBee 数据通信协议。此处更改第 22 位控制位的值，实现对执行器的打开和关闭。

传感器信息显示及执行器控制界面如图 7-16 所示。

图 7-16 传感器信息显示及执行器控制界面

7.6 定位功能

在物联网的系统中，有些时候需要实现定位功能，在此介绍一般定位的实现方法。

7.6.1 GPS 北斗双模技术

GPS(Global Positioning System)即全球定位系统，是一个由覆盖全球的 24 颗卫星组成的卫星系统，其目的是在全球范围内对地面和空中目标进行准确定位和监测。

GPS 起始于 1958 年美国军方的一个项目，1964 年投入使用。20 世纪 70 年代，美国陆海空三军联合研制了新一代卫星定位系统 GPS，主要目的是为陆海空三大领域提供实时、全天候和全球性的导航服务，并用于情报搜集、核爆监测和应急通信等一些军事目的。

随着全球性空间定位信息应用的日益广泛，GPS 提供的全时域、全天候、高精度定位服务将给空间技术、地球物理、大地测绘、遥感技术、交通调度、军事作战以及人们的日常生活带来巨大的变化和深远的影响。GPS 系统一般由地面控制站、导航卫星和 GPS 的移动用户端（接收机）三大部分组成。

中国北斗卫星导航系统（BeiDou Navigation Satellite System，BDS）是中国自行研制的全球卫星导航系统，是继美国全球定位系统（GPS）、俄罗斯格洛纳斯卫星导航系统（GLONASS）之后第三个成熟的卫星导航系统。北斗卫星导航系统（BDS）和美国 GPS、俄罗斯 GLONASS、欧盟 GALILEO，是联合国卫星导航委员会已认定的供应商。

北斗卫星导航系统由空间段、地面段和用户段三部分组成，可在全球范围内全天候、全天时为各类用户提供高精度、高可靠定位、区域导航、授时服务，并具有短报文通信能力，定位精度 10m，测速精度 0.2m/s，授时精度 10ns。

导航定位方面的通信协议一般都使用 NMEA 协议，NMEA 是为了在不同的全球定位系统导航设备中建立统一的标准，是国际海洋电子协会（National Marine Electronics Association，NMEA）定义的接收机输出信息标准。它有几个关键的标准语句：

- $GPGGA (GGA2Global Positioning System Fix Data)
- $GPGLL (Geographic Position-Latitude/Longitude)
- $GPGSA (GPS DOP and active satellites)
- $GPGSV (Satellites in view)
- $GPRMC (Recommended Minimum Navigation Information)
- $GPVTG (Track made good and Ground speed)

7.6.2 定位实例

本节介绍一个实例以供读者了解定位功能，在此采用 GPS 北斗双模模块。北斗双核模块 NEMA 协议输出信息的主要部分如表 7-1 所示。

表 7-1 北斗双核模块 NEMA 协议输出信息

模式	语句名称	功　能
GPS 模式	GPGGA	坐标位置数据
	GPRMC	运输定位数据
	GPGSA	DOP 与有效卫星
	GPGSV	GPS 卫星状态信息
BD 模式	BDGGA	坐标位置数据
	BDRMC	运输定位数据
	BDGSA	DOP 与有效卫星
	BDGSV	BD 卫星状态信息

续表

模式	语句名称	功　能
GPS&BD 混合模式	GNGGA	卫星定位信息
	GNRMC	运输定位数据
	GNGSA	DOP 与有效卫星
	GPGSV	GPS 卫星状态信息
	BDGSV	BD 卫星状态信息
	GNGLL	含经、纬度的地理信息
	GNVTG	对地方向及地面速度

该模块输出符合 NMEA0183 协议(NMEA 协议的一种)的语句,图 7-17 所示为 NMEA 协议格式数据。大家知道了固定格式,才可进行解析,并获取及处理相应的数据。

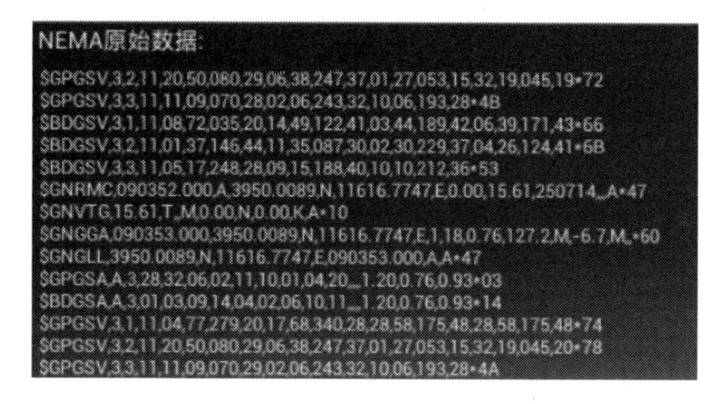

图 7-17　NMEA 协议格式数据

GPS 信息采集及处理流程与 RFID 和 ZigBee 的处理过程类似,GPS 模块和网关也是通过串口通信,基本操作步骤如下。

(1) 串口设置:串口初始化,打开用于与 GPS 进行通信的串口,设置波特率等信息。

(2) 线程启动:实例化线程,实现从指定的串口接收 GPS 数据,并按照 NMEA 协议进行解析。

(3) 发送消息:根据信息类型,发送消息给 Handler。

(4) 处理消息:Handler 接收到消息后,判断消息类型,主要获取经纬度信息并发送到 Web 端的数据库进行存储。

初始化串口 InitSerial()的参考代码如下。

```
public void InitSerial(){
        HardwareControler._init();
        serial_fd = HardwareControler.openSerialPort("/dev/s3c2410_serial3",
                9600, 8, 1);
    }
```

GPS 通过串口和网关进行通信,在此初始化串口 3,/dev/s3c2410_serial3 为网关系统中的串口设备节点,设置波特率为 9600B/s,8 位数据位,1 位停止位。

启动解析 GPS 数据线程的参考代码如下。

```
mThread = new GPSThread(serial_fd);
GPSThread.setHandler(mHandler);
mThread.start();
```

解析 GPS 数据的线程的参考代码如下。

【程序 7-15】 解析 GPS 数据的线程：GPSThread.java。

```
package com.cbt.gpsThread;

import android.os.Bundle;
import android.os.Handler;
import android.os.Looper;
import android.os.Message;
import android.util.Log;

import com.cbt.Utils.Constants;
import com.cbt.Utils.Converter;
import com.cbt.gpsBean.GPRMC;
import com.cbt.gpsBean.GPRMCDecoder;
import com.cbtService.AndroidSDK.HardwareControler;

public class GPSThread implements Runnable {
    private int mSerialfd, ret;
    private byte[] dispBuf = new byte[1800];
    private boolean isReading = false;
    private Thread mThread;
    private Looper mLooper;
    private GPRMC gPRMC;
    static Handler mHandler;

    public GPSThread(int serial_fd) {
        mSerialfd = serial_fd;
        if (mSerialfd!=-1) { // 串口已连接
            isReading = true;
            mThread = new Thread(this);
            mThread.start();
        }
    }
    /** 设置 Handler */
    public static void setHandler(Handler handler) {
        mHandler = handler;
    }
    public void run() {
        // TODO Auto-generated method stub
        while (isReading) {
            ret = HardwareControler.select(mSerialfd, 4, 5);
            if (ret == 1) {
```

```
                HardwareControler.read(mSerialfd, dispBuf, 1800);
                String uartRcv = "";
                uartRcv = Converter.asciiBytesToString(dispBuf);
                String[] tokens = uartRcv.split("\\r\n");
                for (String t : tokens) {
                    if (t.startsWith("$GNRMC")) { // 混合模式运输定位数据
                        GNRMCProcess(t);
                    }
                }
                Message msg = Message.obtain();
                Bundle b = new Bundle();
                b.putString("uartRcv", uartRcv);
                msg.what = Constants.WHAT_UART_RCV;
                msg.setData(b);
                if (mHandler!= null) {
                    mHandler.sendMessage(msg);
                }
            } else if (ret == 0) {
                Log.i("Java Handler", "timeout");
                System.out.println("读取数据超时");
            } else if (ret ==-1) {
                System.out.println("串口连接出错");
            } else {
                System.out.println("接收到串口数据出错");
                Log.i("Java Handler", "read error");
            }
        }
    }
private void GNRMCProcess(String t) {
        gPRMC = new GPRMC();
        try {
            gPRMC = GPRMCDecoder.decode(t);
        } catch (Exception e) {
            // TODO Auto-generated catch block
            e.printStackTrace();
        }
        Message msg = Message.obtain();
        Bundle b = new Bundle();
        if (gPRMC!= null) {
            b.putString("gDataTime", gPRMC.getDateTime());
            b.putString("gCourse", gPRMC.getCourse());                      // 对地方向
            b.putString("gLatitude", gPRMC.getLatitude());
            b.putString("gLongitude", gPRMC.getLongitude());
            b.putString("gMagVariation", gPRMC.getMagneticVariation());    // 磁极方向
            b.putString("gSpeed", gPRMC.getSpeedOverGround());             // 对地速度
            msg.what = Constants.WHAT_GPRMC;
            msg.setData(b);
            if (mHandler!= null) {
```

```
                mHandler.sendMessage(msg);
            }
        }
    }
    /** 关闭线程并释放资源 */
    public void exit() {
        if (mLooper!= null) {
            mLooper.quit();
            mLooper = null;
        }
        if (mSerialfd!=-1) {
            mThread = null;
        }
        isReading = false;
    }
}

public class GPRMC {
        private String latitude;
        private String longitude;

        public String getLatitude() {
                return latitude;
        }
        public void setLatitude(String latitude) {
                this.latitude = latitude;
        }
        public String getLongitude() {
                return longitude;
        }
        public void setLongitude(String longitude) {
                this.longitude = longitude;
        }
}

public class GPRMCDecoder {
    public static GPRMC decode(String sentence) throws Exception {
        GPRMC gprmc = new GPRMC();
        if (!sentence.startsWith("$GNRMC")) {
            throw new Exception(
                    "Expected sentence starting with $GPRMC but got: "
                            + sentence);
        }
        String[] parts = sentence.split(",");
        if (parts.length!= 13) {
            throw new Exception("Expected 13 words but found " + parts.length);
        }
```

```
        String lat = getLatitudeValue(parts[3]);
        String latDir = getLatitude(parts[4]);
        String latitude = lat + " " + latDir;
        gprmc.setLatitude(latitude);

        String lon = getLongitudeValue(parts[5]);
        String lonDir = getLongitude(parts[6]);
        String longitude = lon + " " + lonDir;
        gprmc.setLongitude(longitude);
        return gprmc;
    }

    private static String getLongitudeValue(String string) {
        // TODO Auto-generated method stub
        int lng1;
        Double lng2, lng3;
        String lng = "";
        lng1 = Integer.parseInt(string.substring(0, 3));          // 经度-度
        lng2 = Double.parseDouble(string.substring(3)) / 60;     // 经度-分
        lng3 = Double.parseDouble(String.format("%.4f", lng2));
        lng = lng1 + "度" + lng3 + "分";
        return lng;
    }

    private static String getLongitude(String string) {
        // TODO Auto-generated method stub
        String lons = "";
        if (string.length()!= 1)
            lons = "Err";
        else if (string.charAt(0) == 'E')
            lons = "E";
        else if (string.charAt(0) == 'W')
            lons = "W";
        return lons;
    }

    private static String getLatitude(String string) {
        // TODO Auto-generated method stub
        String lats = "";
        if (string.length()!= 1)
            lats = "Err";
        else if (string.charAt(0) == 'N')
            lats = "N";
        else if (string.charAt(0) == 'S')
            lats = "S";
        return lats;
    }
```

```
    private static String getLatitudeValue(String string) {
        // TODO Auto - generated method stub
        int lat1;
        Double lat2, lat3;
        String lat = "";
        lat1 = Integer.parseInt(string.substring(0, 2));                    // 纬度 - 度
        lat2 = Double.parseDouble(string.substring(2)) / 60;                // 纬度 - 分
        lat3 = Double.parseDouble(String.format(" %.4f", lat2));
        lat = lat1 + "度" + lat3 + "分";
        return lat;
    }
}
```

7.7 GPRS 模块

在物联网系统中有时需要用到 GPRS 模块来实现语音或短信等通信功能。在此介绍 GPRS 的电话系统和短信业务的基本应用。

GPRS(General Packet Radio Service,通用分组无线服务技术)是 GSM 移动电话用户可用的一种移动数据业务。它经常被描述成 2.5G,也就是说这项技术位于第二代(2G)和第三代(3G)移动通信技术之间,GPRS 是 GSM 的延续。GPRS 以封包(Packet)式来传输数据,因此使用者所负担的费用是以其传输资料单位计算,理论上较为便宜。

本系统中所用 GPRS 模块为 SIM900A。属于双频 GSM/GPRS 模块,完全采用 SMT 封装形式,仅适用于中国市场,性能稳定,外观精巧,性价比高,能满足多种需求。

应用程序实现 GPRS 的语音和短信功能主要是通过串口发送 AT 命令。AT 命令格式读者可参考其他资源了解,本处只介绍电话系统和短信相关的 AT 命令,具体如下。

(1) 电话系统相关的 AT 指令。

```
"ATA \r"                //接电话 , "\r"表示回车
"ATH\r"                 //挂电话
"ATDXXX;\r"             //打电话,XXX 是要拨打的电话号码,后面加"; "
```

(2) 短信相关的 AT 指令。

```
第一步: "AT + CMGF = 1\r"             //短信格式, 0 为 PDU 模式,1 为 TXT 模式
第二步: "AT + CSCS = \"GSM\"\r"       //支持的网络
第三步: "AT + CMGS = \"XXX\"\r"       //短信号码设置,XXX 表示电话号码
第四步: "abcdefg"                     //短信内容
第五步: Ctrl + Z                      //发送短信,Ctrl + Z 的 ASCII 是 26
```

下面介绍有关 GPRS 通信电话业务和短信业务的参考实例,参考代码如下。

【程序 7-16】 GPRS 应用实例: GPRSTestActivity.java。

```
package com.cbt.AndroidSDK;

import com.cbtService.AndroidSDK.HardwareControler;
import android.app.Activity;
import android.os.Bundle;
import android.os.SystemClock;
import android.view.View;
import android.view.View.OnClickListener;
import android.widget.EditText;
import android.widget.ImageButton;
import android.widget.Toast;

public class GPRSTestActivity extends Activity {
ImageButton imagebutton1,imagebutton2,imagebutton3,imagebutton4; //定义 4 个图片按钮
    EditText edittext1,edittext2;                                 //定义 2 个文本编译
    int i;                                                        //定义 1 个整数
    String str0 = "ATA\r";                                        //定义字符串
    String str1 = "ATH\r";
    String str2;
    String str3;
    byte[ ] byte0,byte1,byte2,byte3;                              //定义字节数组
    byte[ ] byte4 = new byte[ ]{26,0};                            //Ctrl + Z 的 ASCII 是 26
    /** Called when the activity is first created. */
    @Override
    public void onCreate(Bundle savedInstanceState) {
        super.onCreate(savedInstanceState);
        setContentView(R.layout.main);
        HardwareControler._init();
        imagebutton1 = (ImageButton)findViewById(R.id.imageButton1); //设置图片按钮监听
        imagebutton2 = (ImageButton)findViewById(R.id.imageButton2);
        imagebutton3 = (ImageButton)findViewById(R.id.imageButton3);
        imagebutton4 = (ImageButton)findViewById(R.id.imageButton4);
        edittext1 = (EditText)findViewById(R.id.editText1);
        edittext2 = (EditText)findViewById(R.id.editText2);
        imagebutton1.setOnClickListener(new ImageClickListener());
        imagebutton2.setOnClickListener(new ImageClickListener());
        imagebutton3.setOnClickListener(new ImageClickListener());
        imagebutton4.setOnClickListener(new ImageClickListener());
    }
    public class ImageClickListener implements OnClickListener{
        @Override
        public void onClick(View v) {
            // TODO Auto-generated method stub
            ImageButton vbtn = (ImageButton) v;
            if(imagebutton4.equals(vbtn))                          //接电话
            {
                i = HardwareControler .openSerialPort("/dev/s3c2410_serial1", 115200, 8, 1);
                byte0 = str0.getBytes();                           //将 String 转换为 byte
                HardwareControler.write(i,byte0);                  //往串口传数据
```

```
Toast.makeText(getApplicationContext(),R.string.connect,Toast.LENGTH_SHORT).show();
            }else if (imagebutton2.equals(vbtn))          //挂电话
            {
                i = HardwareControler.openSerialPort("/dev/s3c2410_serial1", 115200, 8, 1);
                byte1 = str1.getBytes();
                HardwareControler .write(i,byte1);
Toast.makeText(getApplicationContext(),R.string.cut,Toast.LENGTH_SHORT).show();
            }else if(imagebutton1.equals(vbtn))           //打电话
            {
            i = HardwareControler .openSerialPort("/dev/s3c2410_serial1", 115200, 8, 1);
            str2 = "ATD" +  edittext1.getText().toString() + ";\r";
                                                          //从 edittext 中提取电话号码
                byte2 = str2.getBytes();
                HardwareControler .write(i,byte2);
            Toast.makeText(getApplicationContext(),R.string.call,Toast.LENGTH_LONG).show();
            }else if(vbtn.equals(vbtn))                   //发短信
            {
                i = HardwareControler.openSerialPort("/dev/s3c2410_serial1", 115200, 8, 1);
                str3 = "AT + CMGF = 1\r";                 //短信格式是 txt 格式
                byte3 = str3.getBytes();
                HardwareControler .write(i,byte3);
                SystemClock.sleep(20) ;                   //延时 20μs
                str3 = "AT + CSCS = \"GSM\"\r";           //短信发送支持的网络
                byte3 = str3.getBytes();
                HardwareControler .write(i,byte3);
                SystemClock.sleep(20) ;
                str3 = "AT + CMGS = \"" + edittext1.getText().toString() + "\"\r";
                                                          //获取电话号码
                byte3 = str3.getBytes();
                HardwareControler .write(i,byte3);
                SystemClock.sleep(20) ;
                str3 = edittext2.getText().toString();
                byte3 = str3.getBytes();
                HardwareControler .write(i,byte3);        //发送短信内容
                SystemClock.sleep(20) ;
                HardwareControler .write(i,byte4);        //Ctrl + Z(ASCII 为 26),发送短信
Toast.makeText(getApplicationContext(),R.string.message,Toast.LENGTH_LONG).show();
            }
        }
    }
}
```

图 7-18 为上述程序代码的参考运行界面。

在第一个文本框中输入电话号码，单击“拨电话”按钮，实现拨打电话功能；在第二个文本框中输入发动短信的内容，单击“发短信”按钮会向指定的电话号码发送短信信息。在物联网系统中可加入 GPRS 功能，可实现拨打电话或短信形式的提醒或报警功能，读者可根据各自的需求将 GPRS 模块功能引入到自己的项目中。

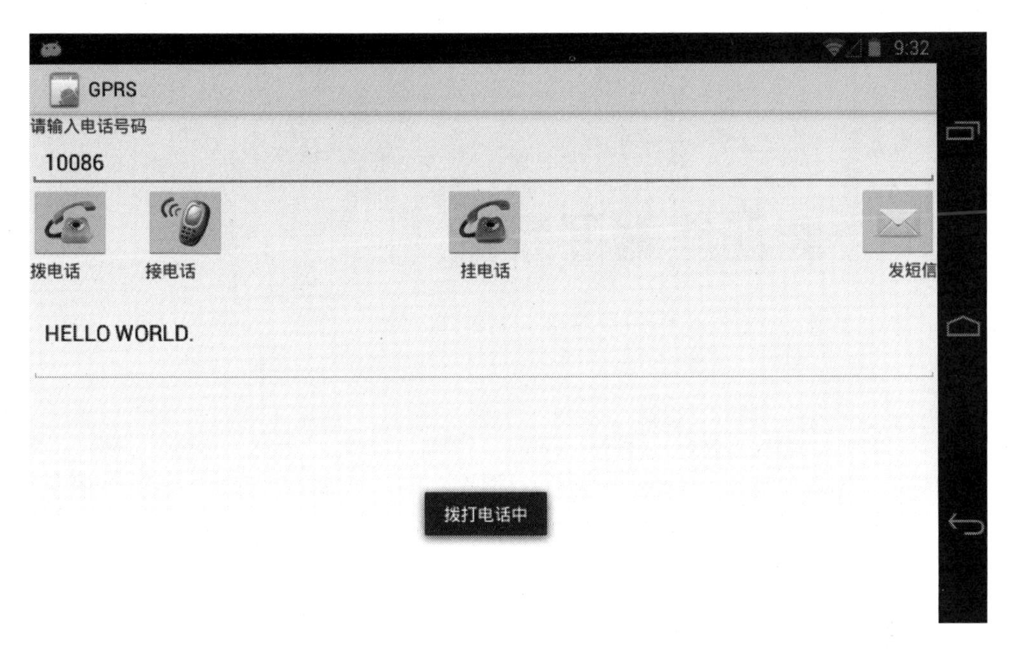

图 7-18　GPRS 程序运行界面

习题 7

1. 简述应用 Volley 框架进行网络通信的基本流程。
2. Volley 框架中 Request 对象主要有几种类型？
3. Java 中创建多线程的方法有几种？它们各自有什么特点？
4. 叙述 Android 中的 Handler 机制。

第8章 CHAPTER 8 移动终端子系统

移动终端子系统主要实现和Web服务器的信息交互，通过HTTP请求Web服务器以获得网络数据库中的传感器数据、执行器的状态数据、用户数据、考勤数据、GPS定位数据等；同时也可通过HTTP请求Web服务器以改变网络数据库中执行器的状态，供网关轮询执行器状态的变化，以实现对执行器的远程控制。

8.1 访问Web数据库数据

移动终端用户可实时查看Web数据库中的传感器等信息。在此要用到6.4.3节所介绍的查询数据接口(见表6-4)。

该接口返回数据类型为JSON，在移动终端要对JSON数据进行解析并显示。移动终端子系统建立的Android项目名为SmartClassMobile。

【程序8-1】 移动终端查看数据及控制设备：MainActivity.java。

```
package com.example.smartclassmobile;

import android.content.Intent;
import android.support.v7.app.AppCompatActivity;
import android.os.Bundle;
import android.util.Log;
import android.view.View;
import android.widget.Button;
import android.widget.ImageButton;
import android.widget.TextView;

import com.android.volley.NetworkResponse;
import com.android.volley.Request;
import com.android.volley.RequestQueue;
import com.android.volley.Response;
import com.android.volley.VolleyError;
import com.android.volley.toolbox.JsonArrayRequest;
import com.android.volley.toolbox.JsonObjectRequest;
```

```
import com.android.volley.toolbox.JsonRequest;
import com.android.volley.toolbox.StringRequest;
import com.android.volley.toolbox.Volley;
import com.google.gson.JsonObject;

import org.json.JSONArray;
import org.json.JSONException;
import org.json.JSONObject;

import static com.android.volley.Request.Method.POST;

public class MainActivity extends AppCompatActivity {
    TextView tv_temp;
    TextView tv_hum;
    TextView tv_body;
    TextView tv_gas;
    TextView tv_light;
    TextView tv_fan;
    TextView tv_alarm;
    ImageButton ibt_show;
    ImageButton ibt_light;
    ImageButton ibt_alarm;
    ImageButton ibt_fan;
    ImageButton ibt_line;
    RequestQueue rq;
    String fan_status;
    String alarm_status;
    String light_status;
    String hostname = "192.168.1.105";
    @Override
    protected void onCreate(Bundle savedInstanceState) {
        super.onCreate(savedInstanceState);
        setContentView(R.layout.activity_show);

        tv_temp = (TextView)findViewById(R.id.textView_T);
        tv_hum = (TextView)findViewById(R.id.textView_H);
        tv_body = (TextView)findViewById(R.id.textView_B);
        tv_gas = (TextView)findViewById(R.id.textView_G);
        tv_alarm = (TextView)findViewById(R.id.textView_alarm);
        tv_fan = (TextView)findViewById(R.id.textView_fan);
        tv_light = (TextView)findViewById(R.id.textView_light);
        ibt_show = (ImageButton)findViewById(R.id.imageButton_show);
        ibt_alarm = (ImageButton)findViewById(R.id.imageButton_alarm);
        ibt_fan = (ImageButton)findViewById(R.id.imageButton_fan);
        ibt_light = (ImageButton)findViewById(R.id.imageButton_light);
        ibt_line = (ImageButton)findViewById(R.id.imageButton_line);

        rq = Volley.newRequestQueue(this);

        ibt_show.setOnClickListener(new View.OnClickListener() {
```

```
            @Override
            public void onClick(View view) {
                //获取传感器信息的 Volley 请求
                    String url =
"http://" + hostname + ":8080/SmartClassWeb/Servlet/GetSensorInfoServlet";
                    Log.i("url: == ",url);
                    JsonObjectRequest jobjr = new JsonObjectRequest(url,
                            null,
                            new Response.Listener<JSONObject>() {
                                @Override
                                public void onResponse(JSONObject jsonObject) {
                                    try {
                                        tv_temp.setText(jsonObject.get("temp").toString() + "℃");
                                        tv_hum.setText(jsonObject.get("hum").toString() + "%");
                                        if(jsonObject.get("body").toString().equals("0"))
                                            tv_body.setText("无人");
                                        else
                                            tv_body.setText("有人");
                                        if(jsonObject.get("gas").toString().equals("0"))
                                            tv_gas.setText("无烟");
                                        else
                                            tv_gas.setText("有烟");
                                    } catch (JSONException e) {
                                        e.printStackTrace();
                                    }
                                }
                            },
                            new Response.ErrorListener() {
                                @Override
                                public void onErrorResponse(VolleyError volleyError) {
                                    Log.e("error",volleyError.getMessage());
                                }
                            });
//获得执行器状态的 volley 请求
String url2 =
"http://" + hostname + ":8080/SmartClassWeb/Servlet/GetActuatorServlet";
                    JsonArrayRequest jarrayr = new JsonArrayRequest(url2,
                            new Response.Listener<JSONArray>() {
                                @Override
                                public void onResponse(JSONArray jsonArray) {
                                    for(int i = 0;i < jsonArray.length();i++){
                                        try {
                                            JSONObject myjObject = jsonArray.getJSONObject(i);
                                            String atype = myjObject.getString("type");
                                            String astatus = myjObject.getString("status");
                                            if(atype.equals("0F")){
                                                light_status = astatus;
                                            }
                                            else if(atype.equals("0E")){
                                                alarm_status = astatus;
```

```
                                    }
                                    else if(atype.equals("12")){
                        fan_status =  astatus;
                                    }
                                } catch (JSONException e) {
                                    e.printStackTrace();
                                }
                            }
                        }
                    },
                    new Response.ErrorListener() {
                        @Override
                        public void onErrorResponse(VolleyError volleyError) {
                            Log.e("error",volleyError.getMessage());
                        }
                    }
                );
                rq.add(jobjr);
                rq.add(jarrayr);
            }
        });
        //单击显示温湿度折线图
        ibt_line.setOnClickListener(new View.OnClickListener() {
            @Override
            public void onClick(View view) {
                Intent intent = new Intent(MainActivity.this,TempLineActivity.class);
                startActivity(intent);
            }
        });
        //手动控制电灯
        ibt_light.setOnClickListener(new View.OnClickListener() {
            @Override
            public void onClick(View view) {
                String value = "1";
                String type = "0F";
                if(light_status.equals("1")){
                    value = "0";
                    tv_light.setText("打开电灯");
                }
                else{
                    value = "1";
                    tv_light.setText("关闭电灯");
                }
                String url =
"http://" + hostname + ":8080/SmartClassWeb/Servlet/SetActuatorServlet?a_type = " + type + "&a
_status = " + value;
        Log.i("url --- :",url);
                StringRequest sr = new StringRequest(Request.Method.GET,
                        url,
                        new Response.Listener<String>() {
```

```
                        @Override
                        public void onResponse(String s) {
                            Log.i("Response is:",s);
                        }
                    },
                    new Response.ErrorListener() {
                        @Override
                        public void onErrorResponse(VolleyError volleyError) {
                          Log.e("error",volleyError.getMessage());
                        }
                    }
            );
            rq.add(sr);
        }
    });
    //手动控制报警器
    ibt_alarm.setOnClickListener(new View.OnClickListener() {
        @Override
        public void onClick(View view) {
            String value = "1";
            if(alarm_status.equals("1")){
                value = "0";
                tv_alarm.setText("打开报警器");
            }
            else{
                value = "1";
                tv_alarm.setText("关闭报警器");
            }
            String url =
"http://" + hostname + ":8080/SmartClassWeb/Servlet/SetActuatorServlet?a_type = 0E&a_status
 = " + value;
            StringRequest sr = new StringRequest(Request.Method.GET,
                    url,
                    new Response.Listener<String>() {
                        @Override
                        public void onResponse(String s) {
                            Log.i("Response is:",s);
                        }
                    },
                    new Response.ErrorListener() {
                        @Override
                        public void onErrorResponse(VolleyError volleyError) {
                            Log.e("error",volleyError.getMessage());
                        }
                    }
            );
            rq.add(sr);
        }
    });
    //手动控制风扇
```

```
            ibt_fan.setOnClickListener(new View.OnClickListener() {
                @Override
                public void onClick(View view) {
                    String value = "1";
                    if(fan_status.equals("1")){
                        value = "0";
                        tv_fan.setText("打开风扇");
                    }
                    else{
                        value = "1";
                        tv_fan.setText("关闭风扇");
                    }
                    String url =
    "http://" + hostname + ":8080/SmartClassWeb/Servlet/SetActuatorServlet?a_type = 12&a_status
    = " + value;
                    StringRequest sr = new StringRequest(Request.Method.GET,
                            url,
                            new Response.Listener<String>() {
                                @Override
                                public void onResponse(String s) {
                                    Log.i("Response is:",s);
                                }
                            },
                            new Response.ErrorListener() {
                                @Override
                                public void onErrorResponse(VolleyError volleyError) {
            Log.e("error",volleyError.getMessage());
                                }
                            }
                    );
                    rq.add(sr);
                }
            });
        }
    }
```

移动终端子系统程序的运行界面如图 8-1 所示。

移动终端查看数据及控制设备的程序 MainActivity.java 的基本流程为：

（1）初始化布局元素。布局元素包括温湿度、人体检测、烟雾检测显示的 Textview 组件，显示信息、电灯控制、风扇控制、报警控制、显示折线图的 ImageButton 组件。

（2）单击“信息显示”按钮事件处理。采用 Volley 框架结构向 Web 服务器发送获取传感器信息和获得执行器状态的网络请求，获取 Web 服务器响应的传感器信息在 Textview 组件上显示，获取执行器的状态信息存储在全局变量 fan_status、alarm_status、light_status 中，供执行器控制判断。

（3）单击“折线图”按钮事件处理。启动显示温湿度折线图的 Activity。

（4）单击“电灯控制”按钮事件处理。获取当前电灯状态 light_status，向 Web 服务器发送控制电灯的网络请求，以实现远程控制电灯。

图 8-1　移动终端数据显示及控制界面

(5) 单击“报警控制”按钮事件处理。获取当前报警器状态 alarm_status，向 Web 服务器发送控制报警器的网络请求，以实现远程控制报警器。

(6) 单击“风扇控制”按钮事件处理。获取当前风扇状态 fan_status，向 Web 服务器发送控制风扇的网络请求，以实现远程控制风扇。

8.2　远程控制

移动终端要实现对 ZigBee 执行器节点的控制，本系统所采用的处理逻辑为：在移动终端向 Web 服务器发送更改执行器状态的请求，Web 服务器收到请求后更新网络数据库的执行器状态，网关子系统实时向 Web 服务器发送查询执行器状态的请求，即轮询执行器的状态，当状态改变，网关通过串口向 ZigBee 协调器发送控制命令，相应的 ZigBee 节点则接收到相应控制命令以实现对执行器的控制，以此达到远程控制执行器的目的。

设置执行器状态接口信息如表 8-2 所示，接口的实现参见 6.4.4 节。

表 8-2　设置执行器状态接口信息

接口功能	url	输入参数	返回参数
网关上传执行器状态、移动终端设置执行器的状态	http://192.168.1.105:8080/SmartClassWeb/Servlet/SetActuatorServlet	a_type：执行器类型 a_status：状态	Set Actuator OK. Set Actuator Error.

远程控制的业务流程如图 8-2 所示，具体如下：

(1) 移动终端向 Web 服务器发送远程控制命令请求。

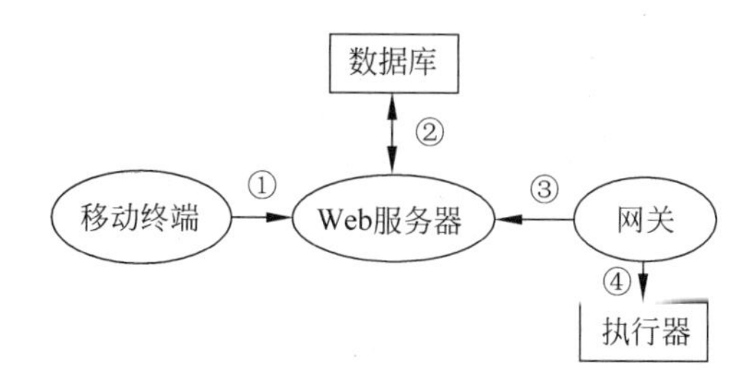

图 8-2　远程控制业务流程

(2) 服务器响应移动终端请求，更改数据库执行器的状态。

(3) 网关实时发送查询执行器状态的请求。

(4) 网关向执行器发出控制命令。

移动终端更改执行器状态的参考代码参见程序 8-1。具体网关对底层执行器的控制在 7.5.2 节中已有所介绍，大家可参考前面的介绍。

8.3　利用高德地图 API 定位

如果想在物联网系统中实现对某些节点设备的定位，需要通过 GPS 或北斗等定位设备实现物理位置信息的采集，然后将经纬度等位置信息存储在网络数据库中，移动终端及网关调用相应的 Web 服务器接口获得经纬度位置信息，并借助高德地图、百度地图等第三方软件工具来可视化地显示具体位置。下面介绍在 Android 系统中运用高德地图 API 来实现定位的流程。

实现高德地图定位之前，首先需要做好以下准备来配置开发环境。

(1) 在高德地图开放平台注册账号。

高德地图开放平台网址为 http://lbs.amap.com，进入平台后，注册账号并登录。

(2) 下载关于地图和定位的 SDK。

在平台的"开发支持"项目中选择"Android 地图 SDK"和"Android 定位 SDK"选项进入相应的下载界面，如图 8-3 所示。

进入"相关下载"，下载相应的 SDK 文件，相关的文件有：

- 3D 地图显示包"AMap_3DMap_VX.X.X_时间.jar"；
- 2D 地图显示包"AMap_2DMap_VX.X.X_时间.jar "；
- 定位包"AMap_Location_VX.X.X_时间.jar"。

(3) 将地图和定位的库包添加到工程中。

将在平台上下载的地图和定位的 jar 包放入工程的 libs 目录下，如图 8-4 所示。

对于每个 jar 文件，右击，选择 Add As Library 命令，导入到工程中；或者在菜单栏中选择 File | Project Structure | Modules | Dependencies，单击绿色的"+"按钮，选择 Jar dependency，再选择要添加的 jar 包即可。此时，build.gradle 中会自动生成如图 8-5 所示信息，表明库包已经加入到工程中。

图 8-3 “Android 地图 SDK”和“Android 定位 SDK”文件下载位置

```
libs
  > AMap2DMap_5.2.0_AMapSearch_6.1.0_20180330.jar
  > AMap_Location_V4.1.0_20180619.jar
```

图 8-4 库包放入工程的位置

```
dependencies {
    implementation fileTree(include: ['*.jar'], dir: 'libs')
    implementation 'com.android.support.constraint:constraint-layout:1.1.2'
    testImplementation 'junit:junit:4.12'
    androidTestImplementation 'com.android.support.test:runner:1.0.2'
    androidTestImplementation 'com.android.support.test.espresso:espresso-core:3.0.2'
    implementation files('libs/AMap_Location_V4.1.0_20180619.jar')
    implementation files('libs/AMap2DMap_5.2.0_AMapSearch_6.1.0_20180330.jar')
}
```

图 8-5 build.gradle 文件中显示库包加入

(4) 申请 API KEY。

① 创建新应用。进入控制台，创建一个新应用。如果之前已经创建过应用，可直接跳过这个步骤。创建过程如图 8-6 和图 8-7 所示。

图 8-6 创建新应用 1

② 添加新 Key。在创建的应用上单击“添加新 Key”按钮，在弹出的对话框中输入 Key 名称，选择服务平台为“Android 平台”，输入发布版安全码 SHA1、调试版安全码 SHA1 和 PackageName，如图 8-8 所示。

Android Studio 获取 SHA1 的过程是：运行 cmd，在终端下切换至 jdk 的安装路径的 bin 目录下，输入命令“keytool-v-list-keystore keystore 文件路径”。在本操作中命令如下：

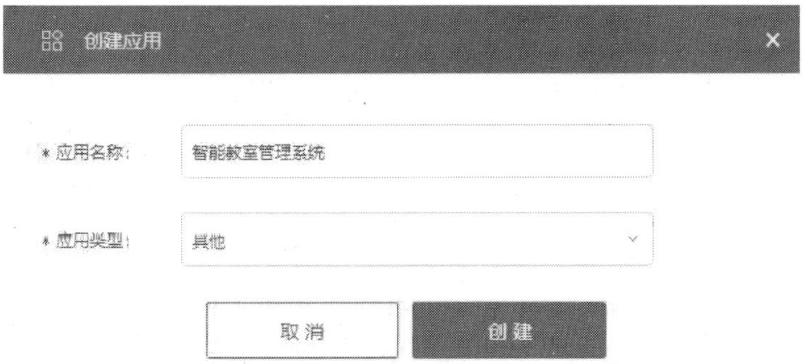

图 8-7　创建新应用 2

图 8-8　添加 Key 的界面

```
C:\Program Files\Java\jdk1.8.0_144\bin>keytool.exe -v -list -keystore
                                          C:\Users\dell\.android\debug.keystore
```

然后提示输入密钥库密码，开发模式默认密码是 android，发布模式的密码是为 apk 的 keystore 设置的密码。输入密钥后回车(如果没设置密码，可直接回车)，此时可在控制台显示的信息中获取 SHA1 值，如图 8-9 所示。

Android Studio 获取 PackageName 的过程是：Android Studio 通过 applicationId 配置包名，如果配置了 build.gradle 文件，PackageName 应该以 applicationId 为准。要注意防止

```
C:\Program Files\Java\jdk1.8.0_144\bin>keytool.exe -v -list -keystore C:\Users\dell\.android\debug.keystore
输入密钥库口令:

*****************  WARNING WARNING WARNING  *****************
* 存储在您的密钥库中的信息的完整性  *
* 尚未经过验证！ 为了验证其完整性， *
* 必须提供密钥库口令。              *
*****************  WARNING WARNING WARNING  *****************

密钥库类型: JKS
密钥库提供方: SUN

您的密钥库包含 1 个条目

别名: androiddebugkey
创建日期: 2017-12-6
条目类型: PrivateKeyEntry
证书链长度: 1
证书[1]:
所有者: C=US, O=Android, CN=Android Debug
发布者: C=US, O=Android, CN=Android Debug
序列号: 1
有效期开始日期: Wed Dec 06 18:24:10 CST 2017, 截止日期: Fri Nov 29 18:24:10 CST 2047
证书指纹:
         MD5:
         SHA1:
         SHA256:
         签名算法名称: SHA1withRSA
         版本: 1

*******************************************
*******************************************
```

图 8-9 获取 SHA1 的过程

build.gradle 中的 applicationId 与 AndroidMainfest.xml 中的 PackageName 不同，导致 Key 鉴权不过。

在阅读完高德地图 API 服务条款后，选中"阅读并同意高德服务条款及隐私权政策和高德地图 API 服务条款"选项，单击"提交"按钮，完成 Key 的申请，此时可以在所创建的应用下面看到刚申请的 Key 了，如图 8-10 所示。

Key名称	Key	绑定服务	操作
map		Android平台	设置 删除

图 8-10 申请 Key 成功界面

注意：一个 Key 只能用于一个应用，否则会出现服务调用失败。

开发环境已经配置好了，接下来就是编写代码实现地图和定位功能了。

首先要做的是将地图显示出来，即在应用中使用高德地图 SDK，具体操作如下。

（1）地图显示。

① 在工程的 AndroidMainfest.xml 文件的 application 标签中添加用户 Key，参考代码如下。

```
<meta-data
    android:name="com.amap.api.v2.apikey"
    android:value="开发者申请的 Key" />
```

② 在工程的 AndroidMainfest.xml 文件中添加所需权限，参考代码如下。

```
//地图 SDK(包含其搜索功能)需要的基础权限

<!-- 允许程序打开网络套接字 -->
<uses-permission android:name="android.permission.INTERNET" />
<!-- 允许程序设置内置 SD 卡的写权限 -->
<uses-permission android:name="android.permission.WRITE_EXTERNAL_STORAGE" />
<!-- 允许程序获取网络状态 -->
<uses-permission android:name="android.permission.ACCESS_NETWORK_STATE" />
<!-- 允许程序访问 WiFi 网络信息 -->
<uses-permission android:name="android.permission.ACCESS_WIFI_STATE" />
<!-- 允许程序读写手机状态和身份 -->
<uses-permission android:name="android.permission.READ_PHONE_STATE" />
<!-- 允许程序访问 CellID 或 WiFi 热点来获取粗略的位置 -->
<uses-permission android:name="android.permission.ACCESS_COARSE_LOCATION" />
```

③ 初始化地图容器。MapView 是 Android View 类的一个子类，用于在 Android View 中放置地图。MapView 是地图容器。用 MapView 加载地图的方法与 Android 提供的其他 View 一样，需要在布局 xml 文件中添加该容器，参考代码如下。

```
<com.amap.api.maps2d.MapView
        android:id="@+id/map_view"
        android:layout_width="match_parent"
        android:layout_height="match_parent" />
```

④ 创建地图 Activity，管理地图生命周期，参考程序 8-2 代码。

【程序 8-2】 显示地图：MainActivity.java。

```
package com.iot.map;
import android.app.Activity;
import android.os.Bundle;

import com.amap.api.maps2d.AMap;
import com.amap.api.maps2d.MapView;

public class MainActivity extends Activity {
    private MapView mMapView = null;
    private AMap aMap = null;
    @Override
    protected void onCreate(Bundle savedInstanceState) {
        super.onCreate(savedInstanceState);
        setContentView(R.layout.activity_main);
        //获得地图控件引用
        mMapView = (MapView)findViewById(R.id.map_view);
        //在 activity 执行 onCreate 时执行 mMapView.onCreate(savedInstanceState),创建地图
        mMapView.onCreate(savedInstanceState);
        //初始化地图控制器对象
        if (aMap == null) {
```

```
            aMap = mMapView.getMap();
        }
    }

    @Override
    protected void onDestroy() {
        super.onDestroy();
        //在 activity 执行 onDestroy 时执行 mMapView.onDestroy(),销毁地图
        mMapView.onDestroy();
    }

    @Override
    protected void onResume() {
        super.onResume();
        //在 activity 执行 onResume 时执行 mMapView.onResume (),重新绘制加载地图
        mMapView.onResume();
    }

    @Override
    protected void onPause() {
        super.onPause();
        //在 activity 执行 onPause 时执行 mMapView.onPause (),暂停地图的绘制
        mMapView.onPause();
    }
    @Override
    protected void onSaveInstanceState(Bundle outState) {
        super.onSaveInstanceState(outState);
        //在 activity 执行 onSaveInstanceState 时执行 mMapView.onSaveInstanceState (outState),保
存地图当前的状态
        mMapView.onSaveInstanceState(outState);
    }
}
```

⑤ 显示地图。AMap 类是地图的控制器类,用来操作地图。它所承载的工作包括地图图层切换(如卫星图、黑夜地图)、改变地图状态(地图旋转角度、俯仰角、中心点坐标和缩放级别)、添加点标记(Marker)、绘制几何图形(Polyline、Polygon、Circle)、各类事件监听(点击、手势等)等,AMap 是地图 SDK 最重要的核心类,诸多操作都依赖它完成。在 MapView 对象初始化完毕之后,构造 AMap 对象。示例代码参考如下:

```
//初始化地图控制器对象
private AMap aMap = null;
 if (aMap == null) {
     aMap = mMapView.getMap();
 }
```

程序运行之后界面如图 8-11 所示。

完成地图显示之后,接下来就是实现定位了。

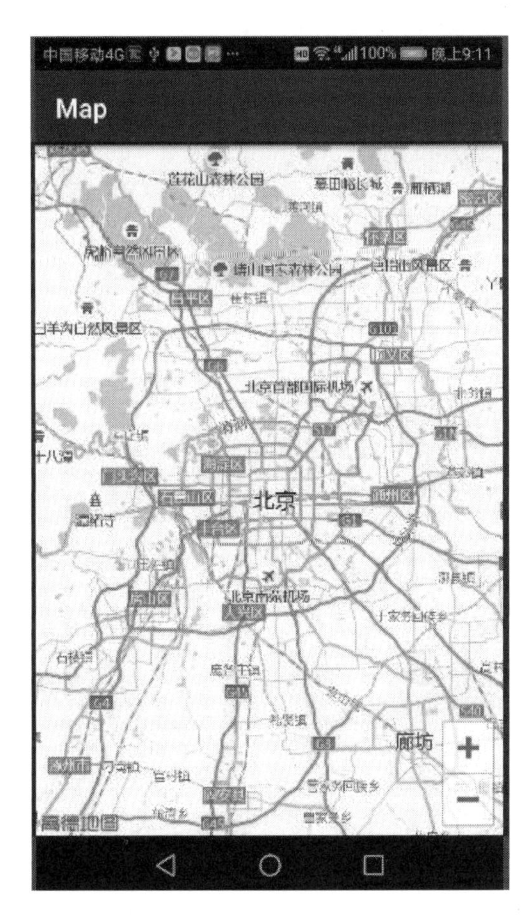

图 8-11　地图显示界面

(2) 定位实现。

① 配置 AndroidMainfest.xml,在 application 标签中声明 service 组件,每个 APP 拥有自己单独的定位 service。

```
<service android:name="com.amap.api.location.APSService"/>
```

接下来声明使用权限。

```
<!-- 用于进行网络定位 -->
<uses-permission android:name="android.permission.ACCESS_COARSE_LOCATION"/>
<!-- 用于访问 GPS 定位 -->
<uses-permission android:name="android.permission.ACCESS_FINE_LOCATION"/>
<!-- 用于获取运营商信息,用于支持提供运营商信息相关的接口 -->
<uses-permission android:name="android.permission.ACCESS_NETWORK_STATE"/>
<!-- 用于访问 WiFi 网络信息,WiFi 信息会用于网络定位 -->
<uses-permission android:name="android.permission.ACCESS_WIFI_STATE"/>
<!-- 用于获取 WiFi 的获取权限,WiFi 信息用来进行网络定位 -->
<uses-permission android:name="android.permission.CHANGE_WIFI_STATE"/>
<!-- 用于访问网络,网络定位需要上网 -->
<uses-permission android:name="android.permission.INTERNET"/>
<!-- 用于读取手机当前的状态 -->
```

```
<uses-permission android:name="android.permission.READ_PHONE_STATE"/>
<!--用于将缓存数据写入扩展存储卡-->
<uses-permission android:name="android.permission.WRITE_EXTERNAL_STORAGE"/>
<!--用于申请调用A-GPS模块-->
<uses-permission android:name="android.permission.ACCESS_LOCATION_EXTRA_COMMANDS"/>
<!--用于申请获取蓝牙信息进行室内定位-->
<uses-permission android:name="android.permission.BLUETOOTH"/>
<uses-permission android:name="android.permission.BLUETOOTH_ADMIN"/>
```

最后,设置高德地图 Key。

```
<meta-data
    android:name="com.amap.api.v2.apikey"
    android:value="开发者申请的 Key" />
```

② 初始化定位。在主线程中声明 AMapLocationClient 类对象,需要传 Context 类型的参数。推荐用 getApplicationContext()方法获取全进程有效的 context。

```
//声明 AMapLocationClient 类对象
public AMapLocationClient mLocationClient = null;
//声明定位回调监听器
public AMapLocationListener mLocationListener = new AMapLocationListener();
//初始化定位
mLocationClient = new AMapLocationClient(getApplicationContext());
//设置定位回调监听
mLocationClient.setLocationListener(mLocationListener);
```

③ 配置定位参数,启动定位功能。

创建 AMapLocationClientOption 对象,用来设置发起定位的模式和相关参数。

```
//声明 AMapLocationClientOption 对象
public AMapLocationClientOption mLocationOption = null;
//初始化 AMapLocationClientOption 对象
mLocationOption = new AMapLocationClientOption();
```

选择定位模式。高德定位服务包含 GPS 和网络定位(WiFi 和基站定位)两种能力。定位 SDK 将 GPS、网络定位能力进行了封装,以 3 种定位模式对外开放,SDK 默认选择使用高精度定位模式。

(1) 高精度定位模式:会同时使用网络定位和 GPS 定位,优先返回最高精度的定位结果,以及对应的地址描述信息。

```
//设置定位模式为 AMapLocationMode.Hight_Accuracy,高精度模式
mLocationOption.setLocationMode(AMapLocationMode.Hight_Accuracy);
```

(2) 低功耗定位模式:不会使用 GPS 和其他传感器,只会使用网络定位(WiFi 和基站定位)。

```
//设置定位模式为 AMapLocationMode.Battery_Saving,低功耗模式
mLocationOption.setLocationMode(AMapLocationMode.Battery_Saving);
```

(3) 仅用设备定位模式:不需要连接网络,只使用 GPS 进行定位,这种模式下不支持室内环境的定位。

```
//设置定位模式为 AMapLocationMode.Device_Sensors,仅设备模式
mLocationOption.setLocationMode(AMapLocationMode.Device_Sensors);
```

本实例中采用高精度定位模式。

其他参数的配置,如自定义连续定位、是否需要返回地址描述、是否允许模拟软件 Mock 位置结果、是否开启定位缓存机制等。参考代码如下:

```
//SDK 默认采用连续定位模式。设置定位间隔,单位 ms,默认为 2000ms,最低 1000ms
mLocationOption.setInterval(1000);
//设置是否返回地址信息(默认返回地址信息)
mLocationOption.setNeedAddress(true);
//设置是否允许模拟位置,默认为 true,允许模拟位置
mLocationOption.setMockEnable(true);
//关闭缓存机制
mLocationOption.setLocationCacheEnable(false);
```

启动定位。

```
//给定位客户端对象设置定位参数
mLocationClient.setLocationOption(mLocationOption);
//启动定位
mLocationClient.startLocation();
```

④ 实现 AMapLocationListener 接口,获取定位结果。AMapLocationListener 接口只有 onLocationChanged 方法可以实现,用于接收异步返回的定位结果,回调参数是 AMapLocation。

实现监听器。通过创造接口类对象的方法实现监听器的举例如下:

```
MapLocationListener mAMapLocationListener = new AMapLocationListener(){
@Override
public void onLocationChanged(AMapLocation amapLocation) {
        //解析 AMapLocation 对象
    }
 }
```

解析 AMapLocation 对象。当定位成功时,解析 AMapLocation 对象的具体字段,具体参考程序 8-3 代码。

⑤ 停止定位。销毁定位客户端之后,若要重新开启定位需要重新新建一个 AMapLocationClient 对象。

```
@Override
    protected void onDestroy() {
        super.onDestroy();
        //在 activity 执行 onDestroy 时执行 mMapView.onDestroy(),销毁地图
        mMapView.onDestroy();
        //停止定位
        mLocationClient.stopLocation();          //停止定位后,本地定位服务并不会被销毁
        //销毁定位客户端
        mLocationClient.onDestroy();             //销毁定位客户端,同时销毁本地定位服务
    }
```

定位实例的参考代码如下。

【程序 8-3】 显示定位：MainActivity.java。

```
package com.iot.location;

import android.graphics.Color;
import android.os.Bundle;
import android.util.Log;
import android.widget.Toast;

import com.amap.api.location.AMapLocation;
import com.amap.api.location.AMapLocationClient;
import com.amap.api.location.AMapLocationClientOption;
import com.amap.api.location.AMapLocationListener;
import com.amap.api.maps2d.AMap;
import com.amap.api.maps2d.CameraUpdateFactory;
import com.amap.api.maps2d.MapView;
import com.amap.api.maps2d.model.BitmapDescriptor;
import com.amap.api.maps2d.model.BitmapDescriptorFactory;
import com.amap.api.maps2d.model.LatLng;
import com.amap.api.maps2d.model.MyLocationStyle;

import java.sql.Date;
import java.text.SimpleDateFormat;

public class MainActivity extends CheckPermissionsActivity {
    private MapView mMapView = null;
    private AMap aMap = null;
    //声明 AMapLocationClient 类对象
    public AMapLocationClient mLocationClient = null;
    //声明 AMapLocationClientOption 对象
    public AMapLocationClientOption mLocationOption = null;
    //标识,用于判断是否只显示一次定位信息和用户重新定位
    private boolean isFirstLoc = true;
    //声明定位回调监听器
    public AMapLocationListener mLocationListener = new AMapLocationListener() {
        @Override
        public void onLocationChanged(AMapLocation amapLocation) {
```

```
            if (amapLocation != null) {
                if (amapLocation.getErrorCode() == 0) {
                //可在其中解析 amapLocation 获取相应内容
                    amapLocation.getLocationType();  //获取当前定位结果来源,如网络定位
                                                     //结果,详见定位类型表
                    amapLocation.getLatitude();      //获取纬度
                    amapLocation.getLongitude();     //获取经度
                    amapLocation.getAccuracy();      //获取精度信息
                    amapLocation.getAddress();       //地址,如果 Option 中设置 isNeedAddress
                                                     //为 false,则没有此结果,网络定位
                                                     //结果中会有地址信息,GPS 定位不返回
                                                     //地址信息
                    amapLocation.getCountry();       //国家信息
                    amapLocation.getProvince();      //省信息
                    amapLocation.getCity();          //城市信息
                    amapLocation.getDistrict();      //城区信息
                    amapLocation.getStreet();        //街道信息
                    amapLocation.getStreetNum();     //街道门牌号信息
                    amapLocation.getCityCode();      //城市编码
                    amapLocation.getAdCode();        //地区编码
                    amapLocation.getAoiName();       //获取当前定位点的 AOI 信息
                    //定位时间
                    SimpleDateFormat df = new SimpleDateFormat("yyyy - MM - dd HH:mm:ss");
                    Date date = new Date(amapLocation.getTime());
                    df.format(date);
                    // 如果不设置标志位,此时再拖动地图时,它会不断将地图移动到当前的位置
                    if (isFirstLoc) {
                        //设置缩放级别
                        aMap.moveCamera(CameraUpdateFactory.zoomTo(17));
                        //将地图移动到定位点
                        aMap.moveCamera(CameraUpdateFactory.changeLatLng(new LatLng
(amapLocation.getLatitude(), amapLocation.getLongitude())));
                        //获取定位信息
                        StringBuffer buffer = new StringBuffer();
                        buffer.append(amapLocation.getCountry() + ""
                                + amapLocation.getProvince() + ""
                                + amapLocation.getCity() + ""
                                + amapLocation.getProvince() + ""
                                + amapLocation.getDistrict() + ""
                                + amapLocation.getStreet() + ""
                                + amapLocation.getStreetNum());
                        Toast.makeText(getApplicationContext(), buffer.toString(), Toast.
LENGTH_LONG).show();
                        isFirstLoc = false;
                    }
                }else {
                    //定位失败时,可通过 ErrCode(错误码)信息来确定失败的原因,errInfo 是
                    //错误信息,详见错误码表
                    Log.e("AmapError","location Error, ErrCode:"
```

```
                                + amapLocation.getErrorCode() + ", errInfo:"
                                + amapLocation.getErrorInfo());
                    }
                }
            }
        };

        @Override
        protected void onCreate(Bundle savedInstanceState) {
            super.onCreate(savedInstanceState);
            setContentView(R.layout.activity_main);
            //获得地图控件引用
            mMapView = (MapView)findViewById(R.id.map_view);
            //在 activity 执行 onCreate 时执行 mMapView.onCreate(savedInstanceState),创建地图
            mMapView.onCreate(savedInstanceState);
            //初始化地图控制器对象
            if (aMap == null) {
                aMap = mMapView.getMap();
            }
            //设置定位样式
            MyLocationStyle myLocationStyle = new MyLocationStyle();
            myLocationStyle.strokeColor(Color.BLACK);
            myLocationStyle.radiusFillColor(Color.argb(100,0,0,180));
            aMap.setMyLocationStyle(myLocationStyle);
            aMap.getUiSettings().setMyLocationButtonEnabled(true);
            aMap.setMyLocationEnabled(true);
            //初始化定位
            mLocationClient = new AMapLocationClient(getApplicationContext());
            //设置定位回调监听
            mLocationClient.setLocationListener(mLocationListener);
            //初始化 AMapLocationClientOption 对象
            mLocationOption = new AMapLocationClientOption();
            //设置定位模式为 AMapLocationMode.Hight_Accuracy,高精度模式
    mLocationOption.setLocationMode(AMapLocationClientOption.AMapLocationMode.Hight_Accuracy);
            //获取一次定位结果,该方法默认为 false
            mLocationOption.setOnceLocation(false);
            //设置定位间隔,单位 ms,默认为 2000ms,最低 1000ms
            mLocationOption.setInterval(1000);
            //设置是否返回地址信息(默认返回地址信息)
            mLocationOption.setNeedAddress(true);
            //设置是否允许模拟位置,默认为 true,允许模拟位置
            mLocationOption.setMockEnable(true);
            //单位是 ms,默认 30000ms,建议超时时间不要低于 8000ms
            mLocationOption.setHttpTimeOut(20000);
            //给定位客户端对象设置定位参数
            mLocationClient.setLocationOption(mLocationOption);
            //启动定位
            mLocationClient.startLocation();
        }
```

```
    @Override
    protected void onDestroy() {
        super.onDestroy();
        //在 activity 执行 onDestroy 时执行 mMapView.onDestroy(),销毁地图
        mMapView.onDestroy();
        //停止定位
        mLocationClient.stopLocation();        //停止定位后,本地定位服务并不会被销毁
        //销毁定位客户端
        mLocationClient.onDestroy();           //销毁定位客户端,同时销毁本地定位服务
    }

    @Override
    protected void onResume() {
        super.onResume();
        //在 activity 执行 onResume 时执行 mMapView.onResume (),重新绘制加载地图
        mMapView.onResume();
    }

    @Override
    protected void onPause() {
        super.onPause();
        //在 activity 执行 onPause 时执行 mMapView.onPause (),暂停地图的绘制
        mMapView.onPause();
    }
    @Override
    protected void onSaveInstanceState(Bundle outState) {
        super.onSaveInstanceState(outState);
        //在 activity 执行 onSaveInstanceState 时执行 mMapView.onSaveInstanceState (outState),
        //保存地图当前的状态
        mMapView.onSaveInstanceState(outState);
    }
}
```

Android 6.0 后的系统在原有的 AndroidMainfest.xml 声明权限的基础上新增了运行时权限动态检测,在运行定位之前需要对定位权限进行检查和申请,在此增加了进行权限检测的类,该定位实例中的主类就继承了该类。参考代码如下。

【程序 8-4】 定位权限检测:CheckPermissionsActivity .java。

```
package com.iot.location;

import java.lang.reflect.Method;
import java.util.ArrayList;
import java.util.List;

import android.Manifest;
import android.annotation.TargetApi;
import android.app.Activity;
import android.app.AlertDialog;
```

```
import android.content.DialogInterface;
import android.content.Intent;
import android.content.pm.PackageManager;
import android.net.Uri;
import android.os.Build;
import android.provider.Settings;
import android.view.KeyEvent;

/**
 * 继承了Activity,实现Android 6.0的运行时权限检测
 * 需要进行运行时权限检测的Activity可以继承这个类
 *
 */
public class CheckPermissionsActivity extends Activity {
    /**
     * 需要进行检测的权限数组
     */
    protected String[] needPermissions = {
            Manifest.permission.ACCESS_COARSE_LOCATION,
            Manifest.permission.ACCESS_FINE_LOCATION,
            Manifest.permission.WRITE_EXTERNAL_STORAGE,
            Manifest.permission.READ_EXTERNAL_STORAGE,
            Manifest.permission.READ_PHONE_STATE,
            };
    private static final int PERMISSON_REQUESTCODE = 0;

    /**
     * 判断是否需要检测,防止不停弹框
     */
    private boolean isNeedCheck = true;

    @Override
    protected void onResume() {
        super.onResume();
        if (Build.VERSION.SDK_INT >= 23
                && getApplicationInfo().targetSdkVersion >= 23) {
            if (isNeedCheck) {
                checkPermissions(needPermissions);
            }
        }
    }
    private void checkPermissions(String... permissions) {
        try {
          if (Build.VERSION.SDK_INT >= 23&& getApplicationInfo().targetSdkVersion >= 23) {
                List<String> needRequestPermissonList = findDeniedPermissions(permissions);
                if (null!= needRequestPermissonList&& needRequestPermissonList.size() > 0) {
                    String[] array =
                needRequestPermissonList.toArray(new String[needRequestPermissonList.size()]);
                    Method method =
```

```
            getClass().getMethod("requestPermissions", new Class[]{String[].class, int.
class});
                method.invoke(this, array, PERMISSON_REQUESTCODE);
            }
        }
    } catch (Throwable e) {
    }
}

/**
 * 获取需要集中申请权限的列表
 */
private List<String> findDeniedPermissions(String[] permissions) {
    List<String> needRequestPermissonList = new ArrayList<String>();
    if (Build.VERSION.SDK_INT >= 23&& getApplicationInfo().targetSdkVersion >= 23){
        try {
            for (String perm : permissions) {
        Method checkSelfMethod = getClass().getMethod("checkSelfPermission", String.class);
        Method shouldShowRequestPermissionRationaleMethod =
            getClass().getMethod("shouldShowRequestPermissionRationale",String.class);
if((Integer)checkSelfMethod.invoke(this,perm)!= PackageManager.PERMISSION_GRANTED
            || (Boolean)shouldShowRequestPermissionRationaleMethod.invoke(this, perm)) {
                    needRequestPermissonList.add(perm);
                }
            }
        } catch (Throwable e) {

        }
    }
    return needRequestPermissonList;
}
/**
 * 启动应用的设置
 */
private void startAppSettings() {
    Intent intent = new Intent(Settings.ACTION_APPLICATION_DETAILS_SETTINGS);
    intent.setData(Uri.parse("package:" + getPackageName()));
    startActivity(intent);
}
@Override
public boolean onKeyDown(int keyCode, KeyEvent event) {
    if(keyCode == KeyEvent.KEYCODE_BACK){
        this.finish();
        return true;
    }
    return super.onKeyDown(keyCode, event);
}
}
```

加上定位功能应用程序的运行界面如图 8-12 所示。

图 8-12 定位界面图

8.4 数据图表显示

视频讲解

在项目的开发过程中，常常要用到图表服务，例如在智能教室管理系统中将教室的温湿度等信息以图表的可视化形式进行显示。在此介绍一个开源图表设计工具——Echarts。

Echarts 有着与众不同的特点和强大的视觉效果，展示效果详情可以参见 Echarts 官网的实例。Echarts 的主要特点有：

(1) 开源软件。Echarts 提供了非常炫酷的图形界面，如柱状图、折线图、饼图、气泡图及四象限图等，及特色的地图。

(2) 使用简单。在 Echarts 官网中封装了 Java Script，只要会引用就会得到完美的展示效果。

(3) 种类多。Echarts 实现简单，各类图形都有相应的模板，还有丰富的 API 及文档说明，非常详细。

(4) 兼容性好。基于 HTML5，有着良好的动画渲染效果。

在智能教室管理系统中将温湿度等传感器的信息以图表的形式呈现出来，首先需要在Web服务器端应用Echarts工具，访问网络数据库中的数据，以JavaScript的形式将数据以图表的形式显示，然后在移动终端引用Echarts的JS文件，即可实现在移动终端以图表的形式显示数据信息。

使用Echarts实现图表显示的基本流程为：

(1) 下载Echarts的库包文件。从官网 http://echarts.baidu.com/download.html 下载合适的Echarts库包文件，如完整版的Echarts.js文件。

(2) 准备一个div容器承载Echarts内容，这个容器要设置高度。

(3) 调用echarts.init()方法初始化图表。

(4) 根据图表样式不同调用setOption()方法设置Option属性，并生成图表。

接下来介绍在本系统中通过Echarts工具显示教室的温湿度的曲线图。曲线的横轴为时间，纵轴为温湿度值。温湿度值需要从Web服务器上获得，所以需要在Web端增加获得温湿度的Servlet接口，在此命名为GetTemperatureServlet。参考代码如下。

【程序 8-5】 获取温湿度的接口：GetTemperatureServlet.java。

```
package Servlets;

import java.io.IOException;
import java.io.PrintWriter;
import java.sql.ResultSet;
import java.sql.SQLException;

import javax.servlet.ServletException;
import javax.servlet.annotation.WebServlet;
import javax.servlet.http.HttpServlet;
import javax.servlet.http.HttpServletRequest;
import javax.servlet.http.HttpServletResponse;

import com.google.gson.JsonArray;
import com.google.gson.JsonObject;

import JavaBeans.Mydatabase;
import JavaBeans.Sensor;

/**
 * Servlet implementation class GetTemperatureServlet
 */
@WebServlet("/GetTemperatureServlet")
public class GetTemperatureServlet extends HttpServlet {
    private static final long serialVersionUID = 1L;

    /**
     * @see HttpServlet#HttpServlet()
     */
    public GetTemperatureServlet() {
```

```
        super();
        // TODO Auto-generated constructor stub
    }

    /**
     * @see HttpServlet#doGet(HttpServletRequest request, HttpServletResponse response)
     */
    protected void doGet(HttpServletRequest request, HttpServletResponse response) throws
ServletException, IOException {
        // TODO Auto-generated method stub
        response.addHeader("Access-Control-Allow-Origin", "*"); // Ajax跨域访问
        response.setContentType("text/html");
        request.setCharacterEncoding("UTF-8");
        response.setCharacterEncoding("UTF-8");
        PrintWriter out = response.getWriter();
        Mydatabase db = new Mydatabase();
        Sensor sensor = new Sensor();
        String sql = "select s_temp,s_hum,s_time from sensor order by s_time desc limit 5";
        ResultSet rSet = db.getSelectAll(sql);

        JsonArray mjsonarray = new JsonArray();
        try{
            while(rSet.next()){
                sensor.setTemp(rSet.getString(1));
                sensor.setHum(rSet.getString(2));
                sensor.setDatetime(rSet.getString(3));
                JsonObject jsonObj = new JsonObject();
                jsonObj.addProperty("temp", sensor.getTemp());
                jsonObj.addProperty("hum", sensor.getHum());
                jsonObj.addProperty("time", sensor.getDatetime());
                mjsonarray.add(jsonObj);
                }
            }catch(SQLException e){
                e.printStackTrace();
            }
            db.closeDB();
            out.print(mjsonarray);
    }

    /**
     * @see HttpServlet#doPost(HttpServletRequest request, HttpServletResponse response)
     */
    protected void doPost(HttpServletRequest request, HttpServletResponse response) throws
ServletException, IOException {
        // TODO Auto-generated method stub
        doGet(request, response);
    }

}
```

为方便显示，在 GetTemperatureServlet 接口中，按照时间查找最近的 5 条温湿度记录信息。

查找数据库 sensor 表中的记录，如图 8-13 所示。

s_id	s_temp	s_hum	s_body	s_gas	s_time
1	25	15	0	0	2018-01-02 10:23:33
2	20	15	1	0	2018-01-02 14:46:15
3	32.1	27	1	1	2018-01-02 14:50:34
4	30	22	1	0	2018-03-21 11:02:00
5	28	20	1	1	2018-03-22 11:02:41

图 8-13　数据库 sensor 表的记录信息

为测试查询温湿度信息的接口是否可用，可在浏览器端输入 url，url 的信息如下：

```
http://192.168.1.105:8080/SmartClassWeb/Servlet/GetTemperatureServlet
```

提交请求后，页面显示温湿度信息的 JSON 数据格式，表明验证成功，如图 8-14 所示。

192.168.1.105:8080/SmartClassWeb/Servlet/GetTemperatureServlet

[{"temp":"28","hum":"20","time":"2018-03-22 11:02:41.0"},{"temp":"30","hum":"22","time":"2018-03-21 11:02:00.0"},{"temp":"32.1","hum":"54","time":"2018-01-02 14:50:34.0"},
{"temp":"20","hum":"15","time":"2018-01-02 14:46:15.0"},{"temp":"25","hum":"15","time":"2018-01-02 10:23:33.0"}]

图 8-14　查询温湿度信息接口验证结果

接下来在 Web 服务器端实现利用 Echarts 显示温湿度图的代码，在此将文件命名为 echarts_show.js。参考代码如下。

【程序 8-6】　以折线图显示温湿度：echarts_show.js。

```
<!DOCTYPE html>
<html>
<head>
<meta charset = "UTF-8">
<title>温湿度显示</title>
<script src = "js/echarts.js"></script>
<script src = "js/jquery-3.1.1.min.js"></script>
</head>
<body>
<div id = "main" style = "width: 600px;height:400px;"></div>
<script type = "text/JavaScript">

function loadTempAndHumLine() {
    var myChart = echarts.init(document.getElementById('main'));
    // 显示标题、图例和空的坐标轴
    myChart.setOption({
        title: {
            text: '温湿度信息'
        },
        tooltip: {
            trigger: 'axis'
        },
        legend: {
```

```
            data: ['温度', '湿度']
        },
        toolbox: {
            show: true,
            feature: {
                mark: { show: true },
                dataView: { show: true, readOnly: false },
                magicType: { show: true, type: ['line', 'bar'] },
                restore: { show: true },
                saveAsImage: { show: true }
            }
        },
        calculable: true,
        xAxis: {
            type: 'category',
            boundaryGap: false,          //取消左侧的间距
            data: []
        },
        yAxis: {
            type: 'value',
            splitLine: { show: false },  //去除网格线
            name: ''
        },
        series: [{
            name: '温度(单位℃)',
            type: 'line',                //设置折线图
            symbol: 'emptydiamond',      //设置坐标点的符号
                                         //emptycircle: 空心圆; emptyrect: 空心矩形;
                                         //circle: 实心圆; emptydiamond: 菱形
            data: []
        },
        {
            name: '湿度(单位%)',
            type: 'line',
            symbol: 'emptydiamond',
            data: []
        }]
    });
    myChart.showLoading();                   //数据加载完之前先显示一段简单的 loading 动画
    var times = [];                          //类别数组(实际用来盛放 X 轴坐标值)
    var temps = [];
    var hums = [];
    $.ajax({
        type: 'get',
        url: 'http://192.168.1.105:8080/SmartClassWeb/Servlet/GetTemperatureServlet',
        dataType: 'json',                //返回数据形式为 JSON
        async: false,
```

```
            success: function (result) {
                //请求成功时执行该函数内容,result 即为服务器返回的 JSON 对象
                for(var i = 0;i < result.length;i++){
                    times[i] = result[i].time;
                    temps[i] = result[i].temp;
                    hums[i] = result[i].hum;
                }
                myChart.hideLoading();                    //隐藏加载动画
                myChart.setOption({                       //加载数据图表
                    xAxis: {
                        data: times
                    },
                    series: [{
                        data: temps
                    },
                    {
                        data: hums
                    }]
                });
            },
            error: function (errorMsg) {
                //请求失败时执行该函数
               alert("图表请求数据失败!");
            }
          });
    };
    loadTempAndHumLine();
    </script>
    </body>
    </html>
```

本程序的业务逻辑实现符合使用 Echarts 实现图表显示的基本流程。

（1）下载并引入 Echarts 库包文件。

```
<script src = "js/echarts.js"></script>
<script src = "js/jquery - 3.1.1.min.js"></script>
```

在本程序中调用 JQuery 中的 ajax()方法实现获取网络数据，所以在< script >标签中引入 jquery-3.1.1.min.js。

（2）设置 div 容器，id="main"。

```
<div id = "main" style = "width: 600px;height:400px;"></div>
```

（3）初始化图表。

```
var myChart = echarts.init(document.getElementById('main'));
```

(4) 设置 Option 属性。

可以设置标题、图例、横轴、纵轴等属性,具体如表 8-3 所示。

表 8-3 Echart 图表的 Option 属性

名 称	描 述
{color} backgroundColor	全图默认背景,支持 rgba,默认为无,透明
{Array} color	数值系列的颜色列表,可配数组
{boolean} animation	是否开启动画,默认开启
{Object} timeline	时间轴,每个图表最多仅有一个时间轴控件
{Object} title	标题,每个图表最多仅有一个标题控件
{Object} toolbox	工具箱,每个图表最多仅有一个工具箱
{Object} tooltip	提示框,鼠标悬浮交互时的信息提示
{Object} legend	图例,每个图表最多仅有一个图例,混搭图表共享
{Object} dataRange	值域选择,值域范围
{Object} dataZoom	数据区域缩放,数据展现范围选择
{Object} roamController	漫游缩放组件,搭配地图使用
{Object} grid	直角坐标系内绘图网格
{Array | Object} xAxis	直角坐标系中的横轴数组,数组中每一项代表一条横轴坐标轴,标准(1.0)中规定最多同时存在两条横轴
{Array | Object} yAxis	直角坐标系中的纵轴数组,数组中的每一项代表一条纵轴坐标轴,标准(1.0)中规定最多同时存在两条纵轴
{Array} series	驱动图表生成的数据内容,数组中的每一项代表一个系列的特殊选项及数据

程序 8-3 中的温湿度折线图中的横轴数据为时间(times),纵轴数据为温度(temps)和湿度(hums),可通过下面的代码进行指定。

```
myChart.setOption({          //加载数据图表
                xAxis: {
                    data: times
                },
                series: [{
                    data: temps
                },
                {
                    data: hums
                }]
            });
```

时间(times)、温度(temps)、湿度(hums)的值通过 HTTP 请求,从 Web 端获取。此处采用 JQuery 中的 ajax()方法实现。

```
$.ajax({
    type: 'get',
```

```
    url: 'http://192.168.1.105:8080/SmartClassWeb/Servlet/GetTemperatureServlet',
    dataType: 'json', //返回数据形式为 JSON
    async: false,
    success: function (result) {
        alert("成功!");
        //请求成功时执行该函数内容,result 即为服务器返回的 JSON 对象
        for(var i = 0;i < result.length;i++){
        times[i] = result[i].time;
        temps[i] = result[i].temp;
        hums[i] = result[i].hum;
        }
    },
    error: function (errorMsg) {
        //请求失败时执行该函数
       alert("图表请求数据失败!");
    }
   });
```

其中:

参数 type: 'get': 设定网络提交类型为 get 方式。

参数 url: 指定网络提交的地址。

参数 dataType: 'json': 设定网络响应返回的数据形式为 JSON。

参数 async: false: 设定同步请求方式。

参数 success: function (result){}: 当网络响应成功后在此进行事务处理,解析数据。

参数 error: function (errorMsg) {}: 当网络响应失败后在此进行事务处理。

程序 echarts_show.js 的运行结果如图 8-15 所示。

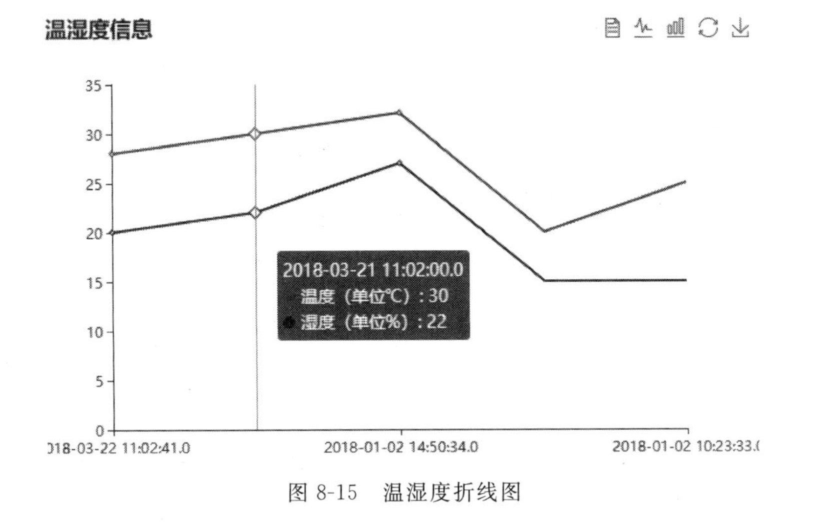

图 8-15　温湿度折线图

在移动终端显示数据的图表形式,需要用 WebView 组件来实现。在移动终端 Android 的 Layout 页面中加入 WebView 组件,在此省略布局文件的代码。

在移动终端子系统中加入显示温湿度折线图的页面，创建 Activity 参考代码如下。

【程序 8-7】 移动终端显示温湿度折线图：TempLineActivity. java。

```
package com.example.smartclassmobile;
import android.annotation.SuppressLint;
import android.support.v7.app.AppCompatActivity;
import android.os.Bundle;
import android.webkit.WebSettings;
import android.webkit.WebView;
import android.webkit.WebViewClient;

@SuppressLint("JavascriptInterface") public class TempLineActivity extends AppCompatActivity {
    WebView myWebView;
    @Override
        protected void onCreate(Bundle savedInstanceState) {
        super.onCreate(savedInstanceState);
        setContentView(R.layout.activity_temp_line);
        myWebView = (WebView)findViewById(R.id.webview);
        WebSettings settings = myWebView.getSettings();
        //设置 WebView 控件为一列,html 内容与其同宽
        settings.setLayoutAlgorithm(WebSettings.LayoutAlgorithm.SINGLE_COLUMN);
        settings.setJavaScriptEnabled(true);          //支持 Java Script
        settings.setBuiltInZoomControls(true);        //显示放大缩小
        settings.setSupportZoom(true);                //可以缩放
        myWebView.setWebViewClient(new WebViewClient());
        myWebView.loadUrl("http://192.168.1.105:8080/SmartClassWeb/echarts_show.html");
    }
}
```

该程序实例化 WebView 的对象，调用 loadUrl()方法指定温湿度折线图的 HTML 文件路径。程序的运行结果如图 8-16 所示。

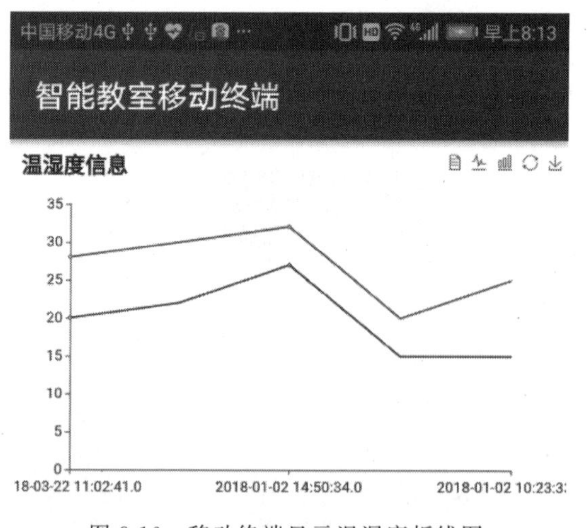

图 8-16　移动终端显示温湿度折线图

习题8

1. 叙述利用高德地图进行定位的基本流程。
2. 简述Echarts的特性。
3. 简述利用Echarts创建图表的流程。
4. 采用柱状图(bar)显示本系统中的温湿度信息。

参考文献

[1] 滕英岩，窦乔，孙建梅. 嵌入式系统开发基础——基于 ARM 微处理器和 Linux 操作系统[M]. 北京：电子工业出版社，2008.

[2] 金建设. 嵌入式系统基础教程[M]. 大连：大连理工大学出版社，2009.

[3] 刘连浩. 物联网与嵌入式系统开发[M]. 北京：电子工业出版社，2012.

[4] 全功能物联网教学科研平台(CBT-SuperIOT-A9)实验指导书[M]. 北京赛佰特科技有限公司，2016.

[5] 王保云. 物联网技术研究综述[J]. 电子测量与仪器学报，2009，23 (12)：1-7.

[6] 张毅，唐红. 物联网综述[J]. 数字通信，2010(4)：24-27.

[7] 孙其博，刘杰，黎彝，等. 物联网：概念、架构与关键技术研究综述[J]. 北京邮电大学学报，2010，33(3)：1-9.

[8] 刘强，崔莉，陈海明，等. 物联网关键技术与应用[J]. 计算机科学，2010，37(6)：1-10.

[9] 孙利民，沈杰，朱红松，等. 从云计算到海计算：论物联网的体系结构[J]. 中兴移动通信，2011，17(1)：3-7.

[10] 康东，石喜勤，李勇鹏. 射频识别(RFID)核心技术与典型应用开发案例[M]. 北京：人民邮电出版社，2008.

[11] 单承赣，单玉峰，姚磊. 射频识别 (RFID) 原理与应用[M]. 北京：电子工业出版社，2008.

[12] 游战清，刘克胜，吴翔. 无线射频识别 (RFID) 与条码技术[M]. 北京：机械工业出版社，2007.

[13] 王化祥，张淑英. 传感器原理及应用[M]. 天津：天津大学出版社，2000.

[14] 杨清梅. 传感器与测试技术[M]. 哈尔滨：哈尔滨工程大学出版社，2004.

[15] 王殊，阎毓杰，胡富平，等. 无线传感器网络的理论及其应用[M]. 北京：北京航空航天大学出版社，2007.

[16] 姜仲，刘丹. ZigBee 技术实训教程——基于 CC2530 的无线传感网技术[M]. 北京：清华大学出版社，2015.

[17] 吴功宜，吴英. 物联网技术与应用[M]. 北京：机械工业出版社，2017.

[18] 王金旺. 物联网发展现状及未来趋势[J]. 电子产品世界，2016，23(12)：3-5.

[19] ARM. [EB/OL]https://wenku.baidu.com/view/398d1aea102de2bd960588bb.html.

图书资源支持

感谢您一直以来对清华版图书的支持和爱护。为了配合本书的使用，本书提供配套的资源，有需求的读者请扫描下方的“书圈”微信公众号二维码，在图书专区下载，也可以拨打电话或发送电子邮件咨询。

如果您在使用本书的过程中遇到了什么问题，或者有相关图书出版计划，也请您发邮件告诉我们，以便我们更好地为您服务。

我们的联系方式：

地　　址：北京海淀区双清路学研大厦 A 座 707

邮　　编：100084

电　　话：010－62770175－4604

资源下载：http://www.tup.com.cn

电子邮件：weijj@tup.tsinghua.edu.cn

QQ：883604（请写明您的单位和姓名）

资源下载、样书申请

书圈

用微信扫一扫右边的二维码，即可关注清华大学出版社公众号“书圈”。